庐山气象旅游资源挖掘与评估

主编：谢克勇　詹华斌

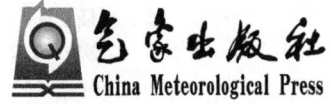

内容简介

本书分为基本概况、气象景观资源、气候环境资源、人文气象资源综合评价四个部分，从气候统计和地质、地貌等方面介绍了庐山，从云雾、冰雪、雨露、风、光、极端天气这几个角度对天气景观资源进行了评估，从古气候遗迹、气候体验、气候养生、气候景观对气候环境资源进行了评估，从气象与历史和人造设施与建筑对人文气象资源进行了评估。本书融合现有的庐山旅游资源，创新发掘旅游品牌，提升生态旅游品质，增加了旅游生态名片，从气象领域进行美丽中国"江西样板"的生态品牌探索。

图书在版编目（CIP）数据

庐山气象旅游资源挖掘与评估 / 谢克勇，詹华斌主编. -- 北京：气象出版社，2022.4
ISBN 978-7-5029-7688-0

Ⅰ. ①庐… Ⅱ. ①谢… ②詹… Ⅲ. ①庐山－气候资源－旅游资源－研究 Ⅳ. ①P468.256②K928.3

中国版本图书馆CIP数据核字(2022)第056146号

庐山气象旅游资源挖掘与评估
Lushan Qixiang Lüyou Ziyuan Wajue yu Pinggu

出版发行：气象出版社	
地　　址：北京市海淀区中关村南大街46号	邮政编码：100081
电　　话：010-68407112（总编室）　010-68408042（发行部）	
网　　址：http://www.qxcbs.com	E-mail：qxcbs@cma.gov.cn
责任编辑：张　斌	终　　审：吴晓鹏
责任校对：张硕杰	责任技编：赵相宁
封面设计：艺点设计	
印　　刷：北京中石油彩色印刷有限责任公司	
开　　本：787 mm×1092 mm　1/16	印　张：11.25
字　　数：288千字	彩　插：2
版　　次：2022年4月第1版	印　次：2022年4月第1次印刷
定　　价：80.00元	

本书如存在文字不清、漏印以及缺页、倒页、脱页等，请与本社发行部联系调换

《庐山气象旅游资源挖掘与评估》编委会

主 编：谢克勇 詹华斌
副主编：凌 婷 周 雨 曹 瑜 章开美 汪晓滨
编 委：余建华 刘志萍 汪如良 肖 雯 吴建明
        朱志成 李 强 张小鹏 段艺萍 邓德文
        龙余良 杨 华 毕 晨 阙志萍 吴 凡
        尹 哲 王 磊 田 白 岳 旭 傅文兵
        李三角 王嘉琦 谢佳杏 黄水林

前 言

　　资源是指一切可被人类开发和利用的客观存在,其广泛地存在于自然界和人类社会中,是一种自然存在物或能够给人类带来利益的财富,如土地资源、矿产资源、森林资源、海洋资源、石油资源、旅游资源、人力资源、资本资源、信息资源等。"绿水青山就是金山银山"就是对资源的一种最直白的表述。资源中的旅游资源是指对大多数旅游者具有吸引力(即拥有客源市场),并能促使旅游者开展相应的旅游活动,这种活动还可形成一种社会现象,并由此持续带来一定的经济效益、社会效益和环境效益的事物现象和因素(雷晓琴,2013)。由此延伸的气象旅游资源指对旅游业产生经济社会效益的有利气象气候条件及要素,主要由风、云、雾、雨、雪、冰及日月等气态景、液态景、固态景和光态景4大类组成(郑霖,2000)。董晓峰(2006)则将气象旅游资源具体分类为雨景、云雾景、冰雪景、霞景、日月景、幻景、极光景等。气象旅游资源可具有明显的地域性、多样性、临界性、周期性、易变性、流动性,在特定的地域和时期,气象旅游资源往往"景借人扬名,人借景传世",使气象旅游资源富含人文特征。

　　2018年3月国务院办公厅印发《关于促进全域旅游发展的指导意见》(国办发〔2018〕15号),就提升生态旅游品质,走全域旅游发展的新路子作出部署,其中提出要推动旅游与气象等行业融合,开发国家气象公园等产品。2018年中国气象服务协会启动了国家气象公园试点建设。气象旅游资源挖掘与评估是国家气象公园建设的基础。

　　近几年来,江西省气象部门根据对气候和生态规律性的认识,从趋利和避害两个维度,深入推进全域旅游气象服务,着力打通绿水青山与金山银山双向转换通道。《庐山气象旅游资源挖掘与评估》正是融合现有的庐山旅游资源,创新发掘旅游品牌,提升生态旅游品质,增加了旅游生态名片,从气象领域进行美丽中国"江西样板"的生态品牌探索。

　　位于江西北大门的庐山以雄、奇、险、秀闻名于世,素有"匡庐奇秀甲天下"之美誉。地处我国亚热带东部湿润季风区域,可以划分为山地气候、谷地气候等8种气候类型,大气中的冷、热、干、温、风、云、雨、雪、霜、雾、雷、电、光等各种物理现象和物理过程构成了"春如梦、夏如滴、秋如醉、冬如玉"四季不同气象景观旅游资源。《庐山气象旅游资源挖掘与评估》从气象旅游资源评估的角度,与读者共同欣赏、品味、领略庐山气象旅游资源的奇特魅力。

《庐山气象旅游资源挖掘与评估》分为基本概况、气象景观资源、气候环境资源、人文气象资源综合评价四个部分,从气候统计和地质地貌等方面介绍了庐山基本概况,从云雾、冰雪、雨露、风、光、极端天气等角度对气象景观资源进行了评估,从古气候遗迹、气候体验、气候养生、气候景观等方面对气候环境资源进行了评估,从气象与历史和人造设施与建筑等方面对人文气象资源进行了评估。

编写组深入到庐山市气象局、庐山图书馆、庐山博物馆、庐山档案馆、庐山植物园、庐山云雾观测试验站等地,与各单位从业人员和专家交流了解气象景观资源、人文故事、红色历史和著名景观特色等,收集整理相关气象数据和气象研究资料,走访联系南昌大学教授专家,根据《气象旅游资源分类与编码》《气象旅游资源评价》等技术标准进行编写。

本书的出版得到了各方面领导、专家和同仁的关注与大力支持,在此一并表示感谢!

编者

2021 年 7 月 12 日

目 录

前言
第1章 基本概况 (1)
  1.1 气候概况 (1)
    1.1.1 气候类型 (1)
    1.1.2 山地气候特征 (2)
    1.1.3 季节特点 (2)
    1.1.4 气候变化 (3)
  1.2 庐山气象要素概况 (4)
    1.2.1 温度 (4)
    1.2.2 气压 (6)
    1.2.3 湿度 (7)
    1.2.4 风 (7)
    1.2.5 降水 (7)
    1.2.6 负氧离子 (8)
    1.2.7 日照 (12)
  1.3 地质地貌 (12)
    1.3.1 庐山地质 (12)
    1.3.2 庐山地貌 (12)
  1.4 自然景观形成史 (13)
  1.5 庐山文化 (14)
    1.5.1 历史文化 (14)
    1.5.2 人文文化 (14)
第2章 庐山气象景观资源 (16)
  2.1 庐山云雾 (17)
    2.1.1 云海和云瀑 (18)
    2.1.2 其他气象景观 (25)
  2.2 庐山冰雪 (25)
    2.2.1 雨凇与雾凇 (26)
    2.2.2 其他冰雪景观 (30)
  2.3 庐山雨露 (31)
  2.4 庐山风、光 (33)

2.4.1　日出与日落……………………………………………………………(34)
　　2.4.2　其他风、光景观……………………………………………………(38)
2.5　庐山灾害性天气…………………………………………………………………(42)
　　2.5.1　雷电………………………………………………………………………(42)
　　2.5.2　台风………………………………………………………………………(45)
　　2.5.3　冰雹………………………………………………………………………(48)
　　2.5.4　暴雨………………………………………………………………………(50)
　　2.5.5　寒潮………………………………………………………………………(52)
　　2.5.6　雪…………………………………………………………………………(56)
　　2.5.7　其他极端天气……………………………………………………………(60)
2.6　庐山气象景观资源综合评价……………………………………………………(62)
　　2.6.1　观赏价值…………………………………………………………………(62)
　　2.6.2　稀有程度…………………………………………………………………(63)
　　2.6.3　典型程度…………………………………………………………………(64)
　　2.6.4　知名度与影响能力………………………………………………………(64)
　　2.6.5　文化与科研价值…………………………………………………………(64)
　　2.6.6　内容丰度…………………………………………………………………(65)
　　2.6.7　可预测性…………………………………………………………………(65)
　　2.6.8　组合构景…………………………………………………………………(65)

第3章　气候环境资源………………………………………………………………(66)

3.1　气候养生…………………………………………………………………………(67)
　　3.1.1　天然氧吧…………………………………………………………………(68)
　　3.1.2　避暑旅游目的地…………………………………………………………(68)
　　3.1.3　温泉度假胜地……………………………………………………………(71)
　　3.1.4　环境空气质量……………………………………………………………(73)
3.2　气候体验…………………………………………………………………………(76)
　　3.2.1　显著的立体气候…………………………………………………………(77)
　　3.2.2　气温特征及变化趋势……………………………………………………(77)
　　3.2.3　降水特征及变化趋势……………………………………………………(78)
3.3　气候景观…………………………………………………………………………(79)
　　3.3.1　候鸟天堂…………………………………………………………………(79)
　　3.3.2　秋山红叶…………………………………………………………………(82)
　　3.3.3　冰裹桃红…………………………………………………………………(83)
　　3.3.4　庐山雪景…………………………………………………………………(84)
　　3.3.5　资源评价…………………………………………………………………(86)
3.4　第四纪冰川古气候遗迹…………………………………………………………(86)
　　3.4.1　景观特点…………………………………………………………………(88)
　　3.4.2　景观介绍…………………………………………………………………(88)

  3.4.3 观赏价值 ··· (92)
  3.4.4 资源稳定性 ··· (97)
  3.4.5 适宜观赏期和观景位置 ·· (98)
  3.4.6 庐山第四纪冰川古气候遗迹成因 ······································· (98)
  3.4.7 庐山第四纪冰川古气候资源评价 ······································ (100)
 3.5 气候环境资源综合评价 ·· (100)
  3.5.1 稀有程度 ··· (100)
  3.5.2 典型程度 ··· (102)
  3.5.3 知名度与影响能力 ·· (102)
  3.5.4 文化与科研价值 ··· (102)
  3.5.5 资源稳定性 ··· (104)
  3.5.6 气候舒适度分析 ··· (104)
  3.5.7 适游期分析 ··· (106)

第4章 人文气象资源综合评价 ··· (108)
 4.1 气象与历史 ··· (108)
  4.1.1 庐山三大迷及十八怪 ··· (108)
  4.1.2 历史遗址 ··· (112)
  4.1.3 气象文化遗产 ·· (114)
  4.1.4 庐山历次气象灾害事件 ·· (144)
 4.2 人造设施与建筑 ··· (149)
  4.2.1 全国气象科普教育基地 ·· (149)
  4.2.2 研究与学习场馆 ··· (150)
  4.2.3 气象地标 ··· (153)
  4.2.4 工程与文化 ··· (160)
 4.3 人文气象资源综合评价 ·· (166)
  4.3.1 观赏价值 ··· (166)
  4.3.2 稀有程度 ··· (166)
  4.3.3 典型程度 ··· (166)
  4.3.4 知名度与影响力 ··· (167)
  4.3.5 历史价值 ··· (167)
  4.3.6 文化价值 ··· (167)

参考文献 ··· (168)

第1章 基本概况

　　庐山,又名匡山、匡庐,地处江西省北部的鄱阳湖盆地,位于江西省九江市庐山市境内。介于东经 115°52′～116°8′,北纬 29°26′～29°41′。东偎婺源、鄱阳湖,南有滕王阁,西邻京九铁路大通脉,北枕滔滔长江。长约 25 千米,宽约 10 千米,主峰汉阳峰,海拔 1474 米。山体呈椭圆形,是典型的地垒式断块山。

　　庐山以雄、奇、险、秀闻名于世,素有"匡庐奇秀甲天下"之美誉。是世界文化遗产、世界地质公园、国家重点风景名胜区、国家 AAAAA 级旅游景区、中华十大名山、中国最美十大名山、全国重点文物保护单位、中国四大避暑胜地、首批全国文明风景旅游区示范点。

　　庐山自古命名的山峰便有 171 座。群峰间散布冈岭 26 座、壑谷 20 条、岩洞 16 个、怪石 22 处。水流在河谷发育裂点,形成许多急流与瀑布,瀑布 22 处、溪涧 18 条、湖潭 14 处。最为著名的三叠泉瀑布,落差达 155 米,有"飞流直下三千尺,疑是银河落九天"之美句。

1.1 气候概况

　　庐山地处长江中下游,是一座中等尺度的山体。其气候状况既受大范围气候制约,具有典型的季风气候特征,又具有独特的山地小气候特色。

1.1.1 气候类型

　　庐山地处我国亚热带东部湿润季风区域。可以划分出 8 种气候类型。

　　(1)东亚季风气候

　　庐山地处我国东部地区,受东亚大气环流以及东部海域气流影响和控制,冬季低温、寒冷、干燥、少雨,夏季高温、湿润、多雨。

　　(2)中亚季风气候

　　水平气候带按照地表热量的水平分布差异,分为热带、亚热带、暖温带等气候带。我国通常采用日平均温度≥10 ℃持续期间累计值——活动积温来确定气候带。庐山东南山麓与西北山麓的≥10 ℃活动积温分别为 5450.6 ℃·日和 5399.8 ℃·日,属于亚热带气候带。冬季为气温低、降水少的干冷天气,夏季为高温、降水多的湿润天气,风向随季节转换现象明显,为湿润的东亚季风气候控制区。

　　(3)山地气候

　　庐山平均海拔 1000 米,从山麓到山顶,随山地海拔高度上升,各气候要素垂直变化明显,形成在东亚季风气候控制下,由 600～800 米以下中亚热带气候,渐变成 900～1100 米以下山地暖温带气候,以及 900～1100 米以上山地温带气候等三个不同气候带组成的山地垂直气候带谱。山地气候,主要表现在辐射、气温、降水、云雾、湿度、风等气候要素随山地海拔高度的变化。

(4)谷地气候

庐山山地中的谷地,受周围山地的阻挡,谷内气流很难与其上自然大气交换,因此谷内气温白天较同海拔其他地方高,晚上冷空气下滑,气温又较同海拔其他地方低,造成谷地气温日变化、日较差大。例如,在黄龙寺一带本应为山地暖温带,却形成了中亚热带气候。

(5)平原气候

山麓区域的江西九江市、庐山市一带平原地区,因广袤的一马平川大地,冷暖气流运移不受任何制约,加之运送水汽的众多河流水系和东部海域水汽的运输,使该平原地区气候具有春季春雨、初夏梅雨、盛夏酷暑、秋爽干燥、冬季雨少的特点。

(6)城市气候

位于庐山北侧的九江市受到城市格局的影响,形成了特殊的城市气候,表现为比较典型的城市热岛现象,冬夏气温比平原其他地方高。

(7)水域气候

庐山南麓庐山市坐落于鄱阳湖边,受到水域对其气候的明显调节作用,出现了水域小气候现象。因此,庐山南麓夏季(迎风面)气温增高不明显,冬季(背风面)受山地抬升作用出现明显的焚风效应,在与水域的双重影响下,本应增高的气温也变化不明显。

(8)其他气候(沙山气候)

沙山位于庐山东鄱阳湖岸边,处于中亚热带气候带,本应郁郁葱葱,却为一片沙山、沙丘、沙滩。沙山终年以偏北风为主,每年4~6级风有50~80天,8级以上大风有33~40天。沙山年平均气温较庐山市高,7月平均气温最高可达55 ℃,甚至更高,绝对气温差异变化大。

1.1.2 山地气候特征

庐山地处我国亚热带东部季风区域,因受东亚季风环流影响,具有鲜明的亚热带季风湿润气候特征。庐山随着海拔高度增加,水热状况存在着垂直分异,与周围平原地区相比较,具有明显山地气候特色。

庐山的气候有明显的垂直性差异。按我国的日平均温度≥10 ℃持续期间累计值(≥10 ℃活动积温),即以热带≥10 ℃活动积温为8000~9000 ℃·日;亚热带≥10 ℃为4500~8000 ℃·日;暖温带为≥10 ℃活动积温为3400~4500 ℃·日的标准划分,庐山南麓的庐山市≥10 ℃为5450.6 ℃·日,庐山北侧的九江市≥10 ℃活动积温为5399.8 ℃·日,则庐山山麓符合亚热带标准;牯岭≥10 ℃活动积温为3295.5 ℃·日,虽不到暖温带标准低限,但因山地气候垂直分异不同于水平气候带的分异,高原、山地积温的有效性比平原要大,若以≥10 ℃活动积温3200 ℃·日为暖温带标准低限更为合理的话,则庐山至少存在两个气候带——亚热带和暖温带。若按海拔每升高100米≥10 ℃活动积温值递减200 ℃·日计,庐山南坡的亚热带上限在550~600米,北坡约在500米;大约在1250米以上的一小部分为温带。

1.1.3 季节特点

(1)春山如梦

春季温和,姗姗来迟,一般在4月下旬始春。春季平均气温在10~20 ℃。妖娆的桃花,欺雪的棠梨花,幽香的兰花,火红的杜鹃相继开放。此时正值雨季,雨量可达全年平均总量的40%。春季的庐山伴随着气温的逐步回升,在丰沛的雨水滋润下,再加上时隐时现的云雾,处处展现勃勃生机,如梦中苏醒的孩童,不时展露出明媚的笑颜。"山中甲子无春夏,四月才开二月花"是指山上的春夏要比山下迟两个月,按日平均气温的统计比较,平均要比山下迟33天。

(2)夏山如滴

夏季荫凉,匆匆而过。从7月上旬开始进入初夏,此时的庐山到处郁郁葱葱,一片深绿,娇艳的大理花、多姿的唐菖蒲、一串红组成了万绿丛中的繁花点点、五彩缤纷的世界,也成就了夏季庐山葱翠如滴的传说。夏季庐山山上早晚气温只有20 ℃左右,午后最高气温很少超过30 ℃,日平均气温在20 ℃左右。阴雨显著减少,夏季降水量只占全年平均总量的22%,多为雷阵雨。盛夏由东南方来的气流,带有大量的水汽凝成低云,千姿百态,遮蔽骄阳,暑气尽消。夏季一般到8月下旬就宣告结束。

(3)秋山如醉

秋季温凉,天高雨稀。8月下旬以后进入秋季,秋高气爽,日照充沛,降水较少,其量占全年总量的14%。常有秋旱出现,显现庐山真面目的机会也最多。桂花飘香、百菊斗艳,猕猴桃、尖栗累满枝头,受降温和霜降影响,这个季节的庐山植被呈现出一派层林尽染,红、黄、绿与碧蓝的湖水相映成趣,让人万分陶醉。日平均气温由20 ℃逐渐降到10 ℃左右,气温日差也逐渐增大,早晚凉意甚浓。少数年份也会有秋雨绵绵的状况。

(4)冬山如玉

冬季漫漫,银装素裹。一般在10月下旬,日平均气温开始降到10 ℃以下,1月份平均气温0 ℃。日最低气温<0 ℃的日数超过两个月。冬季降水量占全年总量的23%,以固态降水为主,最早初雪日10月2日,最晚终雪日5月1日,积雪深度常达10厘米以上。冬季雪压青松,银装素裹,天晴后一片璀璨夺目的琉璃大地,好似冰雕玉砌,再零星点缀枝头红梅,显得分外妖娆。

1.1.4 气候变化

据中国地质力学研究所研究,庐山在第四纪冰川时期(距今约二三百万年前)的气温要比现在低8~10 ℃,现在庐山的冰川遗迹有大坳冰斗、王家坡"U"谷、冰川漂砾冰桌、水渍地貌鞋山等。

近60年庐山气温随着全球变暖呈上升之势(图1.1)。从年代看,20世纪50年代中期有一个低谷,然后逐年上升,60—70年代在波动中下降,到70年代中期又出现了一个低谷,70年

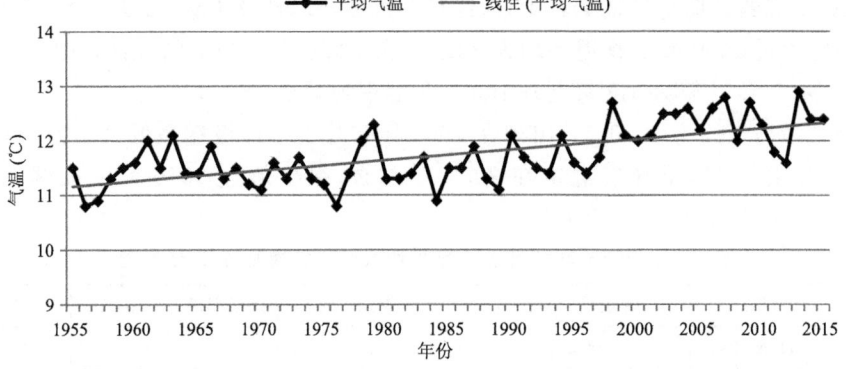

图1.1 庐山1955—2015年平均气温

代末突然达到一个高峰,以 1978 年大旱高温为主要表征;80 年代又进入一个较为偏冷阶段,一直到 90 年代中期,基本都在历年平均值左右摆动;1998 年开始,庐山气温进入了一个明显偏高且逐年攀升的阶段,连续 10 年正距平均 0.5 ℃以上,以 2013 年 12.9 ℃为最高。

近 60 年来庐山降水气候值变化不大(图 1.2),在 2000 毫米左右。但年度振幅很大,最大值为 3059.2 毫米,出现在 1975 年;最小值为 1160.6 毫米,出现在 1978 年。

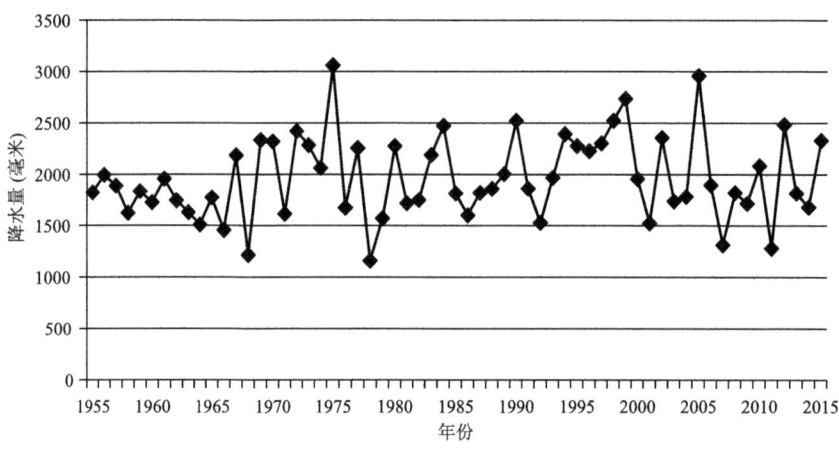

图 1.2　庐山 1955—2015 年平均降水量

1.2　庐山气象要素概况

1.2.1　温度

庐山气温比同纬度平原地区低(表 1.1),牯岭年平均气温 11.5 ℃,山下平原地区的庐山市、九江市分别为 17.3 ℃和 17.2 ℃。牯岭 1 月平均气温为 −0.1 ℃,庐山市、九江市分别为 4.6 ℃和 4.4 ℃,牯岭比同纬度的山下平原地区低约 5 ℃。牯岭 7 月平均气温为 22.6 ℃,庐山市、九江市分别为 29.3 ℃和 29.6 ℃,牯岭比山下的庐山市、九江市低约 7 ℃。

庐山日平均气温稳定通过 5.0 ℃的日期初日为 3 月 30 日,终日在 11 月 16 日,持续天数为 232 天。稳定通过 10.0 ℃的日期初日为 4 月 26 日,终日 10 月 19 日,持续天数为 177 天。稳定通过 20.0 ℃的日期初日是 7 月 1 日,终日 8 月 21 日,持续天数 52 天。

庐山稳定通过 10.0 ℃的积温平均为 3295.5 ℃,地处庐山脚下的九江市是 5399.8 ℃,两者之间差 2104.3 ℃。海拔高度每上升 100 米积温平均减少 185.8 ℃。

庐山极端最高气温为 32.0 ℃,出现在 1966 年 8 月 10 日,极端最低气温为 −16.8 ℃,出现在 1970 年 1 月 5 日,早晚气温常在 20.0 ℃左右,很少超过 25.0 ℃。极端气温年较差 48.8 ℃,一般年较差在 40.0~45.0 ℃。

表 1.1　1955—2015 年庐山年平均气温和极端最高、最低气温

年份	年平均气温(℃)	年极端最高气温(℃)	出现日期(日/月)	年极端最低气温(℃)	出现日期(日/月)
1955	11.5	28.0	7/9	−14.1	10/1,16/1
1956	10.8	29.4	25/7	−16.1	8/1

续表

年份	年平均气温(℃)	年极端最高气温(℃)	出现日期(日/月)	年极端最低气温(℃)	出现日期(日/月)
1957	10.9	29.6	24/7	−16.1	10/2
1958	11.3	29.7	19/8	−13.4	16/1
1959	11.5	30.7	23/8	−11.1	5/1
1960	11.6	28.4	6/9	−13.8	23/1
1961	12	31.0	24/7	−12.1	18/12
1962	11.5	30.7	29/7	−11.9	1/1
1963	12.1	30.3	30/8	−12.0	7/1
1964	11.4	30.4	18/7	−11.1	17/2
1965	11.4	28.5	21/7	−8.5	11/1
1966	11.9	32.0	10/8	−14.0	23/2
1967	11.3	31.7	18/7	−13.9	16/1
1968	11.5	29.0	31/7	−13.2	29/12
1969	11.2	30.3	2/8	−14.7	31/1
1970	11.1	29.2	9/9,10/8	−16.8	5/1
1971	11.6	30.4	21/7,25/7	−9.5	30/1
1972	11.3	30.5	20/7	−13.2	7/2
1973	11.7	28.8	31/7	−10.5	13/12
1974	11.3	28.7	8/8	−12.8	25/2
1975	11.2	29.2	20/7	−8.3	19/12
1976	10.8	30.0	20/7,22/7	−12.6	15/12
1977	11.4	29.2	4/7,7/7	−15.3	28/12
1978	12	31.1	20/8	−10.6	18/1
1979	11.3	30.7	8/8	−11.2	31/1
1980	11.3	29.5	23/7	−14.2	31/1
1981	11.3	29.9	6/7	−10.2	16/1
1982	11.4	28.8	15/7	−11.9	8/1
1983	11.7	30.3	5/8	−10.5	7/2
1984	10.9	29.4	16/7	−10.2	3/12
1985	11.5	29.7	16/7	−10.7	9/12
1986	11.5	29.2	30/7	−8.0	19/12
1987	11.9	28.5	11/7	−9.9	28/11
1988	11.3	31.0	18/7	−11.1	14/1
1989	11.1	30.0	16/7,21/7	−11.7	31/1
1990	12.1	30.5	25/7	−10.8	1/12
1991	11.7	30.2	24/7	−16.7	28/12
1992	11.5	31.0	30/7	−13.1	16/1

续表

年份	年平均气温(℃)	年极端最高气温(℃)	出现日期(日/月)	年极端最低气温(℃)	出现日期(日/月)
1993	11.4	28.7	27/6	−10.1	20/1
1994	12.1	29.6	2/7	−7.3	5/2
1995	11.6	30.2	6/9	−11.6	18/2,19/2
1996	11.4	28.6	22/7,24/7	−11.2	8/1
1997	11.7	28.6	7/8	−13.4	19/1
1998	12.7	30.5	10/8	−9.7	15/1
1999	12.1	29.7	9/9	−11.6	22/12
2000	12.0	29.7	25/7,27/7	−7.7	26/1
2001	12.1	30.0	10/7	−9.7	22/12
2002	12.5	30.8	14/7	−12.4	26/12
2003	12.5	31.8	31/7	−10.4	24/1
2004	12.6	30.0	25/7	−14.5	1/1
2005	12.2	30.2	16/7	−11.9	7/1
2006	12.6	29.9	29/8	−7.5	7/1
2007	12.8	30.4	1/8	−11.1	9/2
2008	12.0	30.0	24/7	−12.4	22/12
2009	12.7	30.5	18/7	−10.4	10/3
2010	12.3	31.8	4/8	−13.4	16/12
2011	11.8	30.3	17/8	−11.2	16/1
2012	11.6	29.9	29/6	−12.8	30/12
2013	12.9	31.9	10/8	−10.9	3/1
2014	12.4	29.7	22/7	−12.2	10/2
2015	12.4	29.2	29/6	−7.3	17/12
历年平均值或极值	11.7	32.0	10/8(1966年)	−16.8	5/1(1970年)

1.2.2 气压

由于庐山气象站海拔1164.5米,相应的气压也较低,庐山月平均气压在880~890百帕,较山下的庐山市要低100~150百帕,而庐山市和九江市的气压差别不大(表1.2)。月最高气压900百帕左右,较山下的庐山市和北侧的九江市要低120~140百帕(表1.3)。月最低气压865~870百帕,较山下的庐山市和北侧的九江市要低120百帕左右(表1.4)。

表1.2 1981—2010年月平均气压(百帕)

站名	1月	2月	3月	4月	5月	6月	7月	8月	9月	10月	11月	12月
庐山	889.3	887.7	885.9	884.2	882.6	880.1	880.2	881.3	885.4	889.1	890.4	890.8
庐山市	1021.6	1018.8	1014.8	1009.9	1005.6	1001.3	999.9	1001.3	1007.7	1014.3	1018.6	1021.9
九江市	1022.3	1019.4	1015.3	1010.2	1005.7	1001.3	999.8	1001.5	1008.3	1015	1019.2	1019.2

表 1.3   1981—2010 年月最高气压(百帕)

站名	1月	2月	3月	4月	5月	6月	7月	8月	9月	10月	11月	12月
庐山	901.4	899.9	899.5	897.8	893.6	890.4	889.6	889.1	893.6	898.5	903.2	902.2
庐山市	1038.5	1037.6	1034.6	1031	1022.2	1013.2	1010.4	1013.7	1020.7	1029.1	1036.8	1039.1
九江市	1039.6	1038.7	1035.5	1031	1022.2	1013.7	1010.4	1013.9	1021.7	1029.4	1038.2	1040

表 1.4   1981—2010 年月最低气压(百帕)

站名	1月	2月	3月	4月	5月	6月	7月	8月	9月	10月	11月	12月
庐山	877.4	867.5	870.5	871.2	870.5	871.8	868.1	868.5	869.1	877.9	876.3	877.4
庐山市	1005.7	990.4	994.3	991	990.9	991.3	985.5	986.9	987.8	1000.1	998.9	1006
九江市	1005.8	989.9	994.3	992.8	991	991.8	987.4	988.1	989.8	1000.5	999.5	1005.7

1.2.3　湿度

庐山相对湿度山下山上也有差别,牯岭年相对湿度为 78%,庐山市、九江市分别为 75%和 77%。全年平均相对湿度 3—9 月为 80%~84%,10—2 月为 65%~76%,年最小相对湿度常为 0。年平均蒸发量为(口径 20 厘米蒸发器测得)1000.8 毫米,6—8 月平均为 100~150 毫米,4 月、5 月、9 月、10 月为 80~100 毫米,其他月份为 40~65 毫米。

年平均干燥度为 0.45,第一季度为 0.45,第二季度为 0.37,第三季度为 0.63,第四季度为 0.86,属较湿润地区。干湿变化很大,阴雨或有雾天气时很容易达到饱和,湿度 100%,秋冬季干冷空气控制时,空气湿度又迅速下降到 30%以下,甚至接近 0%。

1.2.4　风

庐山地区风向的季节变化与此地的地形条件有密切关系。庐山山体走向呈东北—西南向,自九江向下游长江河谷的延伸与庐山山体走向基本一致,气流运动也顺应当地地形走势。因此,山下的九江市、庐山市两地全年以东北风最多。但是,庐山海拔高不受其约束,夏季以南风为主,冬季多为偏北风。

庐山山上的风速与山下的庐山市、九江市有明显的不同,牯岭的风速为最大。根据观测资料统计分析,8 级以上大风日数,牯岭全年平均有 120.8 天,最多的年份有 168 天,最少的年份也有 84 天;山下南麓的庐山市平均为 45.3 天,最多的年份有 79 天,最少的年份有 26 天。但是,九江市平均只有 13.1 天,最多年份有 19 天,最少年份仅 6 天。

年平均风速,牯岭为 5.4 米/秒,南麓的庐山市 3.9 米/秒,九江 2.7 米/秒。由于庐山为块状隆起山地,山上摩擦力比平原小,气流沿陡坡山地抬升,山地上部流线密集,风速也相应地增大。南麓的庐山市比北麓的九江市风速大,主要是由于前者面临辽阔的水域。长江中下游地区处于我国亚热带气候与温带气候的过渡带,南北强气流频繁到达。春末夏初,长江中下游地区暖湿气流异常活跃,庐山的地形引起大气强烈不稳定,因不稳定的暖空气活动所引起的大风远比冷空气活动产生的大风更为强烈。

1.2.5　降水

庐山降水比同纬度的山下平原多,牯岭 2007—2017 年平均年降水量 1690 毫米,2017 年为 2150.3 毫米,最大的是 1954 年在庐山植物园测得的 3362.6 毫米。山下的庐山市、九江市年平均降水量分别为 1341.4 毫米和 1324.2 毫米,分别比山上少 348.6 毫米和 365.8 毫米。但庐山各月降水分配并不均匀(表 1.5),3—10 月各月降水量均在 100 毫米以上,5—8 月达到 200~300 毫米,雨季 4 个月左右,降水总量 937.7 毫米,占全年降水量的 55.4%,12—2 月降水量 160.9 毫米,仅占全年降水总量的 10%左右,表明了庐山气候的季风特点。庐山阴雨日数比山下平原要多,牯岭大于 0.1 毫米雨日多年平均为 167.7 天,山下南麓的庐山市和北麓的九江市为 138 天左右。庐山 24 小时最大降水量是 529.4 毫米,小时最大降水量 132.5 毫米,10 分钟最大降水量 39.6 毫米,过程降水量最大为 1051.0 毫米。

表 1.5 2007—2017 庐山、庐山市、九江市区各月平均雨量(毫米)

站名	1月	2月	3月	4月	5月	6月	7月	8月	9月	10月	11月	12月	年总量
庐山	36.3	67.7	140.7	156.7	201.9	256	234.6	245.2	120.1	103.6	70.1	56.9	1690
庐山市	38.1	71.9	151.3	150.8	184.2	243.7	185	101.3	66.7	46.3	57.9	44	1341.4
九江市	50.7	87.7	144.5	140.1	160.2	200.8	157.8	102.3	89.9	74.2	65.3	50.1	1324.2

庐山全年降水量≥0.1 毫米的降水日数平均为 170 天,最多的 1975 年是 209 天,最少的 1963 年是 131 天。最长连续降水日数是 21 天(2002 年 4 月 16 日至 5 月 6 日),降水量 384.5 毫米。最长连续无降水日数是 39 天(1955 年 9 月 17 日至 10 月 2 日和 1979 年 9 月 26 日至 11 月 3 日)。

1.2.6 负氧离子

庐山有两个负氧离子监测站点。一个位于江西省庐山风景名胜区牯牛背山顶,东经 115°58′57″,北纬 29°34′12″,海拔高度 1164 米,观测站下垫面为自然草地,周边均为山地、林区,树木以松树为主(图 1.3)。另一个位于庐山南麓庐山市气象局观测场内,站点毗邻鄱阳

图 1.3 庐山(牯岭)监测站点周边环境

湖,东经 115°57′01″,北纬 28°03′34″,海拔高度 35.2 米,监测站点周围植被以常绿阔叶林等木本植被为主,南侧邻近鄱阳湖,北侧为办公楼,东南侧为庐山市气象局国家观测站,东西两侧为低矮的灌木和草坪,其中东侧有部分常绿阔叶林,下垫面以泥地和草地为主,空气清新无污染,气候湿润,地理位置极佳,负氧离子含量高(图 1.4)。

图 1.4　庐山南麓庐山市气象局监测站点周边环境

(1)庐山监测站点负氧离子浓度与空气质量对应关系

庐山两个监测站点(庐山山顶牯岭上方的牯牛背和庐山南麓山下庐山市气象局)负氧离子浓度与空气质量的对应关系如表 1.6~1.8 所示。

表 1.6　2017 年庐山牯岭监测点负氧离子平均浓度与空气质量的对应表

月份	平均浓度(个/厘米³)	负氧离子等级	与人体健康关系	空气质量等级	空气清新程度
1月	2273	7级	极有利	1级	特别清新
2月	1251	4级	有利	3级	清新
3月	1280	4级	有利	3级	清新
4月	1395	4级	有利	3级	清新
5月	1392	4级	有利	3级	清新
6月	1409	5级	很有利	2级	非常清新
7月	1394	4级	有利	3级	清新
8月	1290	4级	有利	3级	清新
9月	1331	4级	有利	3级	清新
10月	1304	4级	有利	3级	清新
11月	1317	4级	有利	3级	清新
12月	1218	4级	有利	3级	清新
全年	1405	5级	很有利	2级	非常清新

表1.7　2017年庐山市气象局监测点负氧离子平均浓度与空气质量的对应表

月份	平均浓度(个/厘米^3)	负氧离子等级	与人体健康关系	空气质量等级	空气清新程度
1月	2249	7级	极有利	1级	特别清新
2月	1791	7级	极有利	1级	特别清新
3月	2036	7级	极有利	1级	特别清新
4月	1382	4级	有利	3级	清新
5月	1689	5级	很有利	2级	非常清新
6月	1341	4级	有利	3级	清新
7月	2659	7级	极有利	1级	特别清新
8月	2348	7级	极有利	1级	特别清新
9月	1341	4级	有利	3级	清新
10月	1897	7级	极有利	1级	特别清新
11月	1184	4级	有利	3级	清新
12月	1715	7级	极有利	1级	特别清新
全年	1803	7级	极有利	1级	特别清新

表1.8　2017年庐山两个监测点平均负氧离子浓度与空气质量的对应表

月份	平均浓度(个/厘米^3)	负氧离子等级	与人体健康关系	空气质量等级	空气清新程度
1月	2261	7级	极有利	1级	特别清新
2月	1521	5级	很有利	2级	非常清新
3月	1658	5级	很有利	2级	非常清新
4月	1389	4级	有利	3级	清新
5月	1541	5级	很有利	2级	非常清新
6月	1375	4级	有利	3级	清新
7月	2027	7级	极有利	1级	特别清新
8月	1819	6级	相当有利	2级	非常清新
9月	1336	4级	有利	3级	清新
10月	1601	5级	很有利	2级	非常清新
11月	1251	4级	有利	3级	清新
12月	1467	5级	很有利	2级	非常清新
全年	1604	5级	很有利	1级	特别清新

(2)庐山监测站点平均负氧离子浓度与适游期对应关系

对庐山牯岭牯牛背负氧离子浓度数据的分析表明(表1.9),庐山负氧离子监测点2017年月平均负氧离子浓度在1251～2261个/厘米^3,年平均负氧离子浓度为1604个/厘米^3,负氧离子浓度全年都超出了世界卫生组织界定的清新空气标准(1000～1500个/厘米^3)。庐山牯岭全年有8个月的平均负氧离子浓度等级在5级以上,以1月负氧离子浓度2261个/厘米^{3}为最高,共有2个月(1月和7月)负氧离子浓度超过2000个/厘米^3,负氧离子浓度等级7级,大大超过最高等级标准值,空气质量等级1级,空气特别清新,整体上对人体健康具有增强免疫抗菌力和康复治疗的作用。负氧离子浓度等级为5~6级的月份共有5个(2—3月、5月、10月和12月),对人体健康非常有利,具有很好的治疗和康复功效。庐山全年共有8个月的月平均负氧离子浓度等级在5级以上,空气非常清新时段占全年总时长的66.7%。

表1.9 适游期负氧离子浓度分析

月份	平均浓度(个/厘米^3)	负氧离子等级	与人体健康关系	度假旅游指数(HCI)
1月	2261	7级	极有利	可以接受
2月	1521	5级	很有利	可以接受
3月	1658	5级	很有利	适宜
4月	1389	4级	有利	可以接受
5月	1541	5级	很有利	适宜
6月	1375	4级	有利	适宜
7月	2027	7级	极有利	很适宜
8月	1819	7级	极有利	很适宜
9月	1336	4级	有利	特别适宜
10月	1601	5级	很有利	适宜
11月	1251	4级	有利	适宜
12月	1467	5级	很有利	适宜

结合庐山气候舒适度评价结果对负氧离子浓度数据进行分析,结果表明,庐山牯岭气候舒适度为3级的时段(6—9月),即健康人群感觉程度为舒适的时段,平均负氧离子浓度为1639个/厘米^3,负氧离子等级为6级,空气非常清新,对人体健康具有增强免疫抗菌力和康复治疗的作用。

庐山各月度假旅游指数(HCI)和负氧离子浓度对应关系见表1.9。从表中可以看出,庐山一年中度假旅游指数在"适宜"级别以上的有9个月,其他月份为"可以接受"级别。"适宜期"(3月、5—6月、10—12月)负氧离子浓度等级在4~5级;整个"适宜期"平均负氧离子浓度1482个/厘米^3,等级为5级,对人体健康很有利。"很适宜期"(7—8月)负氧离子浓度等级为6~7级,平均负氧离子浓度1923个/厘米^3,负氧离子浓度等级为6级,对人体健康相当有利。"特别适宜期"(9月)平均负氧离子浓度1336个/厘米^3,浓度等级为4级,对人体健康有利。综合度假旅游指数(HCI)和负氧离子浓度两个因子可以得出,7月、8月为庐山最佳旅游时期,其次是9月份。江西7月、8月还处于夏季,天气炎热,这个时间段也是到庐山避暑旅游的最佳时期。

从2017年庐山牯岭监测站点负氧离子浓度的月变化情况来看,负氧离子浓度有一定的季节变化规律,夏季浓度较高,特别是7月、8月。结合度假旅游指数和气候舒适度来看,7—8月为庐山旅游的最佳时期。按照负氧离子保健浓度分级评价标准,庐山牯岭监测点的负氧离子浓度一年中大部分时段均达到5~7级,远超过保健浓度临界值,有利于开展森林疗养、休闲度假等生态旅游活动。

庐山自1981年建立庐山自然保护区以来,山上的自然生态环境为负氧离子的产生创造了相当有利的条件。庐山植被在海拔700米以下主要为常绿阔叶林带,海拔700~1000米为常绿落叶阔叶混交林带,海拔1000米以上为落叶阔叶林带,森林覆盖率达76.6%。庐山山上水资源也很丰富,有着丰富的降水、地表水甚至地下水。庐山地区的沟谷水系自成系统,各以庐山为源,流归江湖。庐山地区负氧离子浓度与其自然生态环境密切相关,是大自然恩赐的"天然大氧吧",具备建设"负氧离子呼吸区"及"森林医院"等疗养保健场所的先天优越条件。

1.2.7 日照

庐山年平均日照时数1675.2小时,2月日照时数较少,月平均不足100小时,7月日照时数最多,月平均超过180小时(图1.5)。

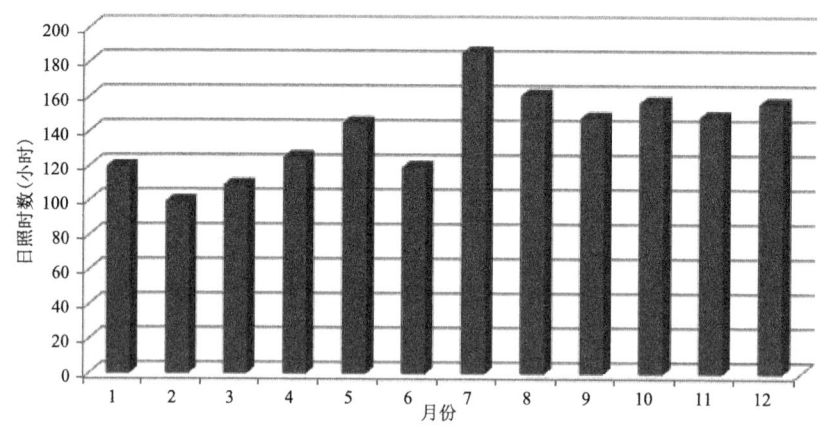

图1.5 庐山牯岭累年各月平均日照

1.3 地质地貌

1.3.1 庐山地质

庐山内的褶曲,有背斜及向斜两列,排列由北向南依次是大马颈—虎背岭背斜、牯岭向斜、大月山背斜、三叠泉向斜。不论背斜或向斜均作东北走向。它们奠定了庐山的地质基础。

主要断层有二组,其中一组东北走向的有莲花洞正断层、好汉坡正断层、大月山正断层、庐山垄正断层、红石崖逆断层、温泉正断层。另一组西北走向的有息肩亭逆断层、九奇峰逆断层、仰天坪正断层。

其中最主要的有二列,即北侧的莲花洞正断层和南侧的温泉正断层。二者将庐山包围,成为庐山断裂上升的主要机制。

1.3.2 庐山地貌

庐山是由东北—西南向断裂作用上升而形成的断块中山(海拔>1000米)。山体内的褶皱、断层和单斜构造地貌都很明显,河谷地貌特殊。

(1)构造地貌

庐山由构造(褶皱和断层)所控制的山脊主要有5列:五老峰、大月山、女儿城、牯岭、虎背岭。山脊之间为谷地,主要有4列:七里冲、大校场—船洼、中谷(东谷)、西谷(大林冲)。山脊和谷地平行排列,而且均作东北—西南走向。

(2)山地夷平面地貌

夷平面在山北分布的高度为1000～1100米,生成于第三纪末至第四纪初,即地壳上升之前。夷平面的地形起伏和缓,高差不大,有略为高起的岭脊(齐顶)和相对低凹的宽谷(如西谷、东谷、莲谷—王家坡、大校场谷、七里冲等)。宽谷属古老河谷,谷内发育了中更新统红土层,二者均为庐山上升前夷平面作用期的产物。夷平面的发育对庐山的建设及旅游业的发展起着巨大作用。

(3)河谷地貌

发源于庐山的河流,主要是循软弱层和向斜构造发育的,其流向以日照峰为分水岭,其东流向东北,其西流向西南。少数是横切构造发育的较新河流,流向大都与上述流向垂直,作东南—西北向。

庐山河谷的形态十分特殊,与常态河谷不同。上游为宽谷,下游反而是峡谷,两者之间容易出现裂点和瀑布。

1.4 自然景观形成史

庐山山体是一个古老的陆块,在杨子准地台的南缘。准地台比较稳定,其中的庐山山体前期下沉,后期缓慢上升,发育过程可分为4个阶段:

(1)地台褶皱基底发育阶段

在前震旦纪时,即距今10亿年前,庐山山体已经下沉,成为滨海及浅海(海拔<200米)环境,沉积了厚约3000米以上的碎屑岩。前震旦纪末期的吕梁运动,使前震旦纪地层发生了褶皱、变质和流纹岩喷出,构成了山体的褶皱基底。

(2)地台盖层沉积阶段

由震旦纪至二叠纪,地壳仍然下沉,海水有时加深,故沉积层中除了碎屑岩外还有白云岩和石灰岩岩层,共厚约5000米,成为地台的盖层。在此期间,曾经有过二次短暂升起,即晚奥陶纪及志留纪末至中泥盆纪,后者是加里东运动影响所致。

(3)地壳上升和褶皱断裂阶段

二叠纪沉积以后,在海西运动影响下,地壳稳定上升,从此脱离了海侵历史。侏罗纪至白垩纪时,由于受到剧烈的燕山运动影响,使盖层(震旦纪至二叠纪)发生褶皱、断裂和微弱的花岗岩侵入(花岗岩零星分布在五老峰以南至温泉一线,呈岩株状或岩盆状产出)。庐山亦由此断裂升起,但其四周在晚白垩纪时下降,发生过陆相沉积。

第三纪喜马拉雅运动时,庐山地区再次全面上升,因而缺失第三纪地层。

(4)地壳急剧上升成山阶段

自中更新统至现在,庐山的新构造运动十分明显,使庐山主体沿南北断裂带急剧上升,从而造成了目前的断块山形态。

庐山上升有以下4个证据:

其一,从网纹红土的分布高度上看,目前庐山的红土发育高度在海拔300米左右,但古红土(中更新统)在山上分布的高度为800～1200米,上升幅度为500～900米。说明高度800米以上的中更新统红土沉积之后随地壳上升而成。

其二,分布在1100米左右的古河谷(宽谷)和古谷中沉积的中更新统红土层,仍然得到良好的保存,说明上升的时间不长。

其三,由断裂上升而成的断层仍然很明显,高度大(1000米以上),未遭强烈破坏,只有少数河流切过断层崖伸入山内而形成峡谷和深沟。说明断层崖的生成时代比较新近。

其四,山麓四周广泛堆积了第四纪砾石层,它与山体快速上升以及高差大有关系。

1.5 庐山文化

1.5.1 历史文化

公元前126年司马迁在他的《史记·河渠书》中首载"庐山",并记录秦始皇、汉武帝南巡时"浮江而下""过彭蠡,祀其名山川"。从此,庐山在国家文化生活中的地位不断提高。唐玄宗建太平宫于庐山,并御书"九天使者之殿"匾。南唐中主李璟在庐山隐居读书,登基后舍宅为寺取名开先。南唐后李煜又建圆通寺。宋太祖赐白鹿洞书院国子监印本《九经》,敕书院为"白鹿国学",又赐匾额开先寺"开先华藏"。明太祖朱元璋封庐山为"庐岳","爵以尊号,禄以秩祀"。明太祖、成祖、宣宗又三次为天池寺敕额。清太祖赐开先寺御书《般若心经》等。

著名学者胡适1928年指出,庐山有三处古迹代表三大趋势:慧远的东林,代表中国"佛教化"与佛教"中国化"的大趋势;白鹿洞,代表中国近世七百年的宋学大趋势;牯岭,代表西方文化侵入中国的大趋势。"苍润高逸,秀出东南"的庐山,自古以来深受众多文学家、艺术家的青睐,并成为隐逸之士、高僧名道的依托,政客、名流的活动舞台,为庐山带来了浓浓的历史文化元素,并使庐山深藏地质、宗教、国学、抗战的文化底蕴。

1.5.2 人文文化

(1)宗教圣地

庐山是佛、道两教开创宗教思想和弘扬教义的重要地区。东林寺开创净土宗,简寂观开创道教的灵宝派。南朝南天师道祖师陆修静在庐山建简寂观,搜藏道卷1200余卷,并创立了道教灵宝派。1942年,世界佛教联合大会在庐山召开。21世纪初,二十余国的基督教教会汇集庐山。至今,庐山仍有佛教、道教、伊斯兰教、基督教、东正教、天主教等宗教及教派的寺庙、道观、教堂多座,正所谓"一山藏六教,走遍天下找不到"。

(2)文学艺术

自公元前126年司马迁南登庐山,并将庐山写进《史记》后,历代无数文人墨客,如陶渊明、谢灵运、李白、白居易、苏轼、王安石、黄庭坚、陆游等都曾登临庐山,留下了4000多首诗词、400多处摩崖题刻和难以计数的书画作品,使庐山享有"文国诗山"的雅号,成为中国山水诗和山水画的发祥地。诗人陶渊明一生以庐山为背景创作,他所开创的田园诗风影响了身后的整个中国诗坛。东晋画家顾恺之创作的《庐山图》,被认为是中国绘画史上第一幅真正的山水画。庐山南麓的白鹿洞书院,建于公元940年,南宋时理学大师朱熹重建扩充,成为中国四大书院之首,代表着中国近世七百年的程朱理学大趋势。庐山,这座世界名山,最鲜明的特征是她的文化底蕴。各种文化的交融,是庐山的精魂所在。

(3)建筑遗风

庐山是闻名中外的避暑胜地,自鸦片战争以来,这里修建了具有英、法、美、德等18个国家建筑风格的上千幢别墅,包括罗马式与哥特式的教堂、融合东西方艺术形式的拜占庭式建筑,以及日本式建筑和伊斯兰教清真寺等,堪称庐山风景名胜区的独特部分。著名的有美庐别墅、歇尔曼别墅等,成为至今保存完好的国际别墅群落,构成了庐山特有的别墅文化景观。在中国的名山中,唯有庐山有这样大规模的"世界建筑博物馆"。

第 2 章　庐山气象景观资源

从 20 世纪 80 年代起步,经过 40 多年的发展,我国旅游业已成为国民经济战略性支柱产业之一。旅游资源丰富多彩,种类繁多,天气气候旅游景观被认为是一项重要的自然旅游资源,也是实现可持续旅游的基础。天气气候旅游景观是指以特定天气气候条件为成因的旅游景观。

庐山属于亚热带季风湿润性气候,具有山地气候特色,又因地势较高和较高的森林覆盖率(92%以上),形成了许多独具特色的天气现象和气候环境,具有极高的旅游开发价值。庐山冬无严寒,夏无酷暑,春秋宜人。春夏降水集中,飞泉瀑布众多。相对湿度大,时有云雾萦绕,气象景观丰富多样。庐山著名的 16 大自然奇观中,鄱湖烟云、瀑布云飞、梦幻云海、庐山烟云、雾鸣云籁、乱云飞渡、雾飘花香、玉树琼花、鄱湖日出、庐山佛光、海市蜃楼等分别属于云雾、冰雪、风光、蜃景等气象景观,这些气象奇观的形成无不与气象条件有密切的关系(表 2.1)。

表 2.1　庐山著名气象景观分布与气象成因

类别	名称	观赏地点	观赏时间	形成的气候气象条件
云雾	鄱湖烟雨 瀑布云飞	含鄱口	雨后初晴	山地气候变化快,风吹云涌,湖面水汽大
		小天池		云流遇到强劲的偏东风或偏南风抬升至山顶,越山后飞泻而下
		大天池		
	梦幻云海	小天池	全年	湿度大,云雾多,在阳光照耀下,浩瀚江湖提供的丰富水汽遇山抬升,形成低云环绕,在雄伟高山的不同背景映衬下,显出各异风光
		含鄱口		
		五老峰		
	庐山烟云	庐山	全年	地理位置,相对湿度大,大汉阳峰海拔高
	雾鸣云籁	含鄱口		
	乱云飞渡	仙人洞		一定天气背景条件下爬山抬升气流和山谷风导致的风起云涌
	雾飘花香	含鄱口　锦绣谷	春、夏、秋	山花盛开,风吹花香四溢
冰雪	玉树琼花	牯岭　芦林湖　如琴湖　植物园　锦绣谷　小天池　仰天坪	雪后天晴	冰雪覆盖形成雪松,与阳光形成反射
风、光	鄱湖日出	含鄱口　王家坡　小天池	初春/深秋	阳光在云雾水汽中发生折射现象
	庐山佛光	狮子崖　锦绣谷		天气晴朗,云雾多,当太阳、人和投射在云层上的身影处在同一直线时,形成彩色的光环,环环相套
	万顷松涛	万松林　月照松林		风送涛声
蜃景	海市蜃楼	五老峰　如琴湖		云雾升腾,上暖下冷,上低下高的大气温压场

2.1 庐山云雾

苏东坡诗云"不识庐山真面目,只缘身在此山中",庐山云雾是庐山一道特殊的风景,云来即是雾,雾散即为云。有时低云沉罩,能使整旬不见天日,有时云雾缭绕,又能形成绝美的景观。庐山降水时常伴随云雾,根据系统尺度的不同还有短时云雾和连续云雾的区别。中小尺度系统发展起来的雷雨云等降水带来的是短时云雾,台风等大尺度系统降水则会产生连续云雾。云、雾实为一体,处于云中的游客看到的是雾,而云外的游人看到就是散片的云海,低处看是雾,高处看仍是云,飘来时是雾,飘散时是云。变幻莫测,使人心向往之。

从自然景观上说庐山是一座云雾之山,被古人称之为"云雾窟"。根据气象观测记录,年平均雾日约 200 天,最多的达 221 天,最少的也有 158 天;从月分布看,除盛夏季的 7 月和秋冬季的 11、12 月在 15 天以下外,其他月份均在 15 天以上,以春雨绵绵的 3—6 月雾最多,基本接近 20 天,也就是说有三分之二的日子都会有雾的记录。这是由于庐山平均相对湿度为 78%,4—9 月超过 81%。由于相对湿度大,气流遇山地抬升而温度降低,有利于水汽凝结,加上地形封闭,江湖水分蒸发不易扩散,往往遇山抬升凝结形成云、雾。庐山平均有雾日达 196.9 天,最高的年份(1961 年)达到 221 天;尤其春季(3—5 月),平均每月有雾日可达 19.9 天;即使雾日最少的 12 月,平均有雾日也有 12.4 天(图 2.1)。这与庐山北麓九江市年均有雾日 8 天、庐山南麓的庐山市年均有雾日 4.2 天形成鲜明的对比。由于雾日多,全年日照时数只有 1623.9 小时;日照时数的分布与有雾日的分布相对应,有雾日多的春季日照时数较少,有雾日少的 7 月日照时数最多。

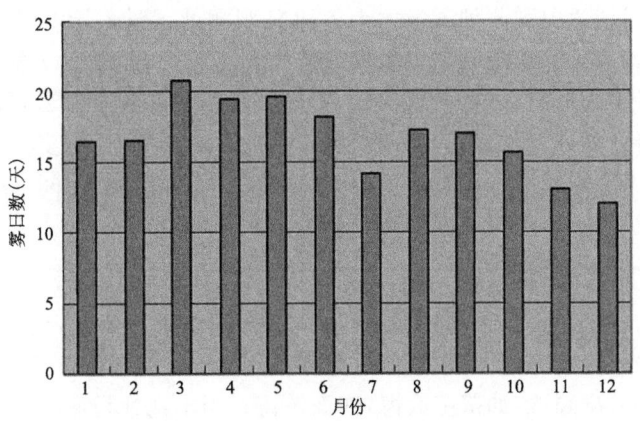

图 2.1 庐山山上各月平均有雾日数

庐山的雾基本可以分为两大类,一类是大雾,这类雾是在气象上称之为高空低槽、中层切变、地面锋面等天气系统共同影响时或是夏季台风影响时较易出现,常伴有明显的降水、大风等天气,这种雾范围大,整座山都笼罩在大雾之中;能见度低,一般低于 50 米,有时甚至不足 10 米;维持时间长,大多能维持 12 小时以上,有时中午在热力作用下虽偶尔雾散,但通常很快又会重新再来;对室外旅游影响很大,给游客感觉是茫茫一片,什么都看不见。遇到这类雾时,建议旅游者暂时放弃室外观光,改为室内观赏为宜。根据统计,这类大雾并不很多,全年平均为80天,大约占4成。另一类雾为阵雾,也可称为云雾,因为它跟云互相联系、互相转化,如以观测站点为坐标,云来即雾,雾去成云,两者没有绝对的区分。这种雾多在中层弱切变或地面弱冷空气影响时出现,多半无降水,有时在大降水之后也可出现,有时则完全是地方性的。其特点是范围小、时间短、变化快。这种阵雾飘浮不定,在山岭上、深谷中随气流游荡,时而那山迷雾这山晴,时而这山迷雾那山晴;雾来时迷迷茫茫,万物不见,雾去后空气清新,山色更秀丽。这种雾对室外旅游总体上影响不大,有时反而添彩不少,"春山如梦"就是对它最好的写照。据统计,它约占庐山雾日的6成,可达120天左右。

对于庐山的雾,自古流传下来一种"闻之有味,听之有声"的神奇传说,充满着一定的神秘色彩。从气象上解释,所谓"闻之有味"是说庐山上的雾不同于平地上的雾多烟尘异味,闻之有毒;飘浮在千米之高的云,清洁度较高,没有异味,相反在春夏季节山花烂漫之时,雾中还会随风飘来阵阵花的香气,闻之令人格外清新。所谓"闻之有声"是说大雾笼罩时能够听到远处有人说话却难见其人,这主要是因为大雾时能见度不足百米,而人的声音则不受雾的影响,照样可以传播到千米之外。

2.1.1 云海和云瀑

云是大气中的小水滴或(和)小冰晶的集合体,是大气过程的产物,当大气中的水汽达到过饱和时,水汽在凝结核上凝结,其下界不与地面相接;否则为雾。依照云的形态、所处高度、形成过程、内部结构和尺度等要素的不同,世界气象组织将云分为十属,每一属又分为若干类。十属分别为积云、积雨云、层积云、层云、雨层云、高层云、高积云、卷云、卷层云、卷积云。形成云海的云多是层积云。层积云是低空范围大面积云、薄片云或条形云组成的云层,常成行、成群或成波状排列,呈灰色或灰白色,常有若干部分比较阴暗。

江西省气象部门把庐山观测到云量大于7、九江观测低云量大于7时作为一次云海;低于这个标准的则作为云雾。从为旅游提供服务的角度来定义云海,认为云海就是可以观赏的低云,并不仅仅指整层起伏如波、一望无边的云,譬如庐山小天池的瀑布云,可能视云量只有0~1,但如银河倒泻,蔚为壮观,而山间即长即消的一些散片的云雾,变化多姿,增添无数山色。奇妙的云雾云海现象为庐山增添了无数山色,苏东坡曾写下游客徜徉山间,体会大自然赋予我们的神奇美景,不见峻岭巍峨,不知林间深浅,"只缘身在云海中"。

2.1.1.1 云海和云瀑景观特色

云海,顾名思义是描述云层顶部的状态。当你山下时,见天空云层遮盖,当你登山入云后,处在密密麻麻的云滴包围之中,看见的是大雾迷漫,而你继续登高,穿过云层顶部之上时,上面蓝天朗日,下面云涛翻滚,如茫茫大海,四面波涛。当本地处切变线天气条件下,冷空气势力不强时,易在半山一线形成浩瀚云海。

"庐山之奇莫如云"。庐山云海形成的天气条件是冷空气南下到长江流域,与来自南方的暖湿空气相遇,两者势力相当,在这一带形成地面静止锋。这时山下被北方来的冷空气控制,吹北风,山上被西南暖湿气流控制,吹南风,暖湿空气沿地面静止锋向上抬升,当爬升到700~800米高度时,即庐山半山腰,由于过冷却作用发生凝结,便形成了一层低云,但由于云层不厚,山上较高的山峰处于云顶以上,往下看,这就是云海。茫茫云海,好似海浪汹涌,露出云海之上的山峰,宛如仙山,令人无限遐想,在半山腰云层里的人看到的则是白雾茫茫或细雨濛濛。

瀑布云分为两种,一种是在瀑布上空形成的云,另一种是受地形影响形成的云流。第一种瀑布云是由于从高处向下倾泻的瀑布产生大量飞沫,使得空气饱和,在瀑布水潭四周局地形成的。庐山瀑布云为第二种类型,即受地形影响形成的云流。

瀑布云是山地云雾在随气流翻山越岭过程中受重力波和峡谷地形作用,在山的另一侧或深谷形成的一股自上而下、汹涌澎湃的云流。庐山小天池南坡的王家坡"U"形谷宽阔平缓,面向水汽充沛的鄱阳湖,受低空南风影响生云雾,而北坡谷深壁峭,翻山气流至此猛然下泻,有利于瀑布云的形成和维持。瀑布云形态各异,有时它似瀑布流水,直泻深谷,气势磅礴,宏伟壮观;有时它细流涓涓,漫过北山园门的山坳,沿公路行进,在观云亭和望江亭旁形同马尾而注入幽谷;有时它银丝缕缕,流经小天池的每一个山口,形若玉帘,抖落而下;有时它似奔腾的江河,越过大月山顶,铺天盖地,飞流直下,一泻千里,翻江倒海般地冲进剪刀峡。

2.1.1.2 云海和云瀑景观最佳观赏期和观赏地点

庐山云海日数年变化明显(图2.2),2005—2015年的11年间,庐山云海日共出现1471天,年平均日数为133.73天,最多的年份为172天(2005年),最少的年份为106天(2012年)。庐山云海一年四季均会出现,但月平均日数各月差异明显(表2.2),每年的5—9月是庐山云海出现集中期,平均每个月近半数日期都能看到云海。庐山云海冬季出现频次最少,为25.09次,夏季最多,为46.82次。这与庐山的气候有关,夏季受西南气流影响,水汽条件充沛,山中抬升条件好,易形成云雾,为云海的形成提供了有利条件;冬季庐山受冬季风影响,盛行偏北风,空气中湿度较小,地面大部分时间为大陆高压控制,有下沉气流,湿度和动力条件都不利于云的形成。

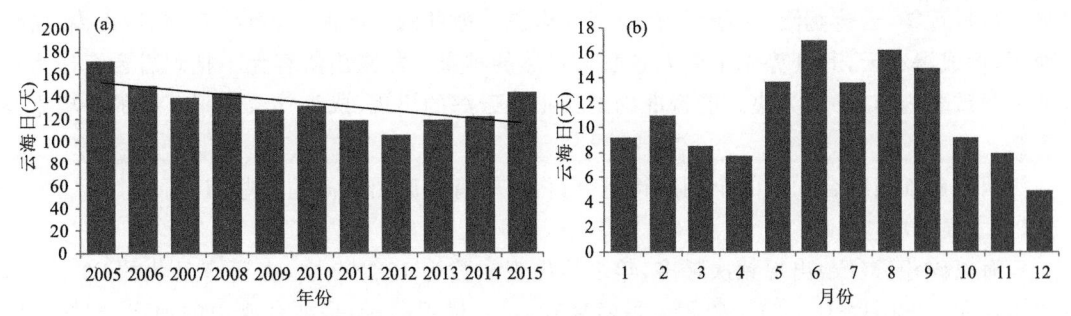

图2.2 2005—2015年庐山云海年平均日数(a)和月平均日数(b)的分布图

表2.2 2005—2015年庐山云海出现频次的季节分布

季节	春(3—5月)	夏(6—8月)	秋(9—11月)	冬(12—2月)
出现频次(次)	30.00	46.82	31.82	25.09

根据庐山气象台的观测经验:"晴天出现云海,预示着未来天气要转坏,阴雨天出现云海,将继续维持阴雨"。庐山云海一年四季都可出现,较常出现在春、夏、秋季,雨后转晴是云海一天中的最佳观赏时间。庐山牯岭街平均海拔1100米,而山下的低云云层高度通常在800~1000米。当云层薄、云顶高度只有不到1000米的时候,在庐山海拔超过1000米的地方就可以观赏到壮观的云海。云海具有一定的日变化特征,早晚完整较稳定,日出后由于热力作用,大气低层的稳定层逐渐被破坏,云往上涌,此时观赏性稍欠一些。不少云海在夜间生成,白天

消散,因此早晨8时前后为较佳的云海观赏时间,最佳地点是牯牛岭、大(小)天池、含鄱口、五老峰、仰天坪处。

同云海相比,庐山瀑布云出现的机会要少得多,主要出现在春季、深秋和冬季,常在静止锋或切变线天气条件下,弱冷空气从东南方向沿山体爬升时在小天池一带形成。从年次数来看,一年四季各个时段都可能出现,2019年7月14日至2020年7月29日庐山实景天气采集系统在牯牛背抓拍的剪刀峡瀑布云就达36次,这二年平均次数为每年20次。瀑布云夜间视野不好观赏,又其形成受日照影响,因此多为日出后观测记录。另外,庐山剪刀峡瀑布云形成维持时间从十几分钟到十几小时,不容易为常规气象观测所记录。气象科学工作者特别对庐山瀑布云做了分析,认为这是庐山地形独特、山地高峻之故。它的南坡下邻鄱阳湖北靠长江,丰沛的水汽在低层南风下遇山抬升凝结,形成越山低云,云雾在风力的引导下,促涌成强劲的云流,漫过山顶俯冲谷底,倒挂成飞流直下的瀑布云。瀑布云形成是在一个特定的海拔高度,一般为800~900米,活跃的暖湿气流遇上冷空气,或冷空气过后遇到偏东风时最有可能形成瀑布云。瀑布云被誉为"银河倒泻""白龙窜谷"。当冬春两季下雨后,在庐山莲花谷、五老峰一带,有时也能观测到瀑布云,云层如同瀑布一般凌空而下。庐山瀑布云产生的最佳时间为每年春季和初秋的早上8—10时,由于侧逆光照耀,瀑布云层次质感光影最佳。观赏瀑布云的最佳地点是牯岭街、牯牛背、小天池、观云亭以及牯岭西北虎背岭一带山岭上。另外,在五老峰、莲花谷、犁头尖一带偶尔也能见到瀑布云,但其出现频率和壮观程度远不及小天池。

2.1.1.3 云海和云瀑景观成因分析

冬、春两季,当南下冷空气势力不强时,即在半山腰形成云海,在山上观云海是游客的一大享受。举目远望,云涛翻滚,一望无垠,恰似大海波涛般壮观。有时,云海抬升,翻过山巅,又顺山而下,形成瀑布云,其气势无不令人赞叹大自然的神奇。故来山游客无不把观看云海作为观景的一项重要内容,一睹为快。能否准确地预报出云海的出现,成为气象预报服务的一项重要内容。

江西气象部门结合大量的个例进行研究,得出了有关庐山云海的一些结论。

(1)主要云状

云海以碎积云(Fc)出现频次最多,年平均出现次数为158.09次,占所有云状的76.01%,主要出现在5—9月(表2.3)。碎积云虽然破碎,视云量不高,但是结合庐山的地形,同样可以出现小范围的瀑布云,可观赏性很好。层积云(Sc)年平均出现次数为23.82次,占所有云状的11.45%,主要出现在冬季的1月份和2月份,大气层结在冬季较稳定,层积云常形成于逆温层下部。层积云云顶较平,常成行、成群或波状排列,分布较广,形成云海后视觉效果极佳。碎雨云(Fn)年平均出现次数为14.27次,占所有云状的6.86%,主要出现在4月份和5月份。当受大范围的锋面及辐合抬升等明显天气系统影响时,易形成包含碎雨云在内的雨层云。

层积云属有稳定的结构和一定的厚度,更加容易形成波澜壮阔的云海。它一般是由于弱冷空气南下到长江流域与暖空气相遇后,如果两者势力相当,便会在这一带形成静止锋或切变线,即在山下为北方来的冷空气控制,吹北风,山上为西南暖湿气流控制,吹南风,处在两者交界面的暖湿空气由于过冷却作用发生凝结后,便形成了一层云,这就是云海。积云很薄且容易破碎消散,形成云海的概率比较小。除此之外,云海与降水的关系也很密切。云海当天出现降水的概率比云海前一天出现降水的概率略大,且两天中至少有一天出现降水的最小概率为69.31%。

表 2.3 2005—2015 年庐山云海云状出现频次的月平均分布

云状	1月	2月	3月	4月	5月	6月	7月	8月	9月	10月	11月	12月
层积云(Sc)	4.73	5.09	1.09	0.91	2.18	1.45	0.82	1.18	1.55	1.00	2.36	1.45
碎积云(Fc)	7.09	8.91	9.54	9.00	17.27	20.91	16.91	23.73	19.45	11.55	9.00	4.73
积云(Cu)	0.00	0.00	0.09	0.18	0.54	2.45	1.73	3.09	2.54	0.54	0.00	0.00
层云(St)	0.00	0.18	0.09	0.00	0.00	0.18	0.00	0.09	0.09	0.00	0.00	0.00
碎雨云(Fn)	1.27	1.54	1.00	0.73	2.45	1.73	2.09	0.54	0.27	0.82	1.27	0.54

(2) 气象条件

庐山云海的适宜气象条件为平均气温 8.7~21.0 ℃，最高气温 12.7~24.7 ℃，最低气温 5.7~18.6 ℃；相对湿度≥82%；风速 1.9~4.8 米/秒，风向为东南南和南。云海时逆温出现的概率相对于平时而言并没有明显的增加，但是在逆温层底高度 1000 米以上、逆温厚度大于 1000 米以及逆温强度大于 2.0 ℃/(100 米)的逆温情况下云海出现频率更大，表明在强逆温的情况下更容易出现云海。

(3) 概念模型

如图 2.3 所示，出现云雾云海景观时，500 百帕低槽或等值线平直，中低空有切变线，有明显的西南气流；地面台风中心和外围、西南倒槽常有充沛的水汽输送，气流爬山容易形成云雾，冷高压前部抬升暖空气。

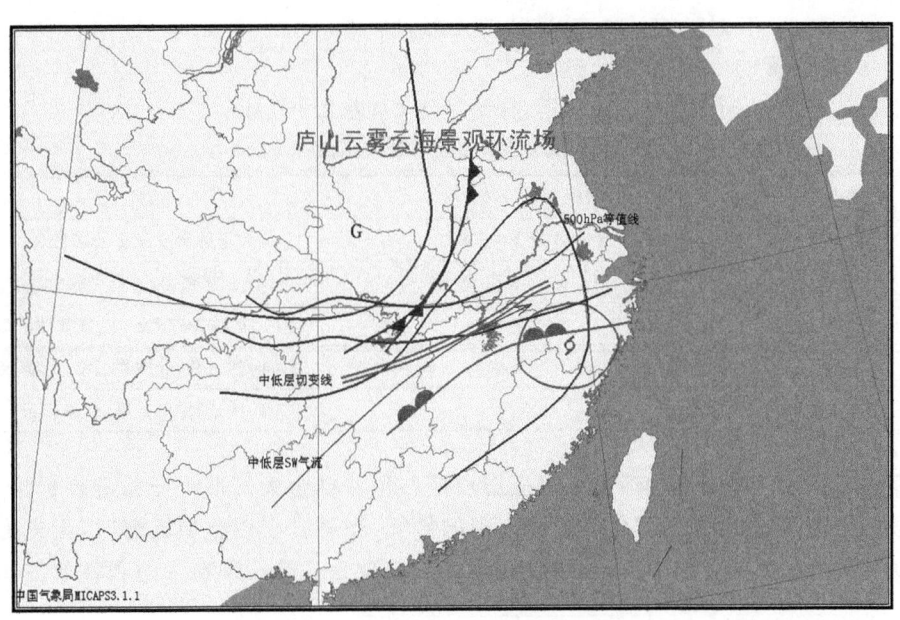

图 2.3 庐山云雾云海景观概念模型

在冷锋前沿或暖锋前部，上下层空气表现暖湿状态，暖湿空气沿山体迎风面上升，生成或发展云雾，这时庐山空气湿度增大。由于中低层有锋区存在，锋区逆温抑制暖湿空气上升，随着逆温厚度的变化，逆温下的云雾高度不同。云雾云海景观在此气象条件下呈现出如瀑布云、蜃景、云海日出等各种景观。当高空槽、切变线东移南压,冷暖锋过境后,云雾云海景观消失。

(4)预报方法

根据对庐山云雾历史资料的分析,选取天气形势 G、湿度场 $S(S_1、S_2)$、风场 W、降水 R 作为预报因子,建立预报方程:$Y_n = G + S(S_1,S_2) + W + R$。其中,$G$ 为天气形势,当有台风、低槽、切变线、冷空气、锋面等天气系统或天气形势时,取值 1,反之取值 0。S_1 为 850 百帕湿度,≥90% 时取值 1,反之取值 0。S_2 为 925 百帕湿度,≥90% 时取值 0.5,反之取值 0。W 为 850 百帕风场的风向,东北顺时针到西南的 180° 范围内取值 0.5,反之取值 0。R 为降水,有降水时取值为 0.5,反之取值 0。

所有预报因子的值从下发的产品中获取。Y_n 中 n 为预报时次,一日中取 02、08、14、20 时 4 个时次。故

$Y_n = 3.5$ 时,有云雾笼罩山体,没有景观。

$3.5 > Y_n ≥ 3.0$,有云雾的概率超过 90%,难以观景。

$3.0 > Y_n ≥ 2.5$,有云雾的概率较高,达到 70%,偶能观景。

$2.5 > Y_n ≥ 2.0$,50% 可能有云雾,或散片的云海。

$Y_n < 2.0$,有云雾的可能性较小。

日预报为 4 个时次的累加,有 $Y = \sum Y_n$,则

$Y = 14.0$ 时,有整日的云雾。

$14.0 > Y ≥ 12.0$,有持续时间较长的云雾。

$12.0 > Y ≥ 10.0$,有云雾的概率较高,达到 80%。

$10.0 > Y ≥ 8.0$,有短时的云雾,或散片的云海。

$Y < 8.0$,有云雾的可能性较小。

在此基础上建立云雾景观指数预报,分为五级,如表 2.4 所示。

表 2.4 庐山云雾景观指数

指数等级	预报结果(Y值)	含义
一级	$Y = 14$ 或 $Y < 8.0$	大雾弥漫或没有云雾景观
二级	$14.0 > Y ≥ 12.0$	云雾锁山,可偶见云海
三级	$12.0 > Y ≥ 10.0$	有时来时去的低云,或分散性云海
四级	$10.0 > Y ≥ 8.0$	有短时的云雾,分散性云海,景观较好
五级	—	壮阔、完整的云海,或瀑布云

云雾景观指数一至四级的情况可以根据预报方程并结合天气形势分析进行预报,而五级的情况很难把握,根据整层云雾常常连续出现的特征,当某日出现整层云海时,天气形势在后面数日没有大的调整的情况下,可以预报云雾景观指数为五级。瀑布云的观赏放在短时预报中为好。

建立预报方程后,依据当天天气实况、数值预报产品及预报经验,便可对次日庐山的云雾天气及其类别做出定性判断。因预报因子可以做定量化处理,编制相应的程序后,在预报人员人工干预下可以由计算机自动完成预报服务任务,输出相关服务产品,并在业务运行中不断完善提高。

庐山气象局利用上述分析编制了预报软件,对历史资料进行了重新检验,拟合率在 92%

以上。在 2012 年秋季(9—11 月)至冬季(12 月至次年 2 月)进行了业务试报,准确率为 89%,基本能够应用于日常业务服务(图 2.4)。

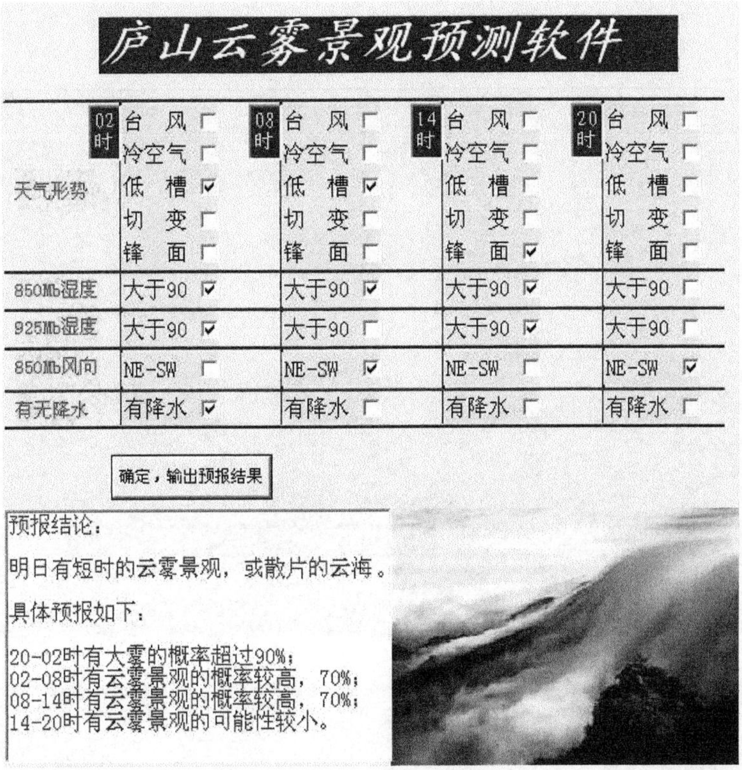

图 2.4　庐山云雾景观预测软件截图

2.1.1.4　云海和云瀑景观综合评价

庐山北靠长江,南倚鄱阳湖,周边水系非常丰富,故其云雾之频繁为世所罕见,具有很高的知名度,全球各地游客络绎不绝。云海景观四季可见,常出现在雨后初晴的清晨,观赏效果极佳。云瀑相比云海出现的次数要少些,但由于景观震撼,蔚为壮观,被誉为"银河倒泻""白龙窜谷"的奇景,具有极高的观赏价值。

清代文人舒天香自称"云痴",曾专程在黄龙寺、大天池、含鄱口、小天池等处观云百天。庐山变幻莫测的云雾,让他一见倾心,如醉如痴。作诗吟此气象景观:"人间见云不见天,山头弄云如白绵。"在《天池赋》文中,他更是连写过十句带"云"的话,以明心志:"欲绝粒而餐云,欲幪被而眠云,欲编竹而巢云,欲倚瑟而看云,欲扫迹以栖云,欲禁寒以衣云,欲负耒以犁云,欲种竹以生云,欲为山以兴云,倘作霖以济物,则幡然吾亦行云。"无产阶级革命家林伯渠则诗云"云如沧海起陀陂"。郭沫若《雾中游含鄱口偶成》:"人到含鄱口,望鄱新有亭。湖山云里锁,天籁雾中鸣。无中实有有,有有却还无。东风吹万里,空山也画图。"

庐山云雾是吸引游人的一大胜景,也最能充分展示庐山的朦胧之美。鄱湖烟云指风雨欲来时,鄱阳湖面云翻飞渡;而瀑布云飞则是雨后初晴,云流遇上强劲的风,云流飞越山顶直泻而下,奔腾不息。寒来暑往,秋去春来,庐山经历了数个朝代的变迁,但其文化内涵和历史底蕴一直未曾褪色。最有名的莫属"不识庐山真面目,只缘身在此山中"。庐山云雾缭绕,云海波澜壮阔,太白君登高远眺,为其壮丽景观倾倒,写下"日照香炉生紫烟"千古绝唱。朱元璋说"庐山竹影几千秋,云锁高峰水自流",即使是一代开国帝王,面对庐山云瀑这样的奇景时,也是提笔挥毫,赞不绝口。

庐山云海

2.1.2 其他气象景观

除了云海和云瀑景观,庐山的云雾还呈现出各种形态,如条状如絮片的云絮、状如车盖的云盖,还有完全遮蔽住山顶形成的壮丽的云蔽山景观。除此之外,含鄱口、小天池、仰天坪观日出,锦绣谷、仙人洞、小天池看日落,如果叠加上云海,看红日从白云上喷薄而出,观晚霞染红天际的碎云,是令人陶醉的。美轮美奂的朝霞美景会让游客乐而忘返,晚霞满天的长江落日也让游客深刻体会那逝者如斯的长河胜景。

弥漫山谷的云雾,一阵风过,转眼就无影无踪,山明水净,湛蓝的天空星星闪烁,幽静的青山红妆翠裹;眼前才一丝丝的云絮,瞬间就波涛汹涌,万马奔腾,支撑起一张巨大的天幕;忽作雄鹰翱翔,忽作仙女缥缈,忽而薄如蝉翼,忽而厚如飓风。

2.2 庐山冰雪

自然之美,在冬季一直就有"冬如玉"之说。冬季降雪、雨凇、雾凇、雪凇自然天气现象与庐山的秀丽山色结合,会构成奇特瑰丽的自然气象景观。因此,庐山冬季的雪景景观,自古就为诸多文人骚客所推崇。冬季赏雪游已成为庐山旅游的一大亮点。江南下雪的机会相对较少,但是庐山海拔高度在千米以上,按照海拔高度升高100米气温下降0.5～0.6 ℃的规律,相当于向北推了5～10个纬度,1月份多年平均气温大约与郑州、青岛相当,因而不到北国,冬季上庐山就能观赏到山舞银蛇的冰雪奇观。庐山冰雪景观,不仅指单纯的下雪形成的景观,而且由于庐山地处江南,水汽丰富,常常在一次冷空气过境过程中,会相继形成雨、雨凇、雨夹雪、降雪、雾凇和雪凇现象,因而庐山雪景往往是指由冻雨、雨夹雪、雨凇、雾凇和雪凇所构成的混合景观。一场大雪之后地面白雪皑皑,一片洁白,而迎风口的大树上则挂满了雨凇、雾凇和雪凇,雪树银花,好一片江南北国风光,美不胜收,是北方平原地区不多见的美景,不愧是"南国冬韵,冰雪庐山"。庐山的降雪天气过程,虽然会给景区的树木和交通带来一些潜在危险和危害,但更多的是给游玩的人们带来美轮美奂的雪景,同时还增加了景区冬季的淡水来源,对景区常驻居民冬季的水源和对景区冬季的森林防火和土壤水分环境的改善,都具有很好的保障和保护作用。

庐山雪景,一般认为是由于庐山特殊的地理条件而形成的一种我国江南地区特有的冬季气象景观。庐山地处我国第一大淡水湖鄱阳湖与长江之间,水汽资源丰富,冬季冷暖空气在此交汇,云雾笼罩机会多,由于庐山为长江中下游这块冲积平原中所独自耸立的一座海拔近1500米的高山,与周边海拔不足100米的环境相比,冬季气温在周围平原地区较暖时也较易处于0℃以下,因而在冬季冷空气活动影响时,常会形成雨凇、雾凇和雪凇等多种不同类型的液、固态降水。庐山植被茂密,树木怪石众多,建筑别具风格,这些液、固态降水与庐山自然景色结合,打造的冰雪世界便组成了独具庐山本地特色的多种形态、立体交叉、混若天成的冰雪山水画。对庐山雪景之美,历代文人吟咏很多,明代王世懋的《庐山雪》"朝日照积雪,庐山白如云。始知灵境杳,不与众山群。树色空中断,泉声天半闻。千崖冰玉里,何处着匡君"就非常有代表性,是我国古代文人对庐山雪景之美的神来写照。

目前,庐山雪景气象景观仅为一个旅游风景学的概念,从我国现行的地面气象观测规范来看,雪景气象景观在气象上还未有严格的学术定义。从已有资料中对这一概念的使用情况来看,主要有广义和狭义两种含义,从广义上说是指由各种性质的冻雨、降雪、雨夹雪、冰粒、雨凇、雾凇中的一种或多种天气现象所构成的冰雪气象景观。只要有上述一种或几种现象出现,并达到一定范围和程度,都可认为有雪景景观。由于上述现象形成的机理并不完全相同,有的是固态降水(如雪、冰粒、雨夹雪),有的属液态降水(如冻雨),而有的则不属降水现象(如雾凇),因此研究并预报它们需要用不同的方法。根据现有观测资料的使用情况,现有研究以及山上实际观测体会,并结合了地面气象观测积雪的概念,对它进行狭义上的定义:雪景气象景观是指有降雪现象(包括冻雨、过冷雾、雪、冰粒、雨夹雪等)发生,并达到地面气象观测上的积雪标准(即观测者视野四周二分之一以上范围地面被降雪覆盖)而出现的气象景观。

2.2.1 雨凇与雾凇

除霜、露、地面结冰及其冻结物以外的地面或地物上的水汽凝结、凝华物,以及过冷却云雾雨滴在地物上碰冻而成的水成物,气象学上统称"凇"。

2.2.1.1 雨凇与雾凇景观特色

雨凇,俗称冻雨或冰凌,是冰晶或雪花降落至对流层中部0℃以上暖层形成过冷水滴,再经过冷层形成过冷水滴到达地面与0℃以下的寒冷物体接触时冻结而形成。雨凇天气里,光秃树枝上的雨凇一串串地悬垂着,在阳光照射下折射出五颜六色的光芒,微风吹来还会发出清脆的叮当之声;常绿植物的树叶被冻雨包裹着,封闭在冰壳中的树叶形状不变,颜色不减,叶脉清晰,栩栩如生;冻雨滴落在屋顶,一边下淌一边冻结,在屋檐下形成一排整齐下垂的"冰帘";而从高处奔流的山溪或瀑布也会一边流淌一边冻结,最后形成一个乳白色的"冰瀑"。这时,整个庐山在雨凇的装饰下,真正成了"千崖冰玉里,万峰水晶中"的琉璃世界。不过,此时地面的冰层也光如镜、滑如油,人和车辆在上面行走异常困难。在冻雨的装点下,结合庐山山顶的丛山深谷和伸展的山麓,并辅以繁茂的乔木灌林,随着山谷的自然转曲,形成银装素裹、变化异常的景色。形成雨凇时的典型天气是微寒且有雨,风力强,多在冷空气与暖空气交锋且暖空气势力较强的情况下才会发生。大气垂直结构呈上下冷、中间暖的状态,自上而下分别为冰晶层、暖层和冷层,且暖层足够厚,冷层足够薄。庐山各处山峰海拔均在1000米以上,最高峰汉阳峰海拔达1474米。冬季庐山经常出现此类天气,当庐山雨凇发生时,给游客带来了极美的体验。

雾凇俗称树挂,是在严寒季节里,空气中过于饱和的水汽遇冷凝华而成,是非常难得的自然奇观。雾凇有两种,一种是过冷却雾滴碰到冷的地面物体后迅速冻结成粒状的小冰晶块,结构较为紧密,叫粒状雾凇,粒状雾凇往往在风速大、气温为$-7 \sim -2$ ℃时出现。另一种是由过冷却雾滴凝华而形成的晶状雾凇,结构较松散,稍有震动就会脱落,晶状雾凇往往在有雾、微风或静稳、温度低于-15 ℃时出现。雾凇非冰非雪,而是雾中无数0 ℃以下而尚未凝华的水汽随风在树枝等物体上不断积聚冻粘的结果,表现为白色不透明的粒状结构沉积物。有研究指出,气温越低,且无风或微风(风力≤3级)的条件下,越容易形成雾凇。昼夜温差并不是形成雾凇的关键因素,庐山昼夜温差超过10 ℃的雾凇日不足20%。除此之外,雾凇日出现雾的概率比较大,达到70%~80%。雾凇日的前一日和当日若有降水则更容易出现雾凇,尤其是雾凇日前一日出现降水的概率达到60%~70%。因此,雾凇形成需要气温很低,而且水汽又很充沛,同时能具备这两个形成雾凇的极重要而又相互矛盾的自然条件更是难得。冬季庐山雾凇景观出现频率较高,是不可多得的观赏之地。冬季的庐山,当气温降到0 ℃以下又有雾时,雾中那些随风而动的雾滴一旦碰到暴露在雾中的物体便会直接冻结成冰,时间一长变成一层乳白色的冰晶物。在庐山的一些迎风口,雾凇附着在空间物体上,迎风均匀地堆积,它能勾画出物体的轮廓形态,使山上的一草一木、一物一景改头换面,形成千姿百态的景观。梧桐树秃枝上的雾凇似梨花盛开,满树银白,松树上的雾凇如玉菊怒放,争奇斗艳;布设在景区内的楼亭阁桥和幢幢别墅房屋,在雾凇的装点下犹如水晶宫般的魔幻世界。

2.2.1.2 雨凇与雾凇景观最佳观赏期和观赏地点

庐山的雨凇与雾凇每年发生天数基本相当(图2.5),一般在11月中旬,有些年份10月就会出现,迟至第二年4月还能见到(表2.5)。每年的1—2月为雨凇、雾凇的频发时期,平均每月有12~13天可以观赏到雨凇与雾凇景观,且从观测资料和实际观赏可知,这两种气象景观通常同雪凇混合出现,且分布北部多于南部,以牯岭、小天池一带最为壮观。

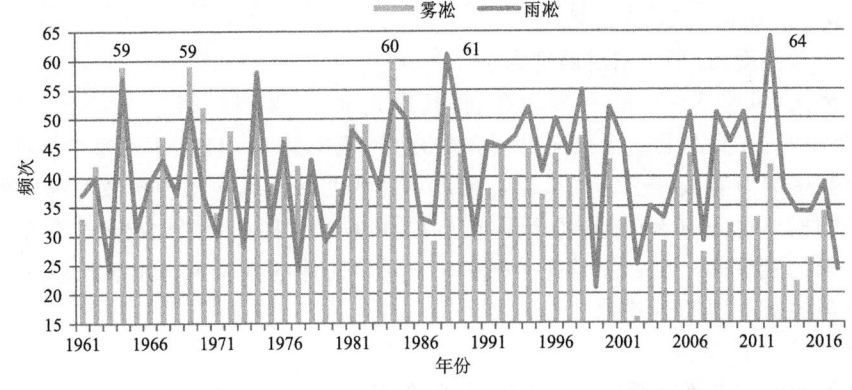

图2.5 1961—2017年庐山站发生雨凇与雾凇的年频次

表 2.5　1961—2017 年庐山站发生雨凇与雾凇的累计月频次

	1月	2月	3月	4月	5—9月	10月	11月	12月
雨凇	720	674	378	45	0	3	106	409
雾凇	737	626	316	30	0	2	102	403

2.2.1.3　雨凇与雾凇景观成因分析

1. 成因分析

(1) 500 百帕中高纬度环流特征

北半球中高纬度呈现为三波型,贝加尔湖阻塞高压正变高区位于 55°～80°N,中心值为 6 位势什米。

(2) 500 百帕中低纬环流特征

欧亚大陆上空在中低纬度地区纬向气流非常强盛,伴有 −6～−2 位势什米的距平。南支槽主槽区位于 80°～90°E 附近,在其以东的平直西风气流中,锋区密集。水汽大部分来源于孟加拉湾,在副热带平直而强盛的西风锋上,常有波动生成或从上游移来,产生强劲的西南气流或低空急流,为长江流域的降水输送动量、热量和水汽。在副热带高压位置北抬时,脊线平均位于 15°N 左右。120°E 副热带高压 584 位势什米北界大部分位于 20°N 以北的地区,以 22°～24°N 最多,有时甚至会出现 588 位势什米的环流中心。

(3) 地面形势场

冷高压中心异常强大,并伴有密集的锋区。冷空气主体轴线均偏东,位于 110°～120°E。当冷空气从河套以东的地区南下影响江西时,为东路冷空气,常带来持续低温天气;当冷空气从河套附近南下时,为中路冷空气,常带来强烈的大风和降温天气,但持续时间不长。正是由于冷空气路径偏东,从而不断有冷平流补充南下,地面温度持续偏低,当高空过冷水滴到达庐山时才有利于在各种物体上形成晶莹冰层。

(4) 地面基本要素

①平均气温:平均气温低于 0 ℃。

②08 时气压:全省基本呈北高南低分布,其中环鄱阳湖区及赣江沿岸地区气压明显高于周边山区。赣北赣中大部气压值超过 1016 百帕;赣南南部及周边山区气压值不高,多低于 1008 百帕,其中庐山低于 1000 百帕。

③平均相对湿度:日平均相对湿度为 74%～97%。

④风速风向:风速 5～7 米/秒最为有利,其次是 0～2 米/秒,第三为大于 7 米/秒的风,2～4 米/秒最不利;北到东北三个风向出现频次最多,概率达 47.4%(平均每个风向 15.8%),其次出现次数多的为静风,概率达 15.7%,西北到北西北两个风向出现次数为第三的方位,两个风向出现的概率达 16.0%(平均每个风向 8.0%),东东北到东为风向出现次数第四的方位,两个风向出现的概率达 9.5%(平均每个风向 4.8%),其他各方位风向出现次数相对较少,且每个风向出现的概率均低于 3%。

2. 冻雨灾害预警预防

雨凇虽然给游客带来冰雪世界的奇妙景观,但其造成的灾害也是不可忽视的。庐山是冻雨(雨凇)多发地,根据统计资料显示,山区的电线结冰直径最为显著,庐山东西方向和南北方向的最大直径分别达到了 266 毫米、175 毫米,为江西省之最。冻雨除了带来电线积冰灾害,还有道路结冰,中国气象局将道路结冰预警信号分为三级,分别以黄色、橙色、红色表示。当道路表面温度低于 0 ℃,出现降水,12 小时内可能出现对交通有影响的道路结冰时,将发布道路结冰黄色预警信号。此时,驾驶人员应当注意路况,安全行驶,行人外出尽量少骑自行车,注意防滑。气象部门发布道路结冰橙色预警信号,表明道路表面温度低于 0 ℃,且伴随出现降水,6 小时内可能出现对交通有较大影响的道路结冰。此时,交通、公安等部门要按照职责做好道路结冰应急工作,驾驶人员必须采取防滑措施,慢速行驶,行人出门注意防滑。当发布道路结冰红色预警信号时,表明 2 小时内可能出现或者已经出现对交通有很大影响的道路结冰。交通、公安等部门注意指挥和疏导行驶车辆,必要时关闭结冰道路交通,人员尽量减少外出。如果必须外出,要采取防寒保暖和防滑措施,步行时尽量不要穿硬底或光滑的鞋,行人要注意远离或避让机动车。老少体弱人员尽量减少外出,以免摔伤。司机要降低车速,按照公路可变情报显示板上预告的车速行驶,防止车辆侧滑,缩短制动距离;加大行车间距;冰雪路面的行车间距应为干燥路面行车间距的两到三倍;沿着前车车辙行驶,一般情况下不要超车、加速、急转弯或者紧急制动;需要停车时提前采取措施,多用换挡,少用制动,防止各种原因造成的侧滑;在有冰雪的弯道或者坡道上行驶时,应提前减速;及时安装轮胎防滑链或换用雪地轮胎。

2.2.1.4 雨凇与雾凇景观综合评价

庐山自然之美,从季节上看具有"春如梦,夏如滴,秋如醉,冬如玉"之特色。其中,"冬如玉"就是指冬季大雪、雨凇、雾凇和雪凇所构成的景观。由于庐山地处江南,冬季每当冷空气南下与暖湿空气汇合,常常形成千奇百怪的雪景、雨凇、雾凇和雪凇景观。大雪之后白雪皑皑,雪树银花,一片北国风光。而过冷却雨滴凝结于树枝形成透明的雨凇,组成晶莹、琉璃的奇妙境界。更有那冰柱有似利剑银刀,有似珠帘高挂,有似瀑布倾泻,美不胜收。站在庐山之上,只见山脊山岭皆被冻雨染白,苍翠山林化身为雨凇、雾凇和雪凇,凇花迎风绽放、冰晶含翠欲滴,呈现出"匡山头白早归来"的诗情画意,极具观赏价值和文化内涵,给游客带来丰富的观赏体验。雨凇、雾凇和雪凇冬季出现天数较多,尤其 1—2 月达每月 12~13 天之多,具有较高的景观资源稳定性。每年冬季,特别是圣诞节和春节期间,庐山吸引着大量港澳台同胞和世界各国友人来山赏雪。提起雨凇、雾凇,庐山已成为首当其冲的选择,景观具有较高的知名度和典型性,且在全世界范围内稀有程度很高。除此之外,众多专家学者亲到庐山研究雨凇、雾凇成因和可预测性,这也证实了庐山雨凇、雾凇的科研价值。

雪景是庐山最具特色的景观,每年冬季有大批游客专门上山观雪。庐山的雪景,有雪、雨凇、雾凇或它们混合冻结物形成的各式景色。大雪后,处处白雪皑皑,雪树银花,阳光照耀积雪,满山银光夺目,银装素裹,气象万千,尤为壮观。遇雨凇呈现出千岩琉璃、万树晶莹的奇妙境界。遇雾凇则满山株株"玉菊",棵棵"梨花"。冰天雪地之时,悬崖绝壁之间挂满各式冰柱,有的似利剑银刀,有的似珠帘高挂,有的似瀑布倾泻,美不胜收。因交通便利,每年三节(圣诞节、元旦、春节),庐山便成为港澳台同胞和外国游客首选的看雪旅游之地。近年来,随着生活水平的提高,内地游客特别是广东、福建一带的游客来观雪景的也大幅度增多。往年冬季是旅游淡季,而今淡季不淡,也成了庐山旅游业的一大特色,2018 年开始营建的庐山女儿城山上滑雪场更是增添了不用跨越长江就能体验冰雪运动乐趣的所在。

2.2.1.5 雨凇与雾凇景观图片赏析

视觉美。雨凇组成的冰花世界,点点滴滴裹嵌在草木之上,结成各式各样美丽的冰凌花,有的则结成钟乳石般的冰挂,满山遍野一片银装素裹的世界。

形象美。茫茫群峰是座座冰山,那造型奇特的松树、遍地的灌木,此时也成为银花盛开的玉树,仿佛银枝玉叶,分外诱人;满枝满树的冰挂,犹如珠帘长垂,山风拂荡,分外晶莹耀眼,如进入了琉璃世界。

变化美。冰挂随风摇曳,叮当作响,宛如曲曲动听的仙乐,和谐有节,清脆悦耳;山峦、怪石之上,茫茫一片,似雪非雪,仿佛披上一层晶莹的玉衣,光彩照人,在冬天灿烂的阳光下,分外晶莹剔透、闪烁生辉,蔚为奇观。

意境美。站在山岗之上,只见山脊、山岭皆被浓雾染白,苍翠山林化身为雨凇、雾凇,凇花迎风绽放、冰晶含翠欲滴,极具观赏价值。

庐山雨凇

2.2.2 其他冰雪景观

(1)冰瀑冰挂

冰瀑冰挂景观也是在一定季节时出现的一种具有庐山冬季特色的景观,在严冬时节,如果气温长时间在冰点以下,即使在晴好天气里,那些平时奔流不息的瀑布、溪流也会慢慢地、一点一滴地冻结起来,最后以乳白色、如珠帘状、仍然保持着奔流飞泻姿态悬挂在山岩上,构成了多姿多彩冰瀑、冰挂景观。有的整个水流均已完全冻结成冰,变成银白色、晶莹闪亮的固体瀑布;有的瀑布两侧涓涓细流已经冻结成冰、而主流仍在飞泻,形成一种冰与水同存、固体与液体相间、静与动组合的特殊景观;那些平时从岩石缝中渗出来的泉水,在气温降到冰点以下后,不断地冻结堆积,到后来也会形成一定规模的冰瀑,有的即使成不了冰瀑,也能形成无数根凌空悬吊、上粗下尖的冰"钟乳石",如刀似剑,格外美丽。山上观赏冰瀑的地点很多,除了黄龙潭、乌龙潭等外,凡是有一定落差的流水处都可能出现这种景观,只要有心观赏,就是平时很不起眼的小股流水,一到严冬,也会变成一条白练,向人们展示它的风采。当然,要论壮观程度,最有气势、最为壮观的还数三叠泉冰瀑。

(2)雪凇

降雪附着于物体表面不断聚集成白色沉积物就是雪凇。雪凇是一种冬季自然现象,雪花飘落时气温较高,部分雪花落到地面或树木上化成水,在降雪过程中,如果遭遇寒流,气温骤降,或位于迎风口,落雪不再融化,雪花被树木上的水珠粘住、冻结,越积越厚,就形成了雪凇。特别是雪过天晴,庐山恰似一座琼岛,五老峰、如琴湖、植物园、芦林湖、三宝树、小天池、锦绣谷等景点,均可尽揽冰凌与泉水并垂,雪花与瀑布齐飞;品味多棱多角的雪凇、多姿多彩的混合凇。

(3)冰裹桃红

这也是只能在地处江南的庐山才可见到的景观。因地处江南,在早春三月会出现过程性的气温上升到 10 ℃以上的天气,随着气温的上升,一些冬季或早春时节开放的山花,如梅花、茶花、桃花等,纷纷出蕾,悄悄绽开。然而,因庐山此时尚处在冬季,冷空气活动频繁,一旦有冷空气入侵,常会带来降雪或冻雨,使整个庐山一夜之间变成了白色。此时,那些早开的花儿则被包裹在冰雪之中,在晶莹洁白的冰雪里闪烁着星星点点绮丽的带着春意的艳红,构成一幅幅在平原难以见到的白雪、红花共存的美丽图画。观赏冰裹桃红景观的最佳地点是花径、植物园和街心公园一带。

庐山雪景

2.3 庐山雨露

庐山地形极其陡峭,无论风从何方来,地形的爬升动力抬升作用都很明显,对降水都会产生很大的影响。有研究给出了庐山与九江各月的平均降水量,指出庐山各月降水量均比九江大(张海虹,2011)。月降水量平均相差 42 毫米,年降水量平均相差 505.6 毫米,庐山比九江多35.8%。且各月的降水量差值有明显的变化规律,气温越高,降水量差值越大,1月相差最小,

8月相差最大。

　　庐山年平均降水量近2000毫米,远高于同纬度平原地区。庐山的花草树木受到丰富的雨露滋润生长繁茂,亦为各种动物提供了优良的天然栖息场所。丰沛的降水是形成谷潭、溪流瀑布的重要保障。著名的瀑布有秀峰、三叠泉、大口,著名的谷潭有秀峰龙潭、黄龙潭、乌龙潭。同时,丰富的降水还造就了飞瀑流淙常年不涸。"匡庐飞瀑天下奇""疑是银河落九天",是庐山瀑布的真实写照。著名的三叠泉、开先瀑、石门涧、玉帘泉、玉渊、王家坡双瀑、黄龙潭、乌龙潭、谷帘泉等,千姿百态,各有特色。庐山的飞泉、瀑布其数量之多、规模之大、形态之美、气势之雄,充分展示了庐山的流动之美。还有依山而建的芦林湖、如琴湖,不仅为来山客人生活提供必要条件,而且形成了庐山秀美的湖光山色自然景观,好似人间仙景。

　　唐宋八大家之一的苏轼,曾经在《观潮》中这样写道,"庐山烟雨浙江潮,未到千般恨不消",庐山雨露之美,如果不曾亲眼所见都会留下遗憾。如琴湖是观赏庐山烟雨的好地方。

　　如琴湖建于1961年,面积11万平方米,蓄水量100万立方米,浩浩荡荡又不失秀丽雅致。因湖岸曲线玲珑,湖面酷似一把媚人的小提琴,加之湖边的石上有古人刻的"如琴"二字,微妙的结合,更具深意,故名"如琴湖"。湖半边靠近花径园内,又叫"花径湖"。由于湖坐落在西谷,又称为"西湖"。湖中有曲桥、亭榭、花径,花径又称"白司马花径",因白居易曾循径赏花而得名。这是一个山中公园,园门有楹联"花开山寺,咏蕾诗人",门上为"花径"二字。园内有花径亭,亭中有"花径"二字刻石,相传为白居易所书。还有"景白亭""紫莉亭""花径人工湖""花展室""动物园"等诸景。园中遍植桃花等各种名花,白居易的名句"人间四月芳菲尽,山寺桃花始盛开",就指此地。弯曲活动的线条,勾勒出如琴湖美丽的情影。葱郁的湖心岛向西,推出一座小巧玲珑的四角亭,侧看,恰如少女抚拨竖琴,临风吟唱;横瞧,又像劲男演奏钢琴,和雷奏鸣。

庐山烟雨

　　一夜淅沥雨,半晌雾迷蒙。笼罩在迷雾之中的庐山如琴湖猛然间露出真容,伴随着风吹雾散,轮廓渐清,如琴湖倏忽之间露出了它的娇媚面容。亭台水榭,倒映水中;雾岚湖面飘荡,气韵生动万千。整个过程变换非常快,从大雾迷茫到视线无碍只有不到一分钟时间。有时雨雾初晴,空气清新怡人,抬眸远眺,云海磅礴,也是绝佳的风景;或深秋晴朗的天气,山间微风拂过,可见朝露,绿伞托珠。

丰沛的降水也滋养了庐山茂盛的植被,使之成为一个风景秀丽的绿色宝库。在庐山300平方千米的山间,森林面积达0.457平方千米,植物种类达3400余种,平均每平方千米有10种以上,其中有高等植物2660余种(1500余种有经济价值),药用植物500多种,有国家一级保护植物78种,占全国的六分之一。最使游客感兴趣的是我国特有的孑遗植物,如金钱松、水杉、鹅掌楸等,它们是300万年前第四纪冰川遗留下来的植物。丰富的植被也成为来山游客游览参观的重要内容之一。如庐山著名的"三宝树"景点,是每个游客必到之处。漫步在山林之间,呼吸着清新的空气,让人寓情于景,也深刻体会千年良木藏深山的人生哲理。除此之外,降水对旅游来说有着积极作用:净化和湿润空气,有利健康;湿润土地,孕育植物生长;形成瀑布、水潭、雪景等。

当然,降水日太多、降水时间太长有时也会给旅游带来一定的影响。如春夏两季的暴雨、大暴雨往往造成山洪暴发,冲毁道路和建筑设施等。气象资料显示,从1961—2017年庐山站降水天数的观测资料来看,年平均降水天数为194.8天(图2.6),其中1975年降水日数多达233天,相当于庐山一年中有6~7成的时间都处于阴雨天气中,庐山一年中降水分布日数较均匀(表2.6),3—8月汛期雨水略偏多。11—3月为露水发生的主要时间,7—8月平均每月有一半以上的天数都会观测到露,因此雨、露是庐山较为常见的气象景观。

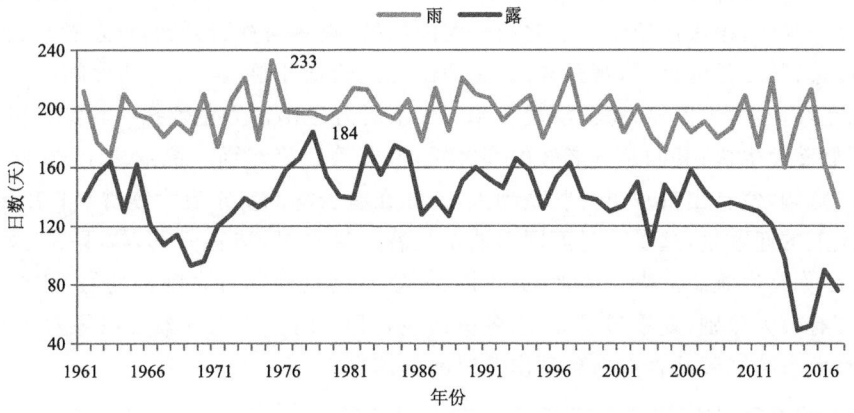

图 2.6　1961—2017年庐山站观测到的雨、露年频次

表 2.6　1961—2017年庐山站观测到的雨、露累计月频次(天)

	1月	2月	3月	4月	5月	6月	7月	8月	9月	10月	11月	12月
雨	49	67	100	132	118	117	91	114	91	89	77	59
露	114	178	421	673	818	834	1014	1182	985	820	505	187

2.4　庐山风、光

庐山风光独特,令人神往。有风吹松林,摇动树枝产生的松涛声;有日夜交替的山谷风;有冰晶折射出的日晕;有雨霁初晴时的彩虹;有壮观震撼的日出日落;还有罕见独特的"佛光"以

及神秘莫测的蜃景。风与雨,光与影的交织,气象要素的变幻莫测,使得庐山风光中外闻名。

2.4.1 日出与日落

2.4.1.1 朝霞与晚霞景观特色

在庐山观日出日落、看朝霞晚霞,由于视野广阔,居高临下,加之秀丽的山姿,缥缈的云雾,使日出日落景观更为壮观动人。是否能观日出日落当然要看天气,主要在晴天无云和雨过天晴的天气。有时天边布有少量云,与旭日或落日相映成趣,形成朝霞和晚霞映照天际,其景更加壮观;而在有云海的日子你还可能欣赏到日出云海和日落云海的灿烂余晖,此时,恰似万顷碧波烘托着一轮红日,冉冉升起或徐徐下沉,构成一幅妙趣横生的图画,将会令你身感江河行天,日月轮回,天地广阔,终生难忘。

2.4.1.2 日出与日落最佳观赏期和观赏地点

在高山之巅看日出日落,是游人向往的一项活动,因为喷薄欲出的朝阳给人振奋与力量,蔚霞满天的落日给人无限的遐想与沉思。在庐山观日出日落,由于"一山飞峙"的独特地形,视野开阔,加之众多千姿百态的山峰,常有的缥缈云雾,更具独特的魅力,更为壮观动人。观日出日落以晴天无云和雨过天晴的天气最佳,但由于庐山带江襟湖,水汽丰富湿度大,时常天边布有少量云彩,阳光照射,形成朝霞和晚霞,其景更加壮观。

庐山观日出的最佳地点是小天池、仰天坪、含鄱口和五老峰,这几个地方的日出具有典型的庐山特色。其一,小天池位于庐山北山公路园门处,喇嘛塔视野开阔,可东看日出鄱阳湖,西望晚霞长江边;其二是仰天坪,视野开阔,阅庐山山南云海于胸襟;其三是含鄱口,位于庐山东南,左有五老峰,右为太乙峰,每天清晨在犁头尖下看万千山峦秀色映托一轮红日冉冉升起,湖光山色,彰显蓬勃生机;其四是五老峰的迎客松,位于第四峰东面一高崖之上,在此处观日出,纵览天地之宽阔,使日出景观更为壮观动人,而如在有云海的日子有幸欣赏到日出云海,此时,近景是悬崖上的迎客松,远景则是万顷碧波烘托着一轮红日,冉冉升起,构成一幅妙趣横生的图画,将会令你终生难忘。大小天池、大月山、气象台则是观落日赏晚霞的好地方。观日出的时间因季节有较大差别,夏季最早5时,冬季最晚要到7时。庐山气象台在每天下午的旅游天气预报中都发布第二天是否能看到日出及时间的信息。

2.4.1.3 日出日落时刻表

通过庐山站观测资料,统计整理得出1961—2017年庐山站1—12月各月日出日落最早最晚时刻,见表2.7和表2.8。

表2.7 庐山全年日出时间表

日期	1月	2月	3月	4月	5月	6月	7月	8月	9月	10月	11月	12月
1	7:12	7:07	6:44	6:08	5:36	5:18	5:20	5:37	5:55	6:10	6:30	6:55
2	7:12	7:07	6:44	6:07	5:35	5:17	5:21	5:37	5:55	6:10	6:31	6:55
3	7:13	7:06	6:43	6:06	5:34	5:17	5:21	5:38	5:56	6:11	6:32	6:56
4	7:13	7:05	6:41	6:05	5:34	5:17	5:22	5:38	5:56	6:11	6:32	6:57
5	7:13	7:05	6:40	6:04	5:32	5:17	5:22	5:40	5:56	6:12	6:33	6:58
6	7:13	7:04	6:39	6:02	5:32	5:17	5:23	5:40	5:57	6:13	6:34	6:58

续表

日期	1月	2月	3月	4月	5月	6月	7月	8月	9月	10月	11月	12月
7	7:13	7:04	6:38	6:01	5:31	5:17	5:23	5:41	5:58	6:13	6:35	6:59
8	7:13	7:03	6:37	6:00	5:30	5:17	5:23	5:41	5:58	6:14	6:35	7:00
9	7:13	7:02	6:36	5:59	5:29	5:17	5:24	5:41	5:59	6:14	6:37	7:01
10	7:13	7:02	6:35	5:58	5:29	5:17	5:25	5:42	5:59	6:15	6:37	7:01
11	7:13	7:01	6:34	5:57	5:28	5:17	5:25	5:43	5:59	6:16	6:38	7:02
12	7:13	7:00	6:32	5:56	5:28	5:17	5:25	5:43	6:00	6:16	6:39	7:02
13	7:13	6:59	6:31	5:55	5:26	5:17	5:26	5:44	6:01	6:17	6:40	7:03
14	7:13	6:59	6:30	5:53	5:26	5:17	5:26	5:44	6:01	6:17	6:41	7:04
15	7:13	6:58	6:29	5:52	5:25	5:17	5:27	5:45	6:02	6:18	6:41	7:04
16	7:13	6:57	6:28	5:51	5:25	5:17	5:28	5:46	6:02	6:19	6:42	7:05
17	7:13	6:56	6:26	5:50	5:24	5:17	5:28	5:46	6:02	6:19	6:43	7:05
18	7:13	6:55	6:25	5:49	5:23	5:17	5:29	5:47	6:03	6:20	6:44	7:06
19	7:12	6:55	6:24	5:48	5:23	5:17	5:29	5:47	6:04	6:20	6:44	7:07
20	7:12	6:53	6:23	5:47	5:22	5:17	5:30	5:48	6:04	6:22	6:46	7:07
21	7:12	6:53	6:22	5:46	5:22	5:17	5:31	5:49	6:05	6:22	6:46	7:08
22	7:11	6:52	6:20	5:45	5:22	5:18	5:31	5:49	6:05	6:23	6:47	7:08
23	7:11	6:50	6:19	5:44	5:21	5:18	5:32	5:50	6:05	6:23	6:48	7:08
24	7:11	6:50	6:18	5:43	5:20	5:18	5:32	5:50	6:06	6:24	6:49	7:09
25	7:11	6:49	6:17	5:42	5:20	5:19	5:32	5:51	6:07	6:25	6:50	7:10
26	7:10	6:48	6:16	5:41	5:20	5:19	5:33	5:52	6:07	6:26	6:50	7:10
27	7:10	6:47	6:14	5:40	5:19	5:19	5:34	5:52	6:08	6:26	6:52	7:10
28	7:10	6:46	6:13	5:39	5:19	5:19	5:34	5:52	6:08	6:27	6:52	7:11
29	7:09	6:45	6:12	5:38	5:19	5:20	5:35	5:53	6:09	6:28	6:53	7:11
30	7:08		6:11	5:37	5:19	5:20	5:35	5:53	6:09	6:29	6:54	7:11
31	7:08		6:10		5:18		5:36	5:54		6:29		7:11

表 2.8 庐山全年日落时间表

日期	1月	2月	3月	4月	5月	6月	7月	8月	9月	10月	11月	12月
1	17:08	17:25	17:49	18:16	18:41	18:57	18:59	18:44	18:20	17:53	17:27	17:09
2	17:08	17:26	17:49	18:17	18:41	18:58	18:58	18:43	18:19	17:53	17:27	17:09
3	17:09	17:27	17:50	18:18	18:42	18:58	18:58	18:42	18:18	17:52	17:26	17:09
4	17:09	17:27	17:51	18:19	18:43	18:58	18:58	18:42	18:17	17:51	17:25	17:08
5	17:09	17:28	17:52	18:20	18:43	18:58	18:57	18:41	18:16	17:50	17:24	17:08
6	17:10	17:29	17:53	18:21	18:44	18:59	18:57	18:40	18:15	17:49	17:24	17:08
7	17:10	17:30	17:54	18:21	18:45	18:59	18:57	18:40	18:14	17:48	17:23	17:08
8	17:11	17:31	17:55	18:22	18:45	18:59	18:56	18:39	18:14	17:47	17:22	17:07

续表

日期	1月	2月	3月	4月	5月	6月	7月	8月	9月	10月	11月	12月
9	17:11	17:31	17:56	18:23	18:46	18:59	18:56	18:38	18:13	17:46	17:22	17:07
10	17:12	17:32	17:57	18:24	18:47	18:59	18:56	18:37	18:12	17:46	17:21	17:07
11	17:12	17:33	17:58	18:25	18:47	19:00	18:55	18:37	18:11	17:45	17:20	17:07
12	17:12	17:34	17:58	18:26	18:48	19:00	18:55	18:36	18:10	17:44	17:19	17:07
13	17:13	17:35	17:59	18:27	18:49	19:00	18:55	18:35	18:09	17:43	17:19	17:06
14	17:14	17:36	18:00	18:27	18:49	19:00	18:54	18:34	18:08	17:42	17:18	17:06
15	17:14	17:36	18:01	18:28	18:50	19:00	18:54	18:34	18:08	17:41	17:18	17:06
16	17:15	17:37	18:02	18:29	18:50	19:00	18:53	18:33	18:07	17:40	17:17	17:06
17	17:15	17:38	18:03	18:30	18:51	19:00	18:53	18:32	18:06	17:39	17:16	17:06
18	17:16	17:39	18:04	18:31	18:51	19:00	18:52	18:31	18:05	17:39	17:16	17:06
19	17:16	17:40	18:05	18:31	18:52	19:00	18:52	18:30	18:04	17:38	17:15	17:06
20	17:17	17:41	18:06	18:32	18:52	19:00	18:51	18:30	18:03	17:37	17:15	17:06
21	17:18	17:42	18:06	18:33	18:53	19:00	18:51	18:29	18:02	17:36	17:14	17:06
22	17:18	17:42	18:07	18:34	18:53	19:00	18:50	18:28	18:01	17:35	17:14	17:06
23	17:19	17:43	18:08	18:35	18:54	19:00	18:49	18:27	18:00	17:34	17:13	17:06
24	17:20	17:44	18:09	18:35	18:54	19:00	18:49	18:26	18:00	17:34	17:12	17:06
25	17:20	17:45	18:10	18:36	18:55	19:00	18:48	18:26	17:59	17:33	17:12	17:06
26	17:21	17:46	18:11	18:37	18:55	18:59	18:48	18:25	17:58	17:32	17:12	17:07
27	17:22	17:47	18:12	18:38	18:56	18:59	18:47	18:24	17:57	17:31	17:11	17:07
28	17:22	17:48	18:13	18:38	18:56	18:59	18:46	18:23	17:56	17:30	17:11	17:07
29	17:23	17:48	18:14	18:39	18:56	18:59	18:46	18:22	17:55	17:30	17:10	17:07
30	17:24		18:14	18:40	18:57	18:59	18:45	18:21	17:54	17:29	17:10	17:07
31	17:24		18:15		18:57		18:44	18:21		17:28		17:08

2.4.1.4 主要影响气象条件

观日出日落要求有晴好的天气条件,观日出日落时刻无云无雾,能见度最佳。如果庐山上有雾、多云或阴天,就难以观赏到日出日落的壮丽景色。山上气象条件变化快,降水局地性强,对观赏日出日落有很大的影响。雨后初晴或者连续晴天是观赏日出日落最佳时机(表2.9)。

表2.9 日出日落观赏指数分级与建议

级别	日出日落观赏指数	预报服务用语
一级	1	天气晴朗,气温宜人,最适宜观赏
二级	2	天气较好,气温稍低,适宜观赏
三级	3	天空云量较多,不太适宜观赏
四级	4	风较大或气温较低,不宜观赏
五级	5	天气不好,能见度低,不能观赏

2.4.1.5 日出与日落景观综合评价

太阳由东方地平线缓缓升起,朝霞满天,红日一升,湖山渐朗。站在含鄱口望去,即可看到日出与山水一色的独特景致。如果你有幸遇上有云海的日子,还会观赏到日出云海和日落云海的景观,伴着庐山的静逸,心聆大自然的呼吸,静视天际线上太阳的冉冉升起或徐徐下沉,构成一幅无比壮观的画卷,可以身浴在水天山色的清风中,那种感觉可以令你终生难忘。在庐山观赏日出日落景观,还有另一种视角,即从山麓远望山峰。朝阳与落日照射到山峰,犹如给峰峦披上金纱,如果恰巧有些许地形低云围绕山峰,化为炫丽的彩霞,会让人心旷神怡、流连忘返。唐代大诗仙李白有两首诗写出了这种意境。其一是《望庐山五老峰》,"庐山东南五老峰,青天削出金芙蓉",从庐山仰望朝阳照着的五老峰,就像以蓝天为衬的盛开的金芙蓉;其二是《望庐山瀑布》,"日照香炉生紫烟",从庐山秀峰山麓眺望晨曦中的香炉峰,翠影红霞映朝日,给人一种紫色升腾的如烟景观。另一位诗人李纲的诗句"香炉顶上紫烟浮",也是描绘朝霞映山峰的秀色。

庐山上还能观赏到美丽的月景。由于山高月近人,加上庐山空气纯净,能见度好,夜空格外深邃,月亮也特别皎洁。在含鄱口看落日时,如遇弦月,"新月横帘钩,遥遥挂碧空",可以观赏到"残霞延月上"的美景。

2.4.1.6 日出与日落景观图片赏析

(1)五老峰日出

五老峰地处江西省九江市庐山东南,因山的绝顶被垭口所断,分成并列的五个山峰,从鄱阳湖仰望宛若席地而坐的五位老翁,故人们便把这原出一山的五个山峰统称为"五老峰"。它根连鄱阳湖,峰尖触天,海拔1436米,虽高度略低于大汉阳峰,但其雄奇却有过之而无不及,为全山形势最雄伟奇险之胜景。庐山的日出属五老峰的最为壮丽,山湖与日出相互衬托,日出使山峰更加雄伟,山峰使日出更加壮丽。朝阳冉冉升起,七色的光华照耀大地,青松变得更加生机勃发,山花变得更加妩媚妖娆;群山变得更加浑厚坚实,整个山峦在阳光的唤醒下,展现出欣欣向荣的壮观景色。

(2)含鄱口日出

含鄱口是一处景观台,上面有含鄱亭,这里是观日出的绝佳地点。含鄱口的日出来临时,与天相接的湖面上泛起一抹红晕,像是鄱湖仙子醒来时两颊的红晕。渐渐地,红晕漫开来,仿佛是有人拉开绯红色的天幕。天空中紫霞升腾,祥云飞舞;辽阔的水面上洒满金辉,闪射着道道光焰。在远天,红日喷薄而出,染红了东方的苍穹,一片片云朵被染织成一面面斑斓的彩旗。一望无涯的湖面浮光跃金,给这睡意初醒的静谧的湖水,增添了无限的活力。沐浴着晨风清露,静观夜幕从远处次第揭开,晨光推动远处的云涛由远而近。万道金线四射,火红旭日旋即跃出湖面,霎时夺目异彩,璀璨流泻。

(3)小天池日出

小天池坐落于庐山北部小天池山峰顶,海拔1213米,是庐山第八高峰。山势巍峨,青翠秀丽,因一口清波泛碧的水池位于山顶的中央,久旱不涸,久雨不溢而得名。小天池西侧悬崖凌空突出,崖上建有一亭,名为"天池亭",是朝观日出、暮观晚霞和欣赏云海的最佳地点之一。民间相传,这池是庐山神的一只眼。站在观景台上,可以眺望见九江城。晨起,一层薄雾笼罩在山顶,小天池的日出在晨曦中更显朦胧神秘。茫茫云海,翻卷着炫目的赤色波涛,喷薄而出红日,给滚动的云海镀上一层熠熠闪亮的金光,显得光怪陆离,五彩缤纷。

(4)庐山日落晚霞

观赏日落一样也会令人心旷神怡。远处的地平线上,一轮太阳将要归去,西天的晚霞挥动着绚丽的纱巾,模糊间,遍地的小草都镀上了一层金黄色。晚风吹起来,湖边一支支狗尾草摇响一首黄昏的抒情曲,像童话一般精致,又像梦一样美丽。

庐山日出

庐山晚霞

2.4.2 其他风、光景观

(1)"佛光"

除日出日落、朝霞晚霞这种常见景观外,庐山还可见"佛光"。物理学里"佛光"是一种"日晕",当阳光照在云雾表面,经过衍射和漫反射作用形成"佛光"的自然奇观。阳光将人影投射到云彩上,云彩中细小冰晶与水滴形成独特的圆圈形彩虹。初春和深秋季节,天气晴朗且伴有滔滔云海,当太阳、人和投射在云层上的身影处在同一直线上,则形成彩色的光环,环环相套,旖旎闪动,魅力无穷。"人动影亦动,人影在环中"。

"佛光"也叫"宝光",是发生在云雾上的光现象,即在云雾与太阳并存的条件下,人背太阳而立,如果前面有云雾,太阳光将人的影子投映在云层上,此时,光线通过云雾区大量的小水滴经衍射作用而形成一个或多个围绕人影的彩色光环,其颜色由外向内以红、橙、黄、绿的色序排列。光环中人影清晰可辨,头、手、身、足俱全,此时,人动影亦动,人走光环也跟着走,这便是"佛光"现象。"佛光"出现的气象条件不难具备,只要有云雾和太阳,一年四季均可能出现,以雨雪过后天气放晴时更为多见。其日变化也以早晚为多,因早晚太阳不高,人的身影较长,可以投影在云雾之上,而中午人的影子差不多就在脚下,故难见"佛光"。夏天和初冬的午后,云层中骤然幻化出一个红、橙、黄、绿、青、蓝、紫的七色光环,中央虚明如镜,观者背向偏西的阳光,有时会发现光环中出现自己的身影,举手投足,影皆随形,奇特之处在于,即使成千上百人同时同址观看,观者也只能只见己影,不见旁人。

"佛光"发生在白天,产生的条件是太阳光、云雾和特殊的地形。早晨太阳从东方升起,"佛光"在西边出现,上午"佛光"均在西方;下午,太阳移到西边,"佛光"则出现在东边;中午,太阳垂直照射,通常没有"佛光"。只有当太阳、人体与云雾处在一条倾斜的直线上时,才能产生"佛光"。它是太阳光与云雾中的水滴经过衍射作用而产生的。如果观看处是一个孤立的制高点,那么在相同的条件下,"佛光"出现的次数要多些。"佛光"由外到里按红、橙、黄、绿、青、蓝、紫的次序排列,直径约 2 米。有时阳光强烈,云雾浓且弥漫较宽时,则会在小"佛光"外面形成一个同心大半圆"佛光",直径可达 20~80 米,虽然色彩不明显,但光环却分外显现。"佛光"中的人影,是太阳光照射人体在云层上的投影。观看"佛光"的人举手、挥手,人影也会举手、挥手,此即"云成五彩奇光,人人影在中藏",神奇而瑰丽。"佛光"出现时间的长短,取决于阳光是否被云雾遮挡和云雾是否稳定。如果出现浮云蔽日或云雾流走,"佛光"即会消失。一般"佛光"出现后可维持的时间为半小时至一小时。而云雾的流动,促使"佛光"改变位置;阳光的强弱,使"佛光"时有时无。"佛光"彩环的大小则同水滴雾珠的大小有关,水滴越小,环越大;反之,环越小。

关于"佛光"的成因,国内外学者提出过多种学说,有"复杂散射"学说,也有"先反射,后衍射"学说,还有"先衍射,后反射"学说,不一而足。中国科学院大气物理研究所赖比星(2004)提出的"衍射-反射"成像原理,从大气光学上解释了"佛光"的形成过程。光源(通常为太阳光)从观察者身后射来,在穿过无数组前后两个薄层的云雾滴时,其间的前一个云雾滴层对入射阳光产生分光作用,后一个云雾滴层则对被分离出的彩色光产生反射作用,反射光向太阳一侧散开或汇聚,任一个迎接那些汇聚而来的光线的着眼点(即站在太阳和云雾之间的人),都可见到略有差异的环形彩色光象,这就是"佛光"。只要光照较强,云雾滴半径较小,大小均一,一般都可见到多个光环明亮程度不同,但色彩排列顺序相同的"佛光",一般都为 4 圈,因最外层的第 4 个光环圈光强过弱,通常情况下即使出现,在能见度不够良好时亦难以分辨。

庐山观赏"佛光"并无定点,"佛光"随处都有可能出现,需要在一个相对合适的位置捕捉。当然,悬崖之顶、绝壁之上则是观看"佛光"的理想之所,因这些地方人立高处,最为突出,崖下又常有云雾生成,故以五老峰、含鄱口、锦绣谷等地最佳。2008 年 11 月 4 日,庐山出现蔚为壮观的云海,同时连续三次出现神奇的"佛光",每次时间长达一小时左右。2009年11月29日,整个庐山被浓浓的云雾笼罩,若隐若现,宛如仙境,佛光奇观持续了两个多小时,令来庐山的许多中外游客和摄影师们大饱眼福。

(2)庐山蜃景

一个疲惫不堪的旅行者孤独地行走在炎炎烈日下一望无际的沙漠上,他带在身上的水已是一滴不剩,此刻,干渴使他有些力不从心。忽然,他抬眼远望,一幅美景呈现在他面前:一湖清水波光潋滟四周绿树环绕。于是,他满怀希望地朝前奔去,直到那景象消失,四周除了火热的砂子之外,依然一无所有。这便是著名的海市蜃楼。

海市蜃楼是一种大气光现象,光线通过不同密度的空气层发生显著折射时,把远处本来看不见的景物显现在空中或地面上,进入人的视线,从而出现奇异的幻景。自古以来,蜃景就为世人所关注。海市蜃楼多发生在海滨、沙漠和雪原地带,高山上较少见到。庐山五老峰、大天池一带,地形险要,在一定的天气条件下,此地上下层的空气密度分布极不均匀,因而具备出现海市蜃楼的气象条件。

据记载,1978年9月15日约5时40分,在含鄱口观日出的游人突然发现五老峰上还有一个五老峰,模样与下面实实在在的五老峰相同,只是不那么清晰,还有微微摇晃,持续了大约半个钟头,观者无不惊奇称绝。1981年5月28日傍晚,在落日的余晖里,整个秀美的庐山被染成了五彩绚丽的金色,山峦如锦绣一般。突然,仿佛有一只魔术师的手轻轻一挥,天上的积云顷刻间变幻出一幅方圆十里的立体画卷:开阔的大海湾寂静无声,被高低起伏的山岭从三面包围着,参差不齐的海岸线清晰可见;海面上水波粼粼,移动着点点帆影,岸边泊着几许归舟;袅袅的炊烟从渔村冉冉升起……如此逼真的画面,令人如梦似幻、恍如身处仙境,甚至可以感觉到悦耳的涛声和顽童在海滩上的打闹声以及渔人的笑脸、鱼群的腾跃。过了10多分钟,这一切便消失得无影无踪,周围依旧是真实的山峦、别墅、湖水。

1982年7月4日早晨,三五成群的游客正目不暇接地浏览着庐山风光,天空一片蔚蓝,纤尘不染,如琴湖水在朝霞的映照下碧波泛金。8时左右,湖面上忽然浮起了雾,一个奇特景观使前来观湖的游客们惊叹不已:宽的湖面上,隐约可见两座陡峭的山峰;渐渐地,在峰顶岩石之间又出现了数座中国古典式的建筑物,有横卧的楼阁,有欲飞的亭角。这些幻象同湖心岛上的忆琴亭、大林水榭等景物相映成趣,一时让人难辨真伪。大约20分钟之后,烟消楼逝,蜃景也随之消散,如琴湖又恢复了她的本来面目。

相比起"佛光",庐山的蜃景奇观就罕见多了,在西方神话中,蜃景被描绘成魔鬼的化身,是死亡和不幸的凶兆。我国古代则把蜃景看成是仙境,秦始皇、汉武帝曾率人前往蓬莱寻访仙境,还多次派人去蓬莱寻求灵丹妙药。古老而神秘的梦幻场景揭开华夏千年的神秘面纱,娓娓道来多少被时光掩埋的传说。

(3)"佛灯"

在农历十五日前后,当月朗星明,碧空如洗之夜,大天池山麓里黑沉沉的山谷间飘浮着薄雾,有时会突然涌现出几十点荧荧亮光。这亮光时大时小,时聚时散,时明时灭,时东时西,宛若元宵之夜农村儿童玩的灯笼游动在山林周围,又像是萤火虫在山间闪烁,这就是闻名遐迩又充满神话色彩的庐山文殊台佛灯。明代王守仁有诗句云:"老夫高卧文殊台,挂杖夜撞青天开。撒落星辰满平野,山僧尽道佛灯来。"此诗赋予庐山"佛灯"无比神秘色彩的同时,也使无数人慕名而来。

1)"佛灯"为何仅现文殊台

1961年秋,著名气象学家竺可桢在游庐山时,曾将"佛灯"作为庐山大自然的三大谜题之一(另外两个谜,一是庐山云雾为何有声音,一是庐山雨为何自下往上跑),向庐山有关研究工作者提出来,希望能予以研究。近人对"佛灯"的解释也是五花八门的:有的说这是山下灯光的折射,有的说是星光在水田里的反射,有的说是一群大萤火虫在飞舞,还有的说是山中蕴藏着能发出荧光的矿石。

传说中,"佛灯"只会出现在夜晚,而且数量极多。这些"佛灯"就像一盏盏孔明灯,游荡于山谷之间。据记载,大天池上的文殊台,是得见"佛灯"的惟一地点。相传,有一日,文殊菩萨骑着青狮飞过庐山,偶然俯瞰此山,发现这里山川竞秀,在惊喜之余,文殊菩萨不慎跌下,其臀部落地之处,印一半月痕迹。随后,文殊就地朝天拜日。后来,人们按照文殊臀部的印痕围砌了一个石台,这就是文殊台,也称拜日台。文殊台始建于东晋,后来屡毁屡修。现在所看到的文殊台,是唐生智将军在1926年集资修建的。临壑而建的文殊台,位于石门涧景区内,文殊台顶端平面呈半月形。左旁垒有上台石阶,距离庐山的牯岭镇有20多分钟的车程。为什么庐山"佛灯"只在文殊台才得以看到,是否与文殊台的地理位置有关呢?据记载,位于庐山大天池山顶的文殊台,不仅仅有"佛灯",还有云雾、"佛光"等奇特的自然景观。这里奇特的风景,真的是因为其地形地貌与庐山其他地方有所不同吗?答案是否定的。据了解,在庐山,与文殊台所在地的地理、自然环境相似的地区,比比皆是。那么,为何前人只在此处才能见到"佛灯"呢?仅从地形地貌上来判断,似乎是难以解释的。因为庐山是第四纪形成的冰川地貌,而同样出现过"佛灯"的武夷山,却属于丹霞地貌。由此看来,很难断定"佛灯"现象是由地形地貌造就的。不管传说怎样,大多数专家还是认为,"佛灯"现象应该与文殊台附近特殊的自然地理环境有关。有专家从地质学角度分析认为,庐山上出现"佛灯"的地方,岩石主要是由石英岩状砂岩组成,并有小水晶,还有活动断层。这种结构的岩石,在月光的照射下有可能会有亮光出现,以致形成"佛灯"现象。而从气象学角度分析的专家认为,"佛灯"是月光照射在山谷里的潮湿云雾上产生的反射光和折射光的光点。月光在通过空气传播时,如果遇到了高于空气密度的潮湿的云雾,就会具备产生反射和折射的物理条件,因此"佛灯"才得以出现。这许多解释都缺乏使人信服的科学依据。庐山文殊台"佛灯"目前仍是个难解的谜,人们对"佛灯"的认识依然是朦胧的、神秘的,有关这方面的形成机理还有待进一步观测分析研究。

2)是传说还是罕见奇观

相传,在南宋时期,文殊台旁建有一座天池寺,寺里的山僧们是"佛灯"的见证者。每当寺里的僧人们看到山谷里游离的"佛灯"时,诵经就会倍加虔诚。他们认为,他们的虔诚会让"佛灯"更加明亮,寺里和尚称之为"求灯"。他们认定,这是西方极乐世界派人来渡他们去极乐净土。因此有的僧人会从崖上纵身跳下去,以此舍身成佛。如今的天池寺,只留给世人一座凄凉的山门和一位老僧人的孤坟。或许这位老僧人见过相传已久的"佛灯"。但是现在的人们谁也无法从冰冷的石头里找到答案。由于庐山"佛灯"极其罕见,留给人们的只是代代相传的故事。因此,住在庐山的人们,更愿意相信庐山"佛灯"只是一个美丽的传说。但是,当我们翻开史料查证之时,却发现历史上的确有很多见过"佛灯"的人。

据《庐山志》记载,1000多年前就有人发现了这种神异的灵光。南宋诗人周必大游庐山时夜宿天池寺。当夜,他在山上看到半山腰忽明忽暗,飘忽不定地出现了许多如繁星闪烁的火光。他是这样描述的,那灯火"闪烁合离,或在江南,或在近岭,高者天半,低者掠地"。这是"天池佛灯"最早的正式记载。传说晋代大书法家王羲之为了膜拜文殊台的"佛灯",舍却江州太守之职,上庐山结庐守候"佛灯"的出现,可住在庐山的数年里,一次也没见到"佛灯"。他抚额长叹,自认与佛无缘,失望地离开了庐山。从此,他也就放弃了皈依佛门的念头。

比起王羲之,北宋诗人范仲淹却很幸运,某年农历六月中旬的一天晚上,他与文殊庙里的和尚在文殊台赏月谈经,忽然,一阵雾气袭来,咫尺不见景物,云涌雾翻,茫茫一片。刹时间,身前身后的云雾中亮出数十点亮光,像海市蜃楼的灯光游移点缀在山谷云雾之中闪烁飘忽,状若莲花,仿佛是重重叠叠古殿神祠和神话里那种有光轮的佛字,显得神奇而美丽。和尚一见立即跪拜在地,口中祷念不止,范仲淹亦大叫惊奇。不一会儿,云消雾散,亮光也随之不见,正如南宋范成大在《青城行记》中说的那样:"夜有灯出四山,以千百数,谓之圣灯。"推测夜雾中游动闪烁的数十点亮光,就是人们很难见到文殊台一大奇妙异景——"佛灯"。宋代朱熹也曾带几个学生来文殊台拜观"佛灯"。朱熹见"光景明灭,顷刻异状,诸生或疑其妄,予谓僧言则妄,光不可诬,岂地气之盛然耶?"

(4)月照松林

在牯牛岭脊背间,倚靠东西两谷高处,由街心公园延绵到林间小道便达此处。这里盘岩悬露,纵横叠置,嶙峋怪特,上下左右全是松树,夺空拔起,宛如一支浩瀚天兵集结,翠影婆娑,石壁上有陈三立题的"虎守松门"和"松涛虎啸"等石刻,平添了几分神秘色彩。这里是观赏皓月的胜地。每当月中十五左右,晴空夜晚循松林路至此,望着那轮玉般的月亮,就像一盏天灯,悬挂在银灰的松林间,显得分外优美宁静。

"月照松林"也是年轻情侣喜欢的去处,那里也是中秋赏月的好地方。一条弯弯的土路,两旁松树成林。明月如镜,月色洒在地上,情人间的浓情蜜意,随着月色升华。

除了此处之外,含鄱口其实也是赏月的绝佳去处。含鄱口海拔1286米,山势高峻,呈凹陷状,中秋月圆时分,月亮从湖面上升起,把湖面周围的山峦都照亮了。碧波万顷,渔火点点,轻风阵阵,皓月当空,月亮与湖面、周围的山岭构成一幅绝美的水墨画。

2.5 庐山灾害性天气

庐山独特的地理位置和丰富的水汽供给,使得庐山天气多变、气象万千,极端天气也是其中之一。雷电、台风、冰雹、暴雨、寒潮、暴雪都是比较常见的灾害性天气。

2.5.1 雷电

2.5.1.1 雷电天气特点

庐山的夏季由于充沛的水汽条件和山地对流作用,在一定的背景天气扰动下,时常会出现积雨云。这种云像塔一样高高耸起,也称"雷暴云"。雷暴云中的闪电能量很大,破坏作用也很大。据统计,一次闪电的最大功率可达10亿千瓦,它远远超过世界上一般发电厂的输出功率。但是由于闪电的持续时间很短,地闪电荷所释放的能量远小于计算值。雷电是发生于雷暴云(积雨云)云内、云与地、云与空气之间的击穿放电现象,并伴随强大电流下的火花放电,沿其放电通道使空气迅速膨胀产生巨大的响声。雷电是一种极具破坏力的自然现象,其电压可高达数百万伏,瞬间电流更可高达数十万安培,落雷后在雷击中心1.5~2千米范围内都可能产生危险过电压损害线路上的设备。雷电是一种局部的但很猛烈的灾害天气,雷击容易造成人畜死亡、建筑被毁,酿成森林火灾,或者毁坏电力设备、电信设施,给人民生命财产造成严重威胁和损失。它具有时间上的瞬时性、季节性,空间分布的广泛性和分散性、局地性等特点。

2.5.1.2 雷电主要发生时期

庐山由于特殊的地理条件,是雷电多发区,雷电来时往往伴有剧烈的天气现象。据江西省九江市气象局统计,九江市区域雷电分布以庐山为界,庐山以南地区年雷电日数较多,年平均可到40天以上,属高发区,庐山以北则仅为多雷区,年平均雷暴日数小于35天,可见庐山独特的地理位置和气候特点对雷电的分布有较大的影响。根据庐山站观测到的1961—2017年雷暴和闪电的频次统计可以看到,近几年雷电发生次数有所减少,总体呈下降趋势,但仍有波动(图2.7)。每年3—8月为雷暴的高发期,其中7—8月最多,平均每月接近10天(表2.10)。同样7—8月也是闪电现象的频发期,平均每月有5天以上发生闪电。

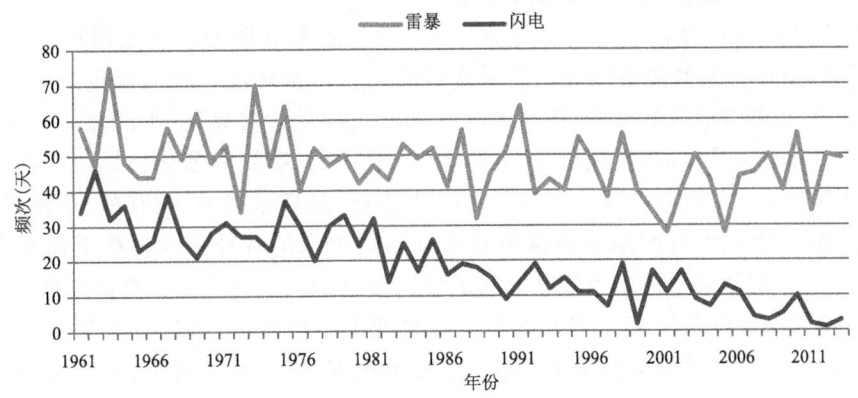

图 2.7　1961—2017年庐山站观测到雷暴与闪电的年频次

表 2.10　1961—2017年庐山站观测到雷暴与闪电的累计月频次(天)

	1月	2月	3月	4月	5月	6月	7月	8月	9月	10月	11月	12月
雷暴	15	71	218	308	254	309	565	548	176	29	13	10
闪电	2	12	20	49	65	120	292	312	115	11	5	4

2.5.1.3 雷电成因分析

积雨云中电荷分布的一般规律是,上部带正电荷,下部带负电荷。因此,随着积雨云的发展,云中异性电荷的积累越来越多,同一块积雨云中的上、下部,相邻的不同积雨云云块之间,积雨云与最接近的地面突起物体之间形成的电位差也不断增大。当电位差达到一定程度,超过绝缘空气所能承受的击穿强度时,就会产生放电。云中、云与云间或云与地面(物)之间发生的大气放电现象称为雷电,所伴随的强烈闪光称为闪电,沿闪电通道迅速膨胀的气体爆发出来的声音就是雷声。闪电的形状多种多样,常见的有枝状闪电、片状闪电和球状闪电,最常见的是枝状闪电。枝状闪电放电时间短促,一般为50~100微秒,但电流则异常强大,能达到数万安培到数十万安培,最大电流可达30万安培。闪电的电压很高,为1亿~10亿伏特。一个中等强度闪电释放的功率可达1000万瓦,相当于一座小型核电站的输出功率。放电过程中,释放出大量热能,由于闪电通道中温度骤增,使空气体积急剧膨胀,从而产生冲击波,导致强烈的雷鸣。通常能听到雷声的距离不超过20千米。

庐山强雷电天气发生在局地小尺度系统对应的单体回波中,这些系统是在有利于对流天气的大尺度天气形势背景下产生的,在天气形势场、卫星云图、雷达回波上都有明显的特征。根据历史资料,当庐山发生雷电天气时,前期长江以南地区的不稳定度增大,K指数处于较高水平,对流不稳定指数及SI指数均处于大气层结不稳定的状态,且前期会出现持续性的高温天气,同时大气湿度也逐渐增加。持续的高温高湿天气,为大气低层能量积累、形成高能舌创造了有利条件。同时,地面静止锋、850百帕切变线、500百帕低槽近似垂直的叠加(坡度陡),使得庐山处于冷暖空气交汇的辐合区,十分有利于产生强对流天气。除此之外,强水汽的累积伴随着低层高能中心移动,云内整层含水量充沛,为雷电的发生也创造了很好的物理条件。强雷电往往与强降水、雷雨大风等灾害性天气伴随,在水汽云图上表现为高层亮温区,在雷达回波强度上表现为强回波区伸展高度较高和在回波速度场上出现了"逆风区"和"正速度快速增大区"。这些特征为开展雷电预报提供了依据。

雷电对人类有功有过。当空中发生雷电时,处于强大电场中的空气温度会迅速升高至10000 ℃以上,由于突然受热膨胀而产生很高的压力。正常环境下性质稳定且难溶于水的空气中的氮分子,在雷电造成的高温、高压、放电环境中被激活,与氧气、水汽和二氧化碳等发生一系列无机和有机化学反应,生成氨、二氧化碳、一氧化碳、甲烷和氰化物等化合物,这些气体混合物在闪电作用下又可能合成一系列的有机化合物,包括氨基酸、核苷酸、单糖等等。雷电常伴随着强降雨,因此大量雨水就会携带着雷电制造出来的各种化合物落下地面来,渗入土壤,其中含氮化合物就成了植物生长必需的氮肥。雷电给予人类的氮肥数量也是非常可观的。

但雷电又是一种气象灾害。雷电灾害主要表现为直接雷击、感应雷击和及地电位反击。直接雷击为雷云之间或雷云对地面某一点的迅猛放电现象,会对建筑等造成直接伤害;雷云放电时,在附近导体上产生的静电感应和电磁感应等现象称之为感应雷击,如这时接触的是电气设备,也容易造成设备物件损毁;及地电位反击是由接地设备引入的雷电袭击,一般良好的接地系统可引导消耗巨大的云中放电而避免造成雷击伤害。

无论是乌云压顶还是朗朗晴天,大气电场总是存在的。受地理环境的影响,山区、河岸、湖边等地是雷电的高发区。雷电灾害主要是通过云、地之间的放电过程形成的,其落雷点是有选择性的,除球形闪电外基本遵循尖端放电的规律,突出地面越高和导电性能越好的物体,就越容易成为落雷点。庐山山壑交汇,地理位置特殊,因此更容易成为落雷点。由强对流天气造成的雷电灾害是频繁的(许爱华 等,2004),但不是所有的雷电天气都造成灾害,雷电有没有灾害出现,关键在于雷电发生在哪里、灾情是否能获得(反馈信息)、致灾的雷电特征等因素。可以在庐山景区建立雷电地理信息库,使用雷电探测定位系统和多普勒雷达回波、卫星云图和天气实况等资料,密切监视雷电的活动,开展雷电落点预报。雷电是自然界大气活动的正常放电现象,其时空分布具有一定规律。雷电定位系统可以全天候高度自动化地记录下绝大部分雷电的时空数据;经过多年的数据积累和系统分析,可以估计雷电多发地区的雷电时空频发率。

2.5.1.4 雷电预警信号及防御指南

庐山气象部门已经为全山的重要景点安装了防雷装置,有效地保护了游客的生命安全。通过雷雨天气监测设施的有效运行和数值预报模式的建立,目前基本能进行雷电天气的及时准确预报,并按照《突发气象灾害预警信号发布试行办法》规定的四种预警信号及时将雷电监测预报信息通过各种媒体向社会公众发布。

雷雨天气应当注意的事项。①不宜进入临时性的棚屋、岗亭等无防雷设施的建筑物内。

不宜躲在大树底下避雨。如果在露天,应蹲在离开孤立大树高度的两倍距离之处,尽可能下蹲,并将双脚并拢。②最好的防护场所就是洞穴、沟渠、峡谷或高大树丛下面的林间空地。③当感觉头发竖起或皮肤颤动时,很可能是人体受到大气中静电影响,要立即倒在地上,施以自我保护。④不宜在旷野高举雨伞、铁锹、钓竿、球杆等物体。在户外活动的人应尽快躲到室内。⑤雷雨天气时不宜在室外使用通信工具(无线电话、对讲机、收音机、手机等)。⑥如果在江、河、湖泊或游泳池中游泳时遇上雷雨,则要赶快上岸离开。不要待在没有避雷设备的船只上,特别是高桅杆的木帆船。另外,通常遭到雷击的人只是心脏及呼吸骤然停止,若在数分钟内能得到人们的帮助,紧急采取心脏按压、人工呼吸等急救措施,绝大多数遭受雷击者可能起死回生。

2007年6月,中国气象局发布《气象灾害预警信号发布与传播办法》,涉及的气象灾害为台风、暴雨、暴雪、寒潮、大风、沙尘暴、高温、干旱、雷电、冰雹、霜冻、大雾、霾、道路结冰等。预警信号的级别依据气象灾害可能造成的危害程度、紧急程度和发展态势一般划分为四级:Ⅳ级(一般)、Ⅲ级(较重)、Ⅱ级(严重)、Ⅰ级(特别严重),依次用蓝色、黄色、橙色和红色表示。例如,雷电黄色预警信号表示6小时内可能发生雷电活动,可能会造成雷电灾害事故;雷电橙色预警信号表示2小时内发生雷电活动的可能性很大,或者已经受雷电活动影响,且可能持续,出现雷电灾害事故的可能性比较大;雷电红色预警信号表示2小时内发生雷电活动的可能性非常大,或者已经有强烈的雷电活动发生,且可能持续,出现雷电灾害事故的可能性非常大。制定完善的管理制度是防雷工作有序开展的保障。目前,国家已经发布了一些雷电灾害防护的法律法规,作为雷电灾害管理机构及旅游景区也应该制定防雷管理的规范性文件,形成完整的防雷管理法律体系,并以文件的形式明确各个单位、各个岗位及人员的职责,提高依法防灾的意识。旅游景区的防雷工作涉及人员及国家财产的安全,做好这项工作需要社会各界的大力协作,把防雷常识宣传到位,把防雷装置设置到位,把雷雨天气信息发布及时到位,把安全责任落实到位,把宣传、管理、预测和防御有机地结合起来形成系统的防灾体系,就能保证旅游景区不出现人员伤亡、财产损失(于书明 等,2006)。

2.5.2 台风

我国习惯称形成于26 ℃以上热带洋面上的热带气旋(tropical cyclones)为台风,按照其强度,分为6个等级:热带低压、热带风暴、强热带风暴、台风、强台风和超强台风。台风是一个强大而具破坏力的气旋性涡旋,发展成熟的台风,其底层按辐合气流速度大小分为大风区、涡旋区和台风眼。对庐山来说,其台风降水特征表现为阵性明显、雨强较大,庐山的降水过程中有44%的强降水过程是由台风系统造成的。

2.5.2.1 台风天气特点

台风活跃的季节,庐山与九江降水量差值比其他各月都要大。台风是发生在高温高湿的热带洋面上,具有暖心结构和强烈旋转的气旋式涡旋,是一种强降水系统。台风(包括热带风暴)一般发生在夏秋之间,最早发生在5月初,最迟发生在11月。台风在北半球出现最多的季节是7—10月,在我国登陆最多的时段也是7—10月,而这几个月恰好是庐山与九江的降水量差值百分比最大的时段,这反映了台风降水比其他天气系统降水受地形的影响程度更大。台风具有旋转性,其登陆时的风向一般先北后南,损毁性严重,对不坚固的建筑物、架空的各种线路、树木、海上船只、海上网箱养鱼、海边农作物等破坏性很大。强台风发生常伴有暴雨、潮涌、巨浪。

对庐山来说，台风远在1000千米之外就可能受其影响产生暴雨；而在平原地区台风暴雨的范围通常是很有限的，一般只局限在台风周围200千米之内。这说明由于地形的作用，庐山受台风的影响比平原地区明显。另外，台风位置越近，庐山降暴雨的概率越大，最利于庐山降暴雨的台风位置是27°~32°N、114°~119°E，降暴雨的概率是68%。自1970年以来，庐山出现过三次引发重大灾害的台风暴雨：1975年8月12—20日，受台风影响，庐山累计雨量达1100.0毫米，死3人伤3人；1990年6月30日至7月2日，受6号台风波及影响，庐山累计过程降雨量达427.0毫米，死6人伤1人；2005年9月2—4日，受13号台风"泰利"影响，庐山累计过程降雨量达937.4毫米，出现严重泥石流和山体滑坡，死9人伤11人，经济损失2亿多元。虽然台风对庐山带来风雨影响，甚至有灾害发生，但其带来的美景也是不可估量的。

台风来临前，受其外围风场前期影响，庐山风起云涌、云借风势，庐山各地出现壮观的云海和云瀑等景观。站在日照峰等高海拔地点，只见九江城区、长江上空出现大量层层叠叠的高空积云，有时顺着峡谷奔涌上来，瞬间淹没整个牯岭山城；有时云开雾散，依稀露出澄澈蓝天、青翠山谷和庐山真面目。牯岭山城上空阴晴不定，光线在云层的遮盖下不时变换，恍若光与影的舞动。

台风过后，雨雾初晴，庐山小天池时常能看到整片的云海和越山下泻的云瀑奇观。举目远望，云涛翻滚，一望无垠，恰似大海波涛般壮观；或成薄薄的一层轻纱笼罩着山岭。在凉爽夏风松涛的吹拂下掠过树林，荡起层层涟漪，令观者称绝。

2.5.2.2 台风主要发生时期

根据历史资料分析，影响江西的台风大多出现在5—11月；其中又以7—9月最为集中，约占全年的82%。8月出现次数为全年各月之最，占39%，7月次之。影响江西的台风来自西太平洋和南海，影响江西的台风中大约有84%生成于西北太平洋，16%生成于南海。1949—2008年进入江西的92个台风中，有79个生成于西北太平洋，有13个生成于南海，平均每年1.5个，尤以1975年和1994年为最多，分别有5个台风进入江西。有的年份一个也没有。影响但未进入江西的台风数量年均为2个，最多是1961年，达7次之多，无台风影响的年份几乎没有。

2.5.2.3 台风成因分析

据统计，2002—2009年的7—9月共有39次台风活动，其中28次台风没有影响庐山，仅11次台风影响庐山，并造成不同程度的暴雨和泥石流灾害。在16次中路台风中，有5次台风对庐山无影响，其中2次台风越过台湾岛却止步台湾海峡；2次台风登陆后却没有越过北纬25°N线；1次台风越过台湾岛后立即转向北上且位置偏东。只有11次台风直接影响庐山，这11次台风过程均造成暴雨以上量级的强降水，其中5次过程雨量在200毫米以上，台风"泰利"造成的过程雨量最大，达937毫米。影响庐山的中路台风路径有一个明显特征：在22°~28°N间穿越台湾海峡并登陆，登陆后中心位置在25°~30°N。而对庐山无影响的5次中路台风个例，其中2次登陆后没有越过25°N线，2次未登陆，1次在30°N以北，表明台风路径有无穿过25°~30°N区域，可以作为判别庐山是否出现强降水的指标之一。由此可见，影响庐山的台风要具备二个基本条件：一是台风要在22°~28°N间穿越台湾海峡并登陆；二是台风登陆后（低气压）中心位置在25°~30°N。

江西省气象部门现有研究主要是从云系、背景场和地形三个方面来概括庐山台风暴雨的成因。

1. 庐山台风暴雨的云系

对台风暴雨个例的统计分析表明,庐山台风暴雨的云系大致可以划分为以下三种(马晓琳等,2011;叶小峰 等,2012)。

(1)台风外围环流云系。受台风西北侧高压脊、北侧强盛西风带以及东侧副热带高压共同阻挡作用,北方冷空气难以南下侵入,使得台风登陆后移动缓慢,影响持续时间较长。与此同时,其西南侧宽广的西南暖湿气流被不断输送至台风低压中心,与东侧冷气流交汇,导致台风外围环流云带给庐山特大暴雨。这类云型表现为在台风外围环流带上,不断有中尺度对流云团生成、发展、成熟到消亡,这些中尺度系统是伴随台风而生成的主要暴雨降水系统。

(2)台风螺旋雨带云系。这类云型表现为台风中的气旋式涡度、垂直运动、水平动量等都高度集中在螺旋雨带中,螺旋雨带的水汽主要来自1千米以下、外侧存在风速高达30米/秒以上的中尺度强风带。它的产生与外侧的空气向螺旋雨带流入时气压梯度力所起的加速作用有关,具有明显的对流性不稳定,这为螺旋雨带中对流的发展提供了可能。

(3)混合型云系。在台风移动过程中,庐山前期降水受台风螺旋雨带影响,后期降水受台风减弱成低压影响。由于高压阻挡隔断作用,台风北上移速受到抑制,其北侧偏东气流携带充沛的海洋暖湿水汽在庐山地区堆积,造成庐山前期强降水天气。其后,副热带高压东退,与高原高压断开,在陆面地形摩擦作用及其能量的消耗情形下,台风逐渐减弱成低压,在30°N附近,北方冷空气切入台风气旋云带,与台风气旋云带中携带的暖湿气流交汇,促使中尺度对流系统得到发展,引起暴雨增幅,导致庐山后期强降水天气。这类云型主要表现为冷空气使涡旋获得斜压能量,位能转化成动能而使涡旋得以迅速发展,随时间推移,受地形摩擦作用消耗其能量。这三种云系特征表明,台风在三个不同阶段,都有可能引发庐山暴雨或强降水。

三种台风云型对庐山暴雨的影响程度不同。台风外围环流云型降水特征表现为降水强度较大,持续时间短(4~7小时),累计雨量一般在50~100毫米范围之间,但有时很强,可以达到大暴雨量级(如台风"莫拉克"198毫米);台风螺旋雨带云型降水特征表现为降水强度大,时间较长(持续时间多数14小时以上),累计雨量通常在200毫米左右;混合型云型降水特征表现为出现频率较少,但降水强度特大,破坏力极强,危害性特大,持续时间规律性不定,短则几小时,长则达50小时以上,尤其与西风带系统混合后,累计雨量超强(如台风"泰利",937毫米),往往造成超强降水引发灾害。3种台风云型的共性是,台风登陆后中心位置在25°~30°N,120°E附近时,庐山主体降水均受其影响。其降水机理主要与西风带系统和副热带高压阻隔作用、螺旋雨带、中尺度对流云团发展底层西南暖湿低空急流以及其自身强弱和位置等因素有关。

2. 影响庐山台风暴雨的天气背景场

500百帕平均场以上,中低纬度地区(40°N以南)为纬向高压带,高纬度地区(40°N以北)为环流平直西风带。500百帕平均场以下,中低层表现为西太平洋副热带高压西伸至长江以北地区,而长江以南地区、南海以及台湾处于闭合低压内。这种天气系统配置尤其是背景场为相对稳定的"北槽南涡"鞍形变形场情形时,易引发庐山台风暴雨或强降水。

3. 地形作用

庐山地形特殊,海拔高度1474米,东西窄、南北长(类似于台湾岛外貌)。庐山地处长江河谷口和鄱阳湖入江口,具备良好的河谷效应和水汽输送条件,产生地形雨的概率很高。庐山地形对台风降水的增幅作用十分明显,庐山测站雨量往往是庐山北麓的九江市和庐山南麓的庐山市测站(海拔低于 40 米)雨量的几倍。受台风或热带风暴等东风带系统影响时,庐山的累计降水量往往比周围站点大很多。有研究得出结论,在台风降水过程中,庐山与九江出现相同降水等级的次数占总数的 27.8%,庐山降水等级高于九江的占 68.9%,庐山降水等级小于九江的仅占 3.3%;庐山降暴雨及其以上降水的概率为 11.6%,而九江为 3.7%;庐山降水与九江相比,最多可差四个等级,概率是 1%。庐山与九江的降水差值随台风中心与庐山、九江距离的减小而逐渐增大,当台风中心位于 29~30°N、116~117°E 区间,即庐山、九江的东侧附近(庐山位于 29.6°N、115.7°E,九江位于 29.7°N、116°E)时,两站降水差值最大。推测两站降水量差距较大的原因与鄱阳湖水体作用有关,且庐山的山体地形对降水也有很大影响。小尺度天气系统的不断生成和维持,是造成庐山累计降水明显大于周边站点的原因。庐山地势相对高峻,东风、南风等暖湿气流经过时被强迫抬升,有利于降水加强。

2.5.2.4 台风预警预防

中国气象局把台风预警信号分为蓝色、黄色、橙色和红色四级。台风蓝色预警信号表示 24 小时内可能或者已经受热带气旋影响,沿海或者陆地平均风力达 6 级以上,或者阵风 8 级以上并可能持续。台风黄色预警信号表示 24 小时内可能或者已经受热带气旋影响,沿海或者陆地平均风力达 8 级以上,或者阵风 10 级以上并可能持续。台风橙色预警信号表示 12 小时内可能或者已经受热带气旋影响,沿海或者陆地平均风力达 10 级以上,或者阵风 12 级以上并可能持续。台风红色预警信号表示 6 小时内可能或者已经受热带气旋影响,沿海或者陆地平均风力达 12 级以上,或者阵风达 14 级以上并可能持续。

对于庐山这样的高山型旅游景区,要高度重视台风暴雨引发的山洪、泥石流等地质灾害。做好防御暴雨引发的山洪、山体滑坡等地质灾害工作,以防台风暴雨次生灾害造成人员伤亡。

2.5.3 冰雹

2.5.3.1 冰雹气象景观特色

冰雹是一种坚硬的球状、锥状或形状不规则的固态降水,雹核一般不透明,外面包有透明的冰层,或由透明的冰层与不透明的冰层相间组成。它是一些小如绿豆、黄豆,大似栗子、鸡蛋的冰粒,大的直径可达数十毫米。它是从发展强烈的积雨云中降落到地面的固态降水物,是夏季或春夏之交最为常见的一种天气现象。

2.5.3.2 冰雹主要发生时期

江西省冰雹天气发生次数在全国来说较少,且分布离散性强。大多数降雹落点为个别县、区。冰雹多发区主要有 6 个,庐山就是其中之一,庐山站的观测数据可见(图 2.8),冰雹每年出现次数在 0~3 次不等,3 月为冰雹发生的高峰期,4 月次之(图 2.9)。从冰雹发生时间分析,一天 24 小时内均有冰雹出现的可能,在 14—21 时是高峰时段,15—17 时各时段出现的概率相近,都处在峰值。由于午后到傍晚热力抬升条件最佳,一旦有触发机制,就容易发生对流天气,这也是强对流天气日变化的一般规律。

2.5.3.3 冰雹成因分析

夏天出现冰雹很正常,只需要满足两个条件:充足的水汽;强对流空气(就是暖湿空气迅速

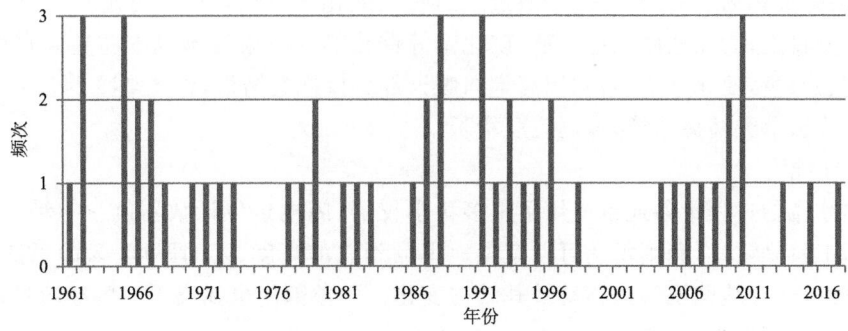

图 2.8　1961—2017 年庐山站发生冰雹年频次

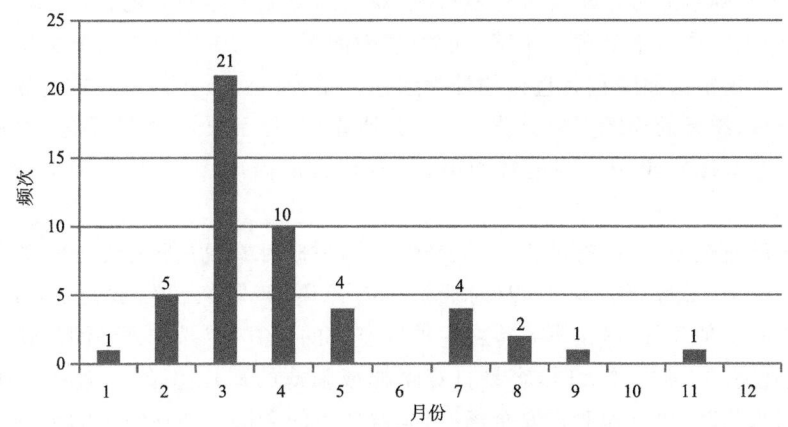

图 2.9　1961—2017 年庐山站发生冰雹累计月频次

上升)。

由于庐山冰雹天气大多发生在低层西南暖湿气流中,天气系统也大多自西向东影响庐山,当低槽或冷空气影响庐山时,地形的强迫抬升产生强辐合,易发生冰雹天气。

2.5.3.4　冰雹防范

1. 提前预报

随着现代科技的发展,大大提高了对冰雹活动的跟踪监测能力。准确的冰雹预报,对于在降雹前积极采取防护措施有重要意义。当气象台站发现冰雹天气时,应立即通过网络、媒体发布预警消息,让社会各界和广大人民群众提前采取防御措施,避免或减轻灾害损失。

发布预警信号对社会影响很大,要掌握好预警信号发布等级和发布时机,努力提高预警准确率和预警时效。冰雹气象预警共分为二级,分别以橙色、红色表示。冰雹橙色预警信号表示 6 小时内可能出现冰雹伴随雷电天气,并可能造成雹灾,此时,人们要做好防雹和防雷电准备,应妥善安置易受冰雹影响的室外物品、小汽车等,老年人和小孩不要到户外活动。冰雹红色预警信号表示 2 小时内出现冰雹伴随雷电天气的可能性极大,可能造成重雹灾,户外行人应立即到安全的地方暂避,相关应急处置部门和抢险单位随时准备启动抢险应急方案。

2. 人工防雹

气象部门开展人工防雹,减轻雹灾。目前常用的方法有:①用高炮或火箭直接把干冰、碘化铅、碘化银等催化剂送到云里去;②通过地面暖云催化剂燃烧炉向雹云输送凝结核,以此破坏雹云的水分输送;③在地面上把干冰、碘化银等催化剂在积雨云形成以前送到自由大气里,通过增加雹胚数量,使冰雹变小;④用高炮向暖云部分播撒凝结核,以此来减少云中的水分,或者也可以在冷云部分播撒冰核,抑制雹胚增长。

3. 冰雹预报

在研究冰雹的过程中各地也使用了很多科学仪器,闪电定位计数器就是一种。识别冰雹云最有力的工具是雷达,利用雷达可以定量地观测到云的高度、云的厚度、云的雷达回波强度等特征量,可以连续地监视云的移动及其结构变化。气象部门也找出了一些经验指标,能更好地识别一块云会不会降雹。

4. 日常生活如何防雹

日常生活中对降雹通常是从是否有强对流、观测强对流云体的颜色、听雷暴天气时的雷声和注意雷雨天的闪电形状来分辨。冰雹来前空气中的湿度大,中午太阳辐射强烈,易造成午后强对流,从而产生雷雨云而降雹。雹云的外观颜色先是顶白底黑,而后云中出现红色,形成白、黑、红的乱纹云理,雹云的边缘多呈土黄色。三是听雷声,雷音很长,响声不停,声音沉闷,像推磨一样,就可能会有冰雹出现。四是观闪电,一般雹云的闪电大多是云中闪,而降雨则是云地闪。

民间有"早晨凉飕飕,午后打破头""早晨露水重,后响冰雹猛"的说法。出现这种天气时,老人、小孩不要外出,最好留在家中,及时躲避。有谚语云:"黑云尾、黄云头,冰雹打死羊和牛"。要特别当心这种天气,尽量不要待在室外或空旷的地方,应躲避到坚固的建筑物内,特别是农村居民应注意,在冰雹较大时,容易打穿草棚或脆薄的瓦片屋顶,不宜在这些地方躲避。在室外,当冰雹来临时,要迅速躲进安全场所,躲避冰雹的袭击。如在空旷的地方,应用雨具或其他代用品保护头部,并尽快转移到能够避险的地方。

旅游景区的防雹工作涉及人员及国家财产的安全,做好这项工作需要社会各界的大力协作。庐山气象部门在防雹防灾方面做了大量的工作,把防雹常识宣传到位,把天气信息发布及时到位,把安全责任落实到位,把宣传、管理、预测和防御有机地结合起来,形成系统的防灾体系,确保旅游景区不出现人员伤亡、财产损失。

2.5.4 暴雨

气象部门规定,24小时降水量达到50毫米或以上的强降雨称为"暴雨"。从60年的资料分析来看,一般的暴雨产生的危害不是很明显,而大暴雨、特大暴雨和连续暴雨以及1小时大于30毫米的强降水所产生的泥石流、塌方、山体滑坡、山洪等地质灾害则危害很大;从致灾暴雨的类型看,台风带来的暴雨强度大、时间长,其危害性要大于其他类型的暴雨。历史上最严重的暴雨引发的泥石流灾害,如1975年8月中旬、1990年6月底到7月初和2005年9月初的泥石流灾害,都是由台风降水引发的。有学者对庐山盛夏时节的强降水进行了统计分析及分型,从出现概率上看,出现强降水的总概率为3%;在出现有效降水的情况下,出现强降水概率为6%;在出现1毫米以上较明显降水的情况下,出现强降水的概率则达到12%,多的可以超过20%,少的则在5%以下。影响庐山强降水的天气系统主要有四类:台风、西风带、副热带高压边缘以及东风波。

一是台风类,指因台风及其减弱后的低压给庐山带来的降水,如果是由台风及其低压与其他低槽、低涡、切变线、地面锋等共同作用的结果,也统计在该类型之中。当台风影响庐山时,一般都会出现降压、降温、增湿、风向旋转、风速增大以及较山下大几倍至几十倍的降水等要素变化。要素反应越强烈,降水强度一般也越大。但因台风的路径、距庐山的方位和距离不同,对庐山的影响程度也不同,本站要素变化、降水大小等方面也有很大的差别。当台风对庐山产生正面影响时,台风至少会达到中等以上的强度,且主要以中路路径为主,气压一般提前2天或以上下降,且降压幅度可达8百帕以上,同时提前2天或以上风向转北风,风向从南到北再到南,风力由小到大、由大到小,再由小到大,反映了低压中心移经本地附近的一个完整的环流演变过程。风力大,一般有10级以上大风出现。此类过程一般可为庐山带来超过100毫米的降水量,大多数过程降水量可超过250毫米。台风登陆后一般会迅速减弱为热带低压,影响庐山时螺旋状结构往往已不明显,有时还会和西风带低槽、切变线或地面冷锋相结合。台风影响庐山时,过程一般有三个阶段,第一阶段受台风运动方向前部外围云系影响,此时台风一般处在福建到浙江沿海,登陆后向西北移动,庐山处其正前方,从雷达上可以看到从东南方有一些分散的回波向庐山快速移动,庐山会出现一些阵性降水。第二阶段受台风主体云系影响,表现在雷达回波图上,庐山会被大范围均匀降水回波覆盖,强度不强,为20~30 dBz,而且稳定少动,可以维持较长的时间,此时庐山出现连续的较强降水,一般不会有雷暴出现。第三阶段是台风后部降水,随着台风向西、向北或东北移动,雷达回波上先是从东南部开始出现,然后回波移动速度逐渐加快,庐山降水也开始减弱,直到回波移出庐山,降水也随之结束。

二是西风带类,指因江淮气旋、高空低槽、中层切变、低涡、地面锋、台风以外的倒槽等系统引起的强降水。此类又分为低槽冷空气型和切变静止锋型。当低槽冷空气型系统影响庐山时,气温会明显下降,气压前降后升,降压幅度在2~4百帕,风向由南转北,风速由大到小,湿度由大到小,降水时间2~3天,强度较强。切变静止锋型系统影响庐山时,维持的时间会较长,以5~7天为主,长的可超过10天,中间可有1~2天的间隔;气温和气压均呈波动状态,但无明显的上升或下降趋势;风向变化大、风速小;降水呈连续性,强度一般不是很强,但如有低涡、气旋配合时强度明显增大,容易出现暴雨或短时强降水。在气象卫星云图上,大范围带状云团呈东北—西南向分布,且从西北向东南推进,其上往往会有一些强的云团东移,带来强降水;雷达回波也呈带状分布,强度较强,可以达到40~50 dBz,移动较快。

三是副热带高压边缘类,指除副高以外没有明显的其他系统相配合而产生的降水,如果是由副热带高压与其他低槽、低涡、切变线、地面锋等共同作用的结果,则归为其他类型之中。当副热带高压边缘影响庐山时,前期高温在3天以上,且温度为25 ℃左右,但后期会有明显的降温;气压则无明显波动;风向以偏南风为主,风速较小;产生的降水以午后到傍晚雷阵雨为主,常伴有短时强降水和强雷电。气象卫星云图上有明显的副热带高压边界,午后到傍晚有一些分散的对流云团生成和消散,较少移动。雷达测则是上午无回波,午后到傍晚有分散的对流性回波发展,这类回波强度强,范围小,一般不移动或少移动,如果在移动过程中有一块回波发展起来,常会带来雷阵雨天气。

四是东风波类,指因没有达到台风级别的东风带系统带来的强降水,如东风波、热带低压、华南季风槽等。东风波系统影响庐山时,气象要素反应弱,总的类似于副热带高压边缘类;降水既有副热带高压边缘的强降水,又有台风性质的强降水。随着东风波系统自东向西移动,气象卫星云图上会有带状云系相配合移动,其中会有一些强中尺度云团,往往带来明显的强降水。在雷达回波图上也可以看到,一条南北向降水回波带自东向西移动,强度不强,但遇到地形抬升作用,则有所加强,且移动较慢,可以带来较明显降水,并伴有雷电。

2.5.5 寒潮

寒潮天气过程是季风问题中一个重要方面。亚洲冬季风起源于西伯利亚(冷)高压,当高压离开源地向南爆发时,在其东侧和南侧可产生很强的北风或东北风,这就是在冬季常见的冷空气活动。

所谓寒潮,就是强烈的冷空气南下侵袭,造成大范围急剧降温和偏北大风的天气过程,有时还伴有雨、雪、雨凇或霜冻,是秋末、冬季、初春庐山常见的一种灾害性天气。寒潮及强冷空气短时间会给旅游及社会生活带来诸多不利影响,寒潮带来的雨雪和冰冻天气对交通运输安全危害很大。

从江西 83 个气象台站多年累计寒潮日的空间分布图来看(图 2.10),出现寒潮日数明显呈南多北少,即赣中、赣南相对比赣北多,最大值为庐山,出现 474 天,最小值为万载,出现 49 天。赣州东北部、南部和抚州东部为最多,达到 100 天以上;九江西部、宜春北部为最少,在 60 天以下。值得注意,江西省的井冈山、庐山两个高山站,出现寒潮日数明显高于平均值,庐山为 474 天,井冈山为 219 天。

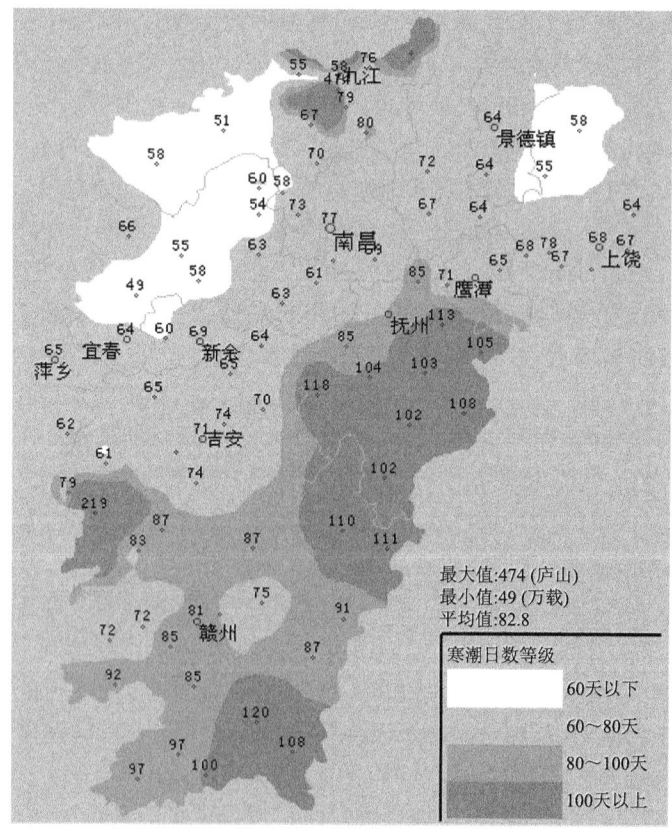

图 2.10 累计单站寒潮日数空间分布

2.5.5.1 寒潮标准

寒潮天气是冬季的一种灾害性天气,来自高纬度地区的寒冷空气,在特定的天气形势下迅速加强并向中低纬度地区侵入,造成沿途地区出现剧烈降温、大风和雨雪天气,达到一定标准时称为寒潮。我国气象部门规定,日平均气温在冷空气到达后一天内急剧下降 8 ℃以上,或两天内日平均气温急剧下降 10 ℃以上,同时过程最低气温降至 4 ℃或其以下,则将这种强冷空气称为寒潮。冬季 12 月至次年 2 月北方强冷空气侵入,造成强烈降温,一次降温过程日平均气温下降>15.0 ℃,或日平均气温<0 ℃持续 5 天以上,或日最低气温降至-10.0 ℃以下,符合一个条件称之为一次寒潮过程;未达到以上标准者,则称为较强冷空气或一般冷空气。

寒潮可使国民经济遭受重大损失,如经济作物冻死、地下管道冻裂,它的附带物雨、雪、大风,可使交通中断,供电、通信集中破坏,树木折断等。影响庐山的寒潮年平均 3 次,多的年份有 6 次,少的 1 次;1970 年 1 月 4—10 日的寒潮过程,最低气温降到-16.8 ℃;1981 年 11 月 28 日到 12 月 3 日、1982 年 12 月 5—8 日、1985 年 12 月 8—12 日、1987 年 11 月 28 日到 12 月 6 日,这四次寒潮的出现日期较早,且日最低气温都降到-9.9 ℃以下。由于庐山相对周边海拔高度较高,因此其出现寒潮的日数明显高于平均水平。

2.5.5.2 冷空气源地和路径

影响我国的冷空气源地主要有三个(图 2.11),其一,在新地岛以西洋面上,冷空气经巴伦支海、乌拉尔山以西地区进入我国,它出现的次数最多,达到寒潮强度的次数也最多;其二,在新地岛以东洋面上,冷空气通常经喀拉海、泰梅尔半岛和俄罗斯的亚洲部分进入我国;其三,在冰岛以南洋面上,冷空气经欧洲南部或地中海、黑海、里海进入我国。

中央气象台统计得出,95%的冷空气都要经过西伯利亚中部(70°~90°E,43°~65°N)地区并在那里累积加强,这个地区成为寒潮关键区(图 2.11)。冷空气从关键区侵入江西时间一般需要 1~3 天。冷空气从关键区侵入江西影响庐山的路径一般有四条(图 2.11):一为西路,冷空气主体从关键区经河套以西的新疆、青海、青藏高原东侧地区南下,再经湖南、湖北侵入江西省;二为中路,冷高压中心和冷空气主体从关键区经河套地区(105°~115°E)南下,经湖北、安徽从正北方向侵入江西省;三为东路,冷空气从关键区经蒙古到达我国华北地区,在冷空气主体东移的同时低层冷空气折向西南方向,从华北地区、渤海、黄海南下侵入江西省;四为东路+

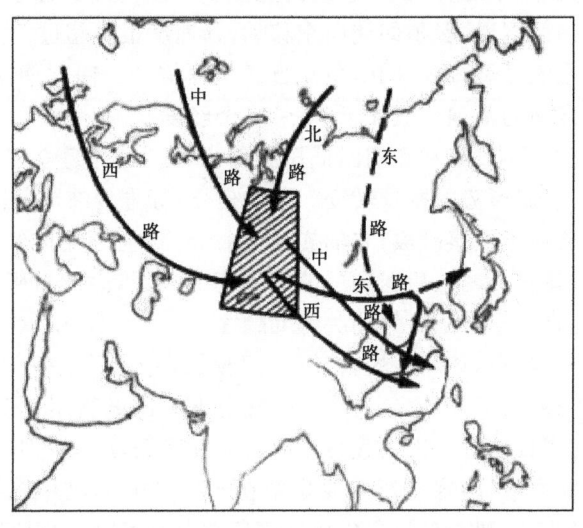

图 2.11 寒潮源地、关键区及路径

西路,东路冷空气从华北南下,西路冷空气沿青藏高原东侧南下,两股冷空气在长江以北汇合后南下侵入江西省。

寒潮的出现常伴随着大风降温和雨雪天气,对庐山常住居民的生活和游客的出行均有影响,因此需要做好寒潮天气过程的预报。气象部门除了需要着眼于冷空气源地和路径的预报外,还应关注影响寒潮及冷空气的天气系统,如极涡、阻塞高压、高空冷槽、地面冷高压和地面冷锋等,为公众提供更为准确实用的旅游预报。

2.5.5.3 影响寒潮的主要天气系统

1. 极涡

北半球冬季极区对流层中上层绕极区气旋式涡旋,称为极涡。它是大规模极寒冷空气的象征,是影响寒潮天气过程的重要成员。

冬半年,北半球的极涡中心一般集中在以极地为中心向亚洲北部新地岛以东的喀拉海、泰梅尔半岛和中西伯利亚伸展的地区。根据极涡中心的分布特点,100百帕环流可分为四种类型:①北半球只有一个极涡中心,且位于80°N以北的极地附近,这种环流称绕极型;②北半球有一个极涡中心,且位于80°N以南,整个北半球呈不对称的单波型,即西伯利亚东部到阿拉斯加为一暖脊,欧亚大陆高纬度为一冷涡,这种环流称偏心型;③极涡分裂为两个中心,整个北半球高纬环流呈典型双波绕极,这种环流称偶极型;④北半球有三个或三个以上极涡中心,整个北半球呈三波绕极分布,这种环流称多极型。

2. 阻塞高压

极涡分裂呈偶极型,常常是中高纬度的阻塞高压进入极地并维持所致。当极地高压向南衰退与西风带上发展的长波脊叠加时,我国将有寒潮天气过程爆发。

在西风带长波槽脊的发展演变过程中,脊不断北伸时,其南部与南方暖空气的联系会被冷空气所切断,在脊的北边出现闭合环流,形成暖高压中心,称为阻塞高压,它是中纬度和高纬度地区大气对流层中部和上部深厚的暖高压。阻塞高压发展进入极地并维持,即称极地高压。

阻塞高压具有以下特征:①中高纬度(一般在50°N以北)高空有闭合暖高压中心存在,表明南来的强盛暖空气被孤立于北方高空;②暖高压至少要维持3天以上,在它维持时,一般呈准静止状态,有时可以向西倒退,偶尔即使向东移动,其速度也不超过7~8经度/天;③在阻塞高压区域内,西风急流主流显著减弱,同时急流自高压西侧分为南北两支,绕过高压后再汇合起来,其分支点与汇合点间的范围一般大于40~50个经度。

阻塞高压主要出现在北半球,常和切断低压相伴出现。它的建立和崩溃常常伴随着一次大范围甚至半球范围的环流形势的剧烈转变。它的建立,标志着纬向环流向经向环流的转变;它的持续,标志经向环流处于强盛阶段;它的崩溃,标志着经向环流向纬向环流的转变。冬半年寒潮爆发与阻塞高压建立、维持、后退和崩溃有密切的关系,因此对阻塞形势的建立、维持、后退和崩溃过程的研究是预报寒潮天气的关键问题之一。

阻塞高压常呈准静止状态,移动缓慢,持续时间较长,有时可达20天以上,阻碍着上游西风气流和天气系统的东移,有利于脊前引导冷空气南下。这里利用1971—2008年NCEP再分析资料分析116个寒潮日前后五天的逐日500百帕高度场,结果表明,阻塞高压从建立到崩溃在10天以下的占绝对多数,阻塞高压主要集中在45°~70°N,其中乌拉尔山和贝加尔湖东部阻塞高压活动频次最高,一般当乌拉尔山阻塞高压减弱崩溃时,常引起中国寒潮爆发。

3. 高空冷槽

高空冷槽是活动在对流层中层西风带上的短波槽。一年四季都有出现,但春季出现最多。高空冷槽的波长约1000千米,移动方向为自西向东。槽前盛行暖湿西南气流,常常成云致雨;槽后盛行干冷西北气流,常常为晴冷天气。一次高空冷槽活动反映了不同纬度间冷、暖空气的一次交换过程,给中高纬度地区造成阴雨和大风天气。

4. 地面冷高压

寒潮全过程中冷锋后地面高压,多数属于热力不对称系统,高压前部有强冷平流;后部则为暖平流,中心区温度平流趋于零,少数高压始终为冷性。地面冷高压可表示冷空气强弱,中心移动路径可作为冷空气的移动路径。

5. 地面冷锋

冷高压和冷空气活动伴随的天气,随不同季节、不同地区以及冷高压的不同部位有很大的差异。冷空气活动主要出现在冷高压的东南部,冷高压的前沿一般都有冷锋存在,如果冷空气很强,达到寒潮强度,则寒潮前沿的冷锋也被称为寒潮冷锋。它随高度向冷空气一侧倾斜,在高空等压面上对应有很强的锋区,锋区结构上宽下窄,在300百帕及以下各等压面上均有明显的冷槽和锋区。

强冷空气或寒潮过境时,突出的天气表现是大风和剧烈降温,有时伴有风沙、雨、雪、雨凇和霜冻,春秋两季江南地区还可能有雷暴产生。

2.5.5.4 寒潮天气过程

(1)小槽发展型(经向型)

多数是在乌拉尔山地区有反气旋或高压脊发展,脊前有不稳定小槽不断地发展东移,最后变为东亚大槽,槽后西北气流引导寒潮爆发。

(2)槽脊东移型(纬向型)

主要是暖脊东移至中亚发展,而冷槽过了阿尔泰山、萨彦岭仍加深东移,引导冷空气侵入我国。

(3)横槽型(阻高崩溃型)

主要是乌拉尔山附近的阻塞高压崩溃或不连续后退,横槽转竖,引导寒潮爆发。

2.5.5.5 寒潮预警信号及防御指南

寒潮预警信号分四级,分别以蓝色、黄色、橙色、红色表示。

(1)寒潮蓝色预警信号标准:48小时内最低气温将要下降8℃以上,最低气温小于等于4℃,陆地平均风力可达5级以上;或者已经下降8℃以上,最低气温小于等于4℃,平均风力达5级以上,并可能持续。

防御指南:政府及有关部门按照职责做好防寒潮准备工作;注意添衣保暖;对植物采取一定的防护措施;做好防风准备工作。

(2)寒潮黄色预警信号标准:24小时内最低气温将要下降10℃以上,最低气温小于等于4℃,陆地平均风力可达6级以上;或者已经下降10℃以上,最低气温小于等于4℃,平均风力达6级以上,并可能持续。

防御指南:政府及有关部门按照职责做好防寒潮工作;注意添衣保暖,照顾好老、弱、病人;通知各涉游客单位和山上常驻居民采取防寒措施;做好防风工作。

(3)寒潮橙色预警信号标准:24小时内最低气温将要下降12℃以上,最低气温小于等于

0 ℃,陆地平均风力可达 6 级以上;或者已经下降 12 ℃以上,最低气温小于等于 0 ℃,平均风力达 6 级以上,并可能持续。

防御指南:政府及有关部门按照职责做好防寒潮应急工作;注意防寒保暖;山上各单位都要积极采取防霜冻、冰冻等防寒措施,尽量减少损失;做好防风工作。

(4)寒潮红色预警信号标准:24 小时内最低气温将要下降 16 ℃以上,最低气温小于等于 0 ℃,陆地平均风力可达 6 级以上;或者已经下降 16 ℃以上,最低气温小于等于 0 ℃,平均风力达 6 级以上,并可能持续。

防御指南:政府及有关部门按照职责做好防寒潮的应急和抢险工作;注意防寒保暖;山上各单位都要要积极采取防霜冻、冰冻等防寒措施,尽量减少损失;做好防风工作。

2.5.6 雪

庐山的雪景较多,主要为众多气象景观的混合雪景。从庐山站观测资料可见(图 2.12),降雪最多的一年(1977 年)有 61 天观测到积雪。降雪过程最早出现在 11 月中旬,极少数年份在 10 月份就会降雪,迟至第二年 4 月还能见到(图 2.13),但超过 10 厘米以上的大雪并不很多,一年平均为 2~3 场,一般出现在 12 月下旬到 1 月底。1—2 月冷空气南下活动频繁,雨雪过程较多,平均每月有 8~10 天下雪,9~11 天有积雪。庐山雪景出现最多的时段是 12 月下旬到来年 2 月底,即从每年的圣诞节前到来年的春节前后这一段时间,平均有 25.7 天,占全年雪景景观日数的 86.24%。因此,每年的 12 月下旬至来年的 2 月下旬是庐山观赏雪景气象景观的最佳时段,其中又以 1 月雪景景观日数为最多,占全年雪景日数的 38.92%,为 12 月下旬至来年 2 月雪景景观日数的 45.14%。

庐山雪景分布也是北部多于南部,以牯岭、小天池一带最为壮观。1998 年 1 月 23 日一场特大暴雪,雪深平均达 66 厘米,个别地段达 1 米以上,这场历史上最大的降雪,为庐山引来了众多的雪景观光者。

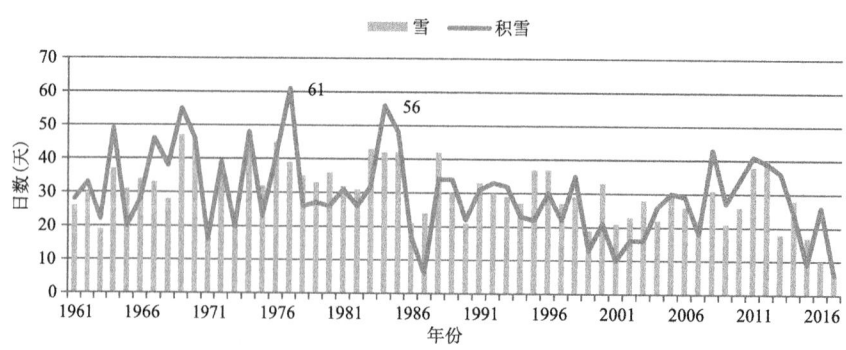

图 2.12 1961—2017 年庐山站观测到雪与积雪累计日数

表 2.10 1961—2017 年庐山站观测到雪与积雪的月频次(单位:天)

	1月	2月	3月	4月	5月	6—9月	10月	11月	12月
雪	575	459	240	27	1	0	3	89	319
积雪	644	525	180	13	0	0	0	40	288

2.5.6.1 雪的维持时间和地域分布

雪景气象景观维持时间一般是指一次降雪过程形成积雪后能够连续维持的天数,包括前一次未融化完又形成新的积雪亦算一次维持过程。分析认为,庐山雪景的维持时间主要由降雪的大小和雪后的回温快慢决定,雪深在10厘米以下的小降雪过程维持时间较短,一般在3～5天。

有研究分析了1981—2005年庐山雪深在10厘米以上的大雪过程积雪维持日数(黄水林等,2007),研究结果表明,一场大雪平均可维持10天的时间,但不同季节有一定差异,12月至翌年1月正处一年之中最寒冷时期,气温回升慢,有时一场大雪之后雪景气象景观可维持20多天,如1984年1月下旬雪景景观维持了24天,1998年1月雪景景观则维持达27天之久。相反,2月立春之后由于温度的上升,有时一次大雪过程过后雪景气象景观也只能维持2～3天,如2005年3月12日一次大雪过程降雪深度达到15厘米,但雪景气象景观仅维持了4天即基本消融。雪景气象景观的维持时间主要由降雪后的回温快慢决定,升温速度快则维持时间短,升温速度慢则维持时间较长。除少数降雪过程外,雪景气象景观的维持时间与雪后日最低气温连续维持在0℃以下的日数基本相当,误差在2天以内,这为雪景气象景观的维持时间预报提供了很好的预报因子。

庐山雪景气象景观基本上以海拔800米为分界线,根据对流层温度垂直递减率0.65℃/100米,海拔800米气温可递减5.2℃,在庐山周边地面日最高温度为5℃左右时,庐山海拔800米以上高度的地区日最高温度就有可能处于0℃以下,因此冬季在庐山局地降雪过程中常常会有海拔800米以上地区雪花满天,而海拔800米以下的山地则可能只有一些零星小雪。另外,庐山各处的雪景气象景观特点也因其地理位置、周边山色以及朝向情况有着一些差异。含鄱口的雪景景观秀丽端庄,这是由于含鄱口面对鄱阳湖,依山傍水,同时日照时间又比较长,且此处常绿树木高大俊秀,因此冬季里时常雪凇间透出盈盈绿意,琼花里可见晶莹玉枝;五老峰的雪凇,因其地势高险,海拔接近1400米,冬季从长江以北压过来的冷空气翻越过大月山后会经此地下沉,从而与来自鄱阳湖的暖湿气流在此交汇,因此冬季这儿的雪常是铺天盖地,经月不融,从地上到树上,从树上到岩石上,全是一片冰挂的世界;而牯岭、小天池一带由于山势奇特,且人文景观内容丰富,同时海拔高度在1100米左右,因此冬季雪凇则尤为壮观,气派而精美。

2.5.6.2 雪的成因

空中有一种由小冰晶和过冷却水滴共同组成的混合云。当混合云中冰晶已经达到饱和,而水滴却还没有达到饱和时,因为冰面饱和水汽压小于水面饱和水汽压,云中的水汽向冰晶表面上凝华,冰晶迅速增大,凝华是水汽不经过液态直接变为固态的物理现象。当小冰晶长大并通过冰晶繁生等物理过程以及碰并和攀附成长为雪晶,进而通过攀连形成雪花后,到能够克服空气的阻力和浮力时,便落到地面。

在初春和秋末,靠近地面的气温在0℃以上,但是这层空气不厚,温度也不很高,会使雪花没有来得及完全融化就落到了地面。这种降"湿雪"或"雨雪并降"的现象,在气象学里叫"雨夹雪"。雪是天空中的水汽经凝华而来的固态降水。

2.5.6.3 雪的天气背景

雪景气象景观的形成要有一定的天气背景,单站要素尤其是温、压结构上有一定形势与之相对应,并表现为不同的维持时间。分析认为,形成雪景气象景观的天气形势及单站温压结构主要有3种。

其一为低槽冷锋型。2005年3月9—12日的降雪过程为一次典型的低槽冷锋型,这种形势的降雪大约占庐山冬季所有降雪过程的80%。此类降雪过程中降雪日庐山气象站的气压与气温呈反向变化,即随着气压下降,山上气温逐渐下降,随着山上气压的上升,有一定的滞后,山上气温也逐渐上升。这种冬季降雪天气是后倾槽结构,地面冷空气先移过庐山使温度降至0 ℃以下,然后低槽移近时所带来的降水过程形成庐山局地的降雪过程。

其二为切变静止锋型。该类型的降雪过程大约占庐山冬季降雪过程的15%。1999年3月7—12日的降雪过程即为典型的此类降雪过程,这类降雪过程时庐山气象站温度气压呈波动变化,即随着单站日平均气温在0 ℃上下波动,气压变化也较小。冬季影响庐山降雪的切变静止锋型的天气形势为地面在长江流域有静止锋停滞,中层则有切变线维持,同时850百帕左右的温度在0 ℃上下波动,此时庐山局地往往会形成雨凇、雾凇,后期随着北方有冷空气的补充进入,切变静止锋南压,气温会下降,从而庐山的降雨转为降雪。

其三为倒槽发展型。该类型占庐山冬季降雪过程的5%左右。2005年2月1—5日的降雪过程即为此类。这类降雪过程中庐山站表现为升温降压的特点,即随着单站日平均气温的上升,海平面气压的日平均值对应下降。地面冷空气南下影响庐山当地,使得山上气温降至0 ℃以下,西南暖湿气流的突然加强,会造成地面倒槽的猛烈发展,从而冷暖空气于此交汇形成了庐山的局地降雪。这时,如果暖空气继续加强的话,温度将迅速上升,庐山局地的降雪过程容易转变为降雨过程,庐山雪景气象景观的维持时间将会较短,有时不到一天就会消失。

从庐山历史降雪观测资料来看,庐山冬季雪景旅游气象景观最佳的观赏时段为每年的圣诞节前至来年春节左右,但具体雪景景观的出现,需结合3种天气类型及庐山单站温度气压场特征来分析推测。庐山雪景景观的维持时间不仅与降雪强度、积雪深度及所处地域有关,更重要的是受降雪过后庐山气温的回升速度影响。为了进一步提高对庐山山体整体冬季温度场分布特征的认识,需结合庐山冬季降雪过程中及其后续雪景维持时段庐山重点地区温度场、湿度场及风场特征,提高对庐山降雪及雪景景观维持的预报准确性。

2.5.6.4 雪的预警信号

按照降水量强度,降雪分为小雪、中雪、大雪和暴雪4个等级。小雪是指降雪时水平能见度等于或大于1000米,地面积雪深度在3厘米以下,24小时降雪量在0.1～2.4毫米。中雪是指降雪时水平能见度在500～1000米,地面积雪深度为3～5厘米,24小时降雪量达2.5～4.9毫米。大雪是指降雪时能见度很差,水平能见度小于500米,地面积雪深度等于或大于5厘米,24小时降雪量达5.0～9.9毫米。如果有降雪而没有形成积雪,一般称之为"零星小雪"。当24小时降雪量达到10.0～19.9毫米时为暴雪,20.0～29.9毫米为大暴雪,超过30.0毫米为特大暴雪。

雪景固然美妙神秘,但暴雪致灾的例子比比皆是,尤其庐山这样的高山景区,雪是其冬日里常见的自然天气现象,游客在欣赏雪景的同时,预防雪灾也是很重要的。鉴于降雪过多过大时,会造成大雪封山,阻断交通,压毁(断)房屋和树木、电线(缆)等,准确的预报非常重要,以便提前防范。中国气象局制定了暴雪预警信号,分为四级,分别以蓝色、黄色、橙色、红色表示。蓝色预警信号表示12小时内降雪量将达4毫米以上,或者已达4毫米以上且降雪持续,可能对交通或者农牧业有影响;黄色预警信号表示12小时内降雪量将达6毫米以上,或者已达6毫米以上且降雪持续,可能对交通或者农牧业有影响;橙色预警信号表示6小时内降雪量将达10毫米以上,或者已达10毫米以上且降雪持续,可能或者已经对交通或者农牧业有较大影响;红色预警信号表示6小时内降雪量将达15毫米以上,或者已达15毫米以上且降雪持续,可能或者已经对交通或者农牧业有较大影响。

2.5.6.5 雪的预报方法

如何满足海内外游客来山观景的需求,提前准确做出雪景预报,便于旅行社组团前往,成为庐山气象台的一个重要课题。近年来,庐山气象台为此进行了大量的探索,取得了较好的成果,积累了一些经验。

(1)出现降雪预报

根据形成降雪的基本条件,选取如下3个因子:

X_1:降雪形势系统预报,这是天气背景即动力条件。根据统计,取值如下:

天气系统 X_1	有低槽冷锋、切变静止锋或倒槽发展	无低槽冷锋、切变静止锋或倒槽发展
A_1	1	0

X_2:降雪强度预报,这是降雪强度条件因子。根据统计,取值如下:

降雪强度 X_2	零星或无降水	小雨雪	中雨雪	大雨雪以上
R_g	0	1	2	3

X_3:庐山气温(T)预报,这是热力条件因子。根据统计,取值如下:

气温预报 X_3	$T \geqslant 0$ ℃	$T \leqslant 0$ ℃
T	0	1

因上述3个因子是出现雪景的基本条件,故不考虑各个因子对雪景的贡献权重不同,直接得到庐山雪景气象分级指数方程:$Y_1 = A_1 X_1 + X_g X_2 + T X_3$。庐山雪景出现预报气象指数分级表见表2.11。

表2.11 庐山雪景出现预报气象指数分级

分级指数	Y_1 数值	雪景出现可能及壮观程度
1	5	有壮观雪景出现
2	4	有较壮观雪景出现
3	3	有一般性雪景出现
4	1~2	出现雪景的可能性不大
5	0	无出现雪景的可能

(2)雪景维持预报

出现雪景之后,在没有新的降雪出现可能的情况下,雪景是否能维持及维持的时间,主要取决于积雪的深度和升温的快慢,故选取如下2个因子,作为其是否维持的依据。

X_1:积雪深度 X_g,积雪越深越厚,则雪景维持时间越长,反之维持时间短。根据统计,取值如下:

雪深 X_1	0~1	1~5	5~10	>10
X_g	0	1	2	3

X_2：最低气温 T_t，雪景气象景观的维持时间基本与雪后日最低气温连续维持在 0 ℃ 以下的日数基本相当。根据统计，取值如下：

气温 X_2	>0	−3～−1	−5～−3	<−5
T_t	0	1	2	3

同样，不考虑上述各个因子对雪景的贡献权重不同，直接得到庐山雪景气象分级指数方程：$Y_2 = X_g X_1 + T_t X_2$。庐山雪景维持预报气象指数分级表见表 2.12。

表 2.12 庐山雪景维持预报气象指数分级

分级指数	Y_1 数值	雪景与否及壮观程度
1	6	壮观雪景继续维持
2	5	雪景融化但仍较壮观
3	3～4	雪景融化较快
4	0～2	雪景不能维持

2.5.7　其他极端天气

庐山地理环境特殊，地形复杂，气象灾害种类多、频率高。主要的灾害种类包括暴雨、雷电及强对流、大风、大雪、冰冻、寒潮、干旱和高森林火险。根据庐山的特点，有的在山下常出现的灾害性天气如高温、霾等，在庐山出现少、影响小；有的在山下较少出现影响严重的灾害性天气，如大雾、小雪、雨凇等，在庐山则较常出现，均不作为灾害性天气处理。庐山没有出现龙卷的记录，不作为主要的气象灾害。

(1) 大风

风力达到 8 级（即瞬时风速≥17 m/s），气象学上称为大风，在山下有可能造成灾害，但庐山出现 8 级的大风每年有 100 多天，故庐山致灾大风的标准定为 9 级以上（即瞬时风速≥20 m/s）。除少数年份外，因大风出现灾害的情况不多。大风天气常和雷雨天气相伴，雷雨大风天气最常出现于 7—8 月，其次是 4—5 月，而后是其他月份。7—8 月雷雨大风日数多，主要原因可能是这个时间段下垫面气温高，在午后很容易出现对流不稳定，当江西处在副热带高压北缘，短波槽在长江流域活动时（经常处在梅雨锋的南缘），常常是强的热力条件和弱的动力条件结合产生雷电和雷雨大风。4—5 月雷雨大风日数多，一方面是由于暖湿空气势力的加强；另一方面可能还是和冷空气活动有关，有一定势力的冷空气作为动力抬升和触发条件，往往是强动力和强热力条件结合产生对流性大风。

(2) 大雪和冰冻

大雪是庐山的一大景观，一般不易造成灾害，但明显的大雪过程也可造成树木受损和交通安全受影响。

冰冻在气象上也叫电线积冰，是庐山冬季一种常见现象，它在给庐山带来雾凇、雨凇等美丽景观的同时，也会给庐山山上的电力系统造成严重的灾害。庐山是中国南方冰冻灾害天气发生频繁和影响严重的地区之一。据统计，直径小于 20 毫米的小的积冰可以给车辆、行人带来不便，直径达到 20 毫米以上的积冰有可能造成电线一定受损，而直径达 30 毫米以上则会造成供电通信严重受损、树木被压断等严重灾害。近 60 年来，庐山主要冰冻灾害有 10 余次，最严重的冰冻过程是1975年12月7—18日,累计直径299毫米,累计重量达5468克/米;2008年持续冰冻雨雪灾害过程中,庐山山上的直接经济损失高达3亿元,间接损失难以估量;2009年2月底到3月初,庐山再次出现了严重的冰冻灾害。通过对2008年和2009年两次冰冻天气的比较分析,2008年1月12日至2月2日的冰冻天气与历史资料相比,庐山的冰冻过程具有三个特点,一是整个低温持续时间长达35天,历史罕见。二是冰冻强度和积雪深度均为历史第二位,过程降水量为129.5毫米,最大平均雪深为41厘米,雪压为8.2克/厘米^2,均列历史第二位,仅次于1998年的降雪记录;累计电线积冰最大直径为141毫米,重量为1752克/米,列历史第二位,仅次于1975年。三是致灾天气种类多而集中,灾害影响程度属历史最重,给庐山园林林业、供电供水、道路交通、电视通信、旅游经济及社会生活带来严重影响。2009年2月14日至3月5日,受稳定的西南暖湿气流和北方不断南下的冷空气影响,江西北部出现持续的阴雨天气,其特点是累计降水量大、持续时间长、平均气温正常、日照少、雷电早,使庐山出现了冰冻现象和固态降水。庐山气象台地面观测资料显示,2月15日至3月5日,庐山过程平均气温为2.6℃,同历史气候平均值基本相当,但2月27日至3月3日连续5天气温维持在0℃以下,最低气温为−4℃,有利于严重冻雨的形成;累计降水量为200毫米,超过历史平均值近1倍,其中2月25日至3月3日(3月1日间断)出现中到大雨,累计雨量达146.3毫米,最大日降水量为36.5毫米;过程电线积冰累计直径64毫米,重量832克/米;2月22—28日(24日中断)出现较强雷电,26日还出现了霰粒子(霰又称雪丸或软雹,是由白色不透明的近似球形,有时呈圆锥形,有雪状结构的冰粒子组成的固态降水);3月3日出现中到大雪,雪深5厘米。庐山气象台灾情调查评估结果显示,近20天的连续低温阴雨冰冻天气,特别是2月27日至3月4日,冻雨、冰冻天气造成供电、供水、道路、通信、植被等方面不同程度受损,直接经济损失达2000多万元。这是2008年后庐山出现的又一次严重冰冻灾害,其中在地质灾害等方面超过了2008年初的冰冻天气过程。

从形势场对比来看,两次过程都属于有利于中国中东部维持较长一段时间稳定降水的形势,2008年过程中,蒙古冷高压十分强盛且维持时间长,影响江西的中路冷空气沿祁连山山脉东侧不断扩散南下,侵入中国东部和南部广大地区,中高纬地区存在明显的阻塞形势,低纬地区南支槽明显;2009年过程中,地面基本处于高压底部,冷空气主要从东路不断南下,但此次过程无明显的阻塞形势存在。两个过程中长江流域均有明显的切变。两种形势虽有不同,但都有利于在庐山维持较长一段时间的稳定降水形势。从温度层结看,2008年过程中层存在明显的逆温层,并较长时间维持,2009年过程925~850百帕的温度均为0℃以下,中层并无逆温层存在,且维持时间只有3天左右,但因降水量大,故冰冻极为严重。

与周边地区比较来看,同2008年初中国南方出现大范围冰冻灾害不同的是,2009年过程虽然也属于长江流域大范围持续低温阴雨,但只有庐山出现了冰冻灾害,原因就是只有庐山的气温连续一周维持在0℃以下,体现了庐山冰冻灾害的特殊性。根据庐山站自身条件对比分析,两次过程都属于长达20余天的连续阴雨雪天气过程,从气温和地温情况看,整个2008年过程期间气温和地温都在0℃以下,2009年过程期间的2月26日以前气温和地温基本都在0℃以上,26日以后气温降为0℃以下,但地温基本在0℃左右。从灾害情况看,总体上2008年过程灾情明显要重于2009年过程,但从局部地方林木受损及北山公路的塌方来看,2009年过程严重程度甚至超出了2008年过程。因此,庐山冰冻灾害的出现主要取决于925~850百帕温度降为0℃以下时是否伴有较明显的降水过程,并不一定需要太长时间和明显的逆温层存在。

(3) 干旱

庐山雨水充沛,但降雨在时空分布上不均,有的年份也会产生程度不同的干旱天气,还易引发森林火灾。庐山干旱以冬旱出现次数最多,占 44%;夏旱、秋旱其次,各占 18%;秋冬连旱占 11%;夏秋连旱占 7%;冬春连旱占 2%。1955—1963 年以秋旱、冬旱、秋冬连旱为主,没有夏旱。1964—1981 年有夏旱,且出现频繁,以 1966 年、1968 年、1978 年的夏秋连旱,1973 年、1979 年秋冬连旱及 1964 年的冬旱最突出。1982—1990 年又以秋旱、冬旱为主,夏旱不明显,1988 年的冬旱持续 72 天,为最长,1978 年夏秋连旱长达 118 天,为历史之最。此后,庐山行政体制变动,基本上没有农业,加之气候变化,干旱影响明显减少。

(4) 高森林火险

20 世纪 70 年代以来庐山共发生 16 次森林火灾,以 3 月和 11 月为最多。发生森林火灾的基本气象条件是前期高森林火险天气,森林火险气象等级按照连续无降水天气和树木的干燥度划分,等级越高,发生森林火灾的危险就越大。统计数据显示,整个秋冬季三级以上森林火险的日数平均为 68 天,多的可达 80 天以上,占整个防火期的三分之一到二分之一;四级以上森林火险的日数为 34 天,最多 47 天;五级最高森林火险的日数约 10 天,最多 22 天。

2.6 庐山气象景观资源综合评价

大气层中各种物理现象和物理过程,与其他景观叠加在一起时,会形成或美丽或壮观或奇特的奇妙现象,产生独具特色的美感,这种现象就是气象景观。气象景观,即云雾、冰雪、彩虹、雾雨凇、尘龙卷、海市蜃楼、雷电、霞光以及在特定环境和地域条件下由气象因素而引起的云海、雨带、雷区、风区、雪等,因气象因素而引起形成的各种景观、遗迹等。

"匡庐奇秀甲天下"是唐代大诗人白居易对庐山的赞叹。庐山向来以优美的自然风光、丰厚的文化积淀、丰富的动植物资源、独特的地质地貌著称。1996 年,被联合国教科文组织列入世界自然与文化遗产名录,1998 年列为国家地质公园。古往今来,庐山已成为人们游览观光、休闲度假和科学考察的胜地。我国加入 WTO 以后,作为江西旅游主打品牌之一的庐山,发展前景更为广阔。杨尚英(2007)基于对旅游者和专家体验的深入分析,借鉴自然风景视觉质量评估方法,按照云海、日出、霞光、"佛光"、云雾、雨凇、雾凇、夕阳 8 个因子的气象景观,将 8 个因子得分值相加作为风景质量总分,最后庐山以 21 分位列峨眉山、衡山、黄山、泰山、庐山和华山等六座名山之首。无论是"只缘身在此山中"的云海、"云锁高峰水自流"的云瀑,还是"匡山头白早归来"的雨凇、雾凇雪景,以及"未到千般根不消"的庐山烟雨,还有风吹松林碰击产生的松涛、雨雾初晴时的彩虹、壮观震撼的日出日落、罕见独特的"佛光""佛灯"和神秘莫测的蜃楼景色等,乃至于风云变幻的极端天气,在庐山都有了其独特的魅力和别具一格的观赏价值,其稀有典型程度和文化内涵在国内外都是首屈一指的,享有很高的知名度。江西省气象部门针对各种气象景观也进行了大量的研究,得到一些有意义的研究结论,并应用于业务预报中,使得这些美景奇观具有可预测性(岳旭 等,2018)。

2.6.1 观赏价值

庐山风光体现了中国古典美学的最高境界,到最美的大自然中去,超脱自我,这是中国古典美学的最高境界。庐山屹立在中国最大的河流长江和中国最大的淡水湖鄱阳湖交汇处,与大江、大湖浑然一体,博大雄伟,首先给人一种高大、旷达的崇高美感。庐山有以长江、鄱阳湖、险峰、幽谷、奇石、奇松、古树、山上湖泊等组合成的多层次的博大俊秀的空间自然美。庐山独特于大江大湖和广袤平原,远眺气势磅礴,高峻苍古,登临则放眼辽阔,天水一色,如古人在五老峰顶摩崖石刻所概括的"目无障碍"。庐山,把非凡的开阔美与高峻美组合在一起,把神奇的险峻美与幽柔美组合在一起,在中国众多名山中独具一格。高耸的地垒式断块山与大气环流相结合,形成了云海、雨淞、"佛光"、蜃景、雪景等特殊的气象景观,具有很高的观赏价值(唐芳等,2011)。庐山地处亚热带气候区,又连接长江和鄱阳湖,全年水汽充沛,因此多云多雾。缥缈朦胧的雾景与变幻莫测的云海堪称庐山绝景,使庐山倍增妩媚。庐山有四季美,春季,大地复苏,百花争艳,且云雾天气较多,吸引着旅游者前来踏青、赏花、观云雾;夏季,庐山上风清月朗,葱翠欲滴,正是避暑的好时节;秋高气爽时节,有丹桂飘香,枫叶红似火,层林尽染,可以登高远望、观树叶、赏秋;冬季,到处玉树琼花,把庐山装点成一个琉璃的冰雪世界,成为南国赏雪的极佳去处。在初春和深秋季节,庐山的一些地方还会出现神奇的"佛光"与蜃景,令人心驰神往,庐山的冬季具有独特的冰雪景观,雪景和茂密的植被、树木怪石、别具风格的建筑相融合,形成了液态降水、固态降水与庐山自然景色的结合,打造了梦幻的冰雪山色,组成了独具庐山本地特色的多种形态、立体交叉、浑然天成的冰雪山水画。朝夕美、月色美、朦胧美等为形态的色彩变幻的时间自然美;瀑布美、云海美、瀑布云美、烟雨美、飞雪美、雨淞雾淞美等为具象的抒情运动自然美;庐山地理条件得天独厚,集中了众多典型的自然景观,形成了以"雄、奇、险、秀"为主要特点的无限美景。因此,庐山自古以来就被公认为是人们修身养性的"神仙山"。中国历代重要的文化名人,几乎没有不来庐山的,原因就在于此。

庐山的气象景观呈现出造型美、色彩美、动态美、朦胧美等特色,具有较强的观赏价值,再加上其瞬息万变、虚无缥缈的特点,更添加了几分魅力,游客们在观赏到如此美景之时,喜悦之情油然而生。烟、雨、云、雾等气象景观的着墨使得庐山自然景观呈现出朦胧之感,展现出一种天地交融、浑然一体的景象,创造出"仙境"的意境,同时许多气象景观常常表现为"缥缈不定,来去无踪",随天气系统的进退、强弱的变化表现为多变性和多样性,有时一日多次生消,时生时消,时有时无,时强时弱,让人感觉十分奇特。除此之外,气象景观的出现与原有的自然景观相辅相成,形成动中有静、静中有动的景象,为庐山的秀丽风光增添了独有的韵味。

云海景观四季可见,常出现在雨后初晴的清晨,随水汽系统的进退生消变化。当你在高山之巅俯视云层时,看到的是漫无边际的云,如临大海之滨,波起峰涌,浪花飞溅,惊涛拍岸,极具观赏价值。

2.6.2 稀有程度

庐山的闻名于世,不仅因其山峰峭拔秀丽、重峦叠嶂,还因其独特的气象景观与自然景观相得益彰,共同展现的秀丽美景。庐山有着瀑布美、云海美、瀑布云美、烟雨美、飞雪美、风光美等为具象的自然天气美。

日出之时站在含鄱口望去,即可看到群山笼翠、鄱湖吐日的独特景致。日落时分,位于山巅,落日当空,残阳如血,若是云雾散开,更是如梦如幻,让人沉醉其中。庐山不仅有气势恢宏的瀑布,还有蔚为壮观的云海云瀑,让游客在欣赏"飞流直下三千尺"的同时也能体味到或清逸飘洒或气势磅礴的云中奇景。

如琴湖优雅而神秘,烟雨朦胧,云雾飘去时则露出静逸的湖水,天空的云彩映照湖中,似棉花吐絮,似银河星灿。

冬季冰雪纷飞,南国也能看到皑皑白雪,雪凇雾凇雨凇组合雪景,再加上倒挂的冰瀑冰挂,万千晶莹,有道是"山中无岁月,世上已千年",流连在这样的冰雪王国,谁还会想起尘世的喧嚣和烦恼。五老峰蜃景和文殊台"佛灯"更是可遇不可求,给庐山披上了一层神秘莫测的面纱,千百年来,多少文人名士为求一见而苦苦守候。

2.6.3 典型程度

庐山相对周边冲积扇平原海拔较高,江环湖绕,湿润气流在前进中受到山地阻挡,易于生云化雨。

无论是常年不涸的飞瀑流淙、波澜壮阔的云雾景观,还是优雅朦胧的烟雨,或是银装素裹下的雨凇雾凇雪凇奇景,以及壮观震撼的日出日落,还有罕见独特的"佛光""佛灯"、神秘莫测的蜃楼景色,都在国内外享有很高的盛誉,在名山大川中具有一定的代表性。

2.6.4 知名度与影响能力

庐山风景奇秀,千百年来,无数文人墨客、名人志士在此留下了丹青墨迹。唐代诗人白居易曾结庐于此,其在《庐山草堂记》中提及"春有锦绣谷花,夏有石门涧云,秋有虎溪月,冬有炉峰雪。阴晴显晦,昏旦含吐,千变万状,不可殚纪,诊缕而言,故云甲庐山者。"唐代诗人李白的《庐山谣寄卢侍御虚舟》流传甚广,其中"庐山秀出南斗傍,屏风九叠云锦张,影落明湖青黛光""黄云万里动风色,白波九道流雪山",以及"翠影红霞映朝日,鸟飞不到吴天长"等名句形象地描绘出庐山气象景观与自然景观交相呼应的雄奇壮丽风光。宋代诗人苏轼《题西林壁》中的"不识庐山真面目,只缘身在此山中",流传广泛,影响深远。

现今,人们在追求物质生活的同时,也越来越注重精神上的享受,因此,庐山已经成为广大国内外游客游览的热门选择。尤其是当云雾、云海、雨凇、雾凇、落雪等景观出现之时,更是吸引了大批游客前往。

2.6.5 文化与科研价值

庐山风景秀丽,文化内涵深厚,集教育名山、文化名山、宗教名山、政治名山于一身。从司马迁"南登庐山,观禹疏九江",到陶渊明、昭明太子、李白、白居易、苏轼、王安石、黄庭坚、陆游、朱熹、康有为、胡适、郭沫若等文坛巨匠 1500 余位登临庐山,留下 4000 余首诗词歌赋的文化名山的确立;陈运和的诗作《庐山》称"三叠泉直泻青史,五老峰耸立古诗,仙人洞深藏抱负,龙首崖腾飞情思,含鄱口难吐感触,芦林湖汇聚现实,花径走过历代名士,天池阁尽苍茫人世,白鹿体壮养于书院,东林绿荫尽染佛寺""可见蒋介石残留足迹,敬仰毛泽东居住旧址,匡庐奇秀甲天下,世纪巨著出自此"。因其各类气象景观与自然景观的融合,展现出各色的美景,也留下了诸多诗篇。有"日照虹霓似,天清风雨闻。灵山多秀色,空水共氤氲",云屏、红霞、朝阳和白雪与苍翠山色交相辉映的五彩缤纷;还有"幽花野草不知其名兮,风吹雾湿香涧谷,时有白鹤飞来双",气象景观、自然景观和动物共同形成的和谐景象。

庐山因其独特的地形、地势以及地理位置,使得其气象景观多样且多变。为了能为游客提供最佳的观赏体验,其各类气象景观的出现时间、成因等都是极具研究价值的。

2.6.6 内容丰度

庐山气象景观类型和内容极其丰富且饱满,无论是"只缘身在此山中"的云海,"云锁高峰水自流"的云瀑,还是"匡山头白早归来"的雨凇雾凇雪凇雪景,以及"未到千般恨不消"的庐山烟雨,还有风吹松林产生的松涛、雨霁初晴时的彩虹、壮观震撼的日出日落、罕见独特的"佛光""佛灯"和神秘莫测的蜃楼景色等等,乃至于风云变幻的极端天气,在庐山都有了其独特的魅力。寒来暑往,秋去冬来,庐山的每个日日夜夜都有着它独特而丰富的气象景观,游人在观赏的途中不会单调乏味,反而历久弥新。

2.6.7 可预测性

江西省气象部门对庐山云雾、雨凇雾凇、日出日落、降水降雪等气象景观进行了大量研究,并得到了一些有意义的结论,已应用到预报业务中,为游客观赏奇景提供了有力的保障。景区应充分利用庐山气象观测站积累的长期定时观测数据,并在有关网站公布,根据景区天气状况为旅游者推荐合适的旅游活动项目和行程安排。鉴于庐山灾害性天气较多,应充分利用庐山气象局灾害天气预警功能,加强灾害性天气的预警预报工作,制定并实施气象灾害防御方案,加强组织领导,完善工作机制,提高综合防灾能力。

2.6.8 组合构景

庐山天气多变,气象万千,经常同一时间可见多种天气奇景。

春夏秋时节,晴朗天气的清晨与傍晚,远山眉黛伴着朝霞晚霞,沉静美丽。在有云海的时候还可能欣赏到日出云海和日落云边,此时,万顷碧波烘托着一轮红日,冉冉升起或徐徐下沉。

或有时雨前风起,凉爽夏风掠过树林,湖面荡起层层涟漪,小雨淅沥迷蒙,烟雨缭绕。台风来前,风起云涌、云借风势,庐山各地出现壮观云海和云瀑等景观。雨霁初晴,山间还可时常见到虹霓展现。

冬季寒潮过境,庐山在冷空气的影响下又呈现出另一种色彩。一场大雪之后地面白雪皑皑,树上挂满了雨凇、雾凇或雪凇,雪树银花,有时还会看到倒挂的冰瀑冰挂。早春初开的花儿还未来得及彻底绽放便被冻在了冰雪世界里,闪烁着星星点点绮丽的带着春意的艳红,好一片江南北国风光,美不胜收。

庐山具有很高的文化价值,如洪流奔涌的瀑布云腾空激荡,气势磅礴,古代文人墨客均在此留下了流传千古的名句。唐代诗仙李白"飞流直下三千尺,疑是银河落九天"千古绝句,宛若白鹭千片的三叠泉势如奔马,声若击鼓。

庐山气候环境资源具有较高的科研价值。就古气候冰川遗迹而言,迄今为止,在庐山共发现一百余处重要冰川遗迹,完整地记录了冰雪堆积、冰川形成、冰川运动、侵蚀岩体、搬运岩石、沉积泥砾的全过程,是中国东部古气候变化和地质特征的历史记录。

第3章 气候环境资源

庐山气候温适,夏天凉爽,雨量充沛。根据历年记载,庐山最高气温只有32 ℃,最低气温 −16.8 ℃,全年平均为11.4 ℃,可见气温适度。比照它的四季,季节间平均气温差异也较正常,春季是11.5 ℃,夏季为22.6 ℃,秋季则为17.4 ℃,冬季常在1 ℃左右。庐山雨量丰沛,全年平均降雨量1917毫米,年平均有雨日达168天;且全年云雾较多,年平均有雾日达192天。

庐山植被繁茂、山泉棋布,加之得天独厚的气候条件,使得其在气候养生、气候体验、气候景观和第四纪古气候遗迹等方面具有丰富的气候环境资源(表3.1)。

表3.1 庐山气候环境资源分布与特征

类别	名称	观赏地点	观赏时间	景观特色
气候养生	天然氧吧	庐山	全年	负氧离子浓度高,空气清新
				环境空气质量好
	避暑旅游目的地	五老峰	5月下旬到9月	宜居的气候条件
		含鄱口		优美的自然生态景观
		三叠泉		丰富的文化旅游景观
		锦绣谷		优质的旅游配套服务
	温泉度假胜地	庐山温泉度假区	全年	庐山温泉可以浴疗,还可作短期饮疗,适宜风湿性关节炎、风湿痛、坐骨神经病、慢性胃炎、胃溃疡、神经衰弱等各种疾病的疗养,均有很高的疗效
气候体验	立体气候	汉阳峰	全年	庐山平均海拔1000米,从山麓到山顶,随山地海拔高度增大,各气候要素垂直变化较明显,呈现出3个不同气候带组成的山地垂直气候带谱
		牯岭镇		
		秀峰		
气候景观	候鸟天堂	都昌马影湖	11月到次年3月	以白鹤、东方白鹳、小天鹅、灰鹤为代表的7种国家一级保护鸟类、38种国家二级保护鸟类栖息于此,有"候鸟天堂"的美誉
		永修吴城候鸟保护区		
		庐山市沙湖		
	秋山红叶	牯岭镇	10月中旬到11月上旬	庐山红叶极有特色。随着"霜降"节气的到来,庐山枫叶将进入"霜叶红于二月花"的最佳观赏期,红、绿枫叶互相渗透,层层叠叠,在阳光下片片妖艳欲滴,红绿相别有风韵
		芦林湖		
		庐山植物园		
	冰裹桃红	花径	早春3月	早开的花儿被包裹在冰雪之中,在晶莹洁白的冰雪里闪烁着星星点点绮丽的带着春意的艳红,构成一幅幅在平地难以见到的白雪、红花共存的美丽图画
		街心公园		
	庐山雪景	庐山各景点	12—2月	冬日的庐山,其境、其景、其情、其韵堪称江南一绝。高挂万木之上的雨淞(冰凌)、雾淞(松挂)冰莹玉洁,璀灿耀目,好一派"千崖冰玉里,万峰水晶中"的北国风光,令人立即进入一个"庐山冬韵"神话般的境界,奇妙非常

续表

类别	名称	观赏地点	观赏时间	景观特色
第四纪古气候遗迹	冰斗	大坳冰斗	全年	四周皆为岩壁围绕，冰斗窄口下成悬崖，其东、南、西三面皆为山崖所围绕，远视酷似一个凹进的巨大围椅
	冰川谷	王家坡U形谷		谷地被现代水流深切为"V"形谷地，谷形上窄下宽，谷壁陡峭峻峭
	刀脊	含鄱岭冰刀脊		山脊如刃，既仄且陡
	角峰	犁头		峰体苍劲，形如铁犁，挺拔俊俏，构成特有的孤峰地貌景观
	冰窖	芦林冰窖		高山天然湖泊
	鼻山尾	鞋山		远观形状如鞋
	中碛地貌	五老峰		冰川堆积物组成岗岭，堆积物为棕红色黏土夹砾石
	漂砾	飞来石		乍看形如老鹰翅膀，又似天外飞来，神乎奇妙

3.1 气候养生

气候养生是指以适宜的气候和生态美来吸引游客进行养身活动。庐山具有得天独厚的气候养生资源。庐山地处亚热带湿润季风气候区，境内四季分明，雨量丰沛，植被繁茂，山泉棋布，空气质量常年保持在Ⅱ级以上，负氧离子浓度常年保持在1600个/厘米^{3}以上，是天然"氧吧""水吧"和全国四大避暑胜地之一。

以牯岭为参照，年平均气温为11.5 ℃，比同纬度平原地区低5～6 ℃，与北京年平均气温11.6 ℃几乎相等，这相当于牯岭纬度向北推移10°。盛夏时，长江中下游河谷和鄱阳湖盆地一片热浪，而庐山虽处于这片湿热中心，却与"长江火炉"形成鲜明对照。牯岭7月份平均气温为22.6 ℃，比山下北侧的九江市和南侧的庐山市低7 ℃，这与自由大气气温垂直递减率(0.6 ℃/100米)基本相符合，在相同天气状况下，夏日午后最热的时刻，牯岭气温比九江低10 ℃，比星子低7.8 ℃。牯岭极端最高气温只有32 ℃，故而有"清凉世界"的美誉。

庐山与周围平原地区相比较，具有山地气候特色，表现出夏短冬长、春迟秋早的四季特色。牯岭的四季，同山下九江市、庐山市相比，夏季短85天；冬季早早"叩响山门"，提前一个月来临，延后一个月迟迟不愿结束，冬季几乎比山下长两个月；春季姗姗来迟，三月桃花四月开，明媚的春光常常伴随着云雾；天高云淡的秋季，云雾偏少，显现庐山真面目的机会增多，和九江市、庐山市相比，秋季的来去都提前一个月左右，而秋季的长短差别不明显；冬日的庐山仿佛是耸立在大江、湖间的一座琼岛，牯岭多年1月份平均气温为−0.1 ℃，极端最低气温曾低到−16.8 ℃。

庐山植物生长茂盛，植被丰富，随着海拔高度的增加，由山麓到山顶分别生长着常绿阔叶林、常绿及落叶阔叶混交林。山上山下植物分布有亚热带竹林、热带常绿阔叶林、温带落叶阔叶林、寒带针叶林，以及一般灌木林、混交林，同时夹杂野花野草，形成竹木茂盛，花草芬芳，郁郁葱葱的环境。据不完全统计，庐山植物有210科735属1720种，是一座天然的植物园。庐山有昆虫2000余种，鸟类170余种，兽类37种。

3.1.1 天然氧吧

(1)负氧离子浓度高,空气清新

庐山市植被多样,水系发达,森林覆盖率达76.6%,境内湖岸线长220千米,丰富的山水资源造就了独特的山水风光。坐落在栖贤谷中的观音桥,历经千年风雨,至今仍飞架于栖贤大峡谷之上;源于庐山山峦之中的温泉,水热如汤,有着江南第一温泉之美誉。一花一草,一松一石,各美其美。

3月、5—6月、10—12月平均负氧离子浓度等级在4~5级,平均负氧离子浓度1482个/cm^3,对人体健康很有利。庐山6—9月平均负氧离子浓度1639个/cm^3,负氧离子等级为6级,空气非常清新,对人体健康具有增强免疫抗菌力和康复治疗的作用。其中,7—8月平均负氧离子浓度1923个/cm^3,负氧离子浓度等级为7级,对人体健康相当有利;9月平均负氧离子浓度1336个/cm^3,浓度等级为4级,对人体的健康有利。

从2017年庐山监测站点负氧离子浓度的月变化情况来看,负氧离子浓度有一定的季节变化规律,夏季浓度较高,特别是7月、8月。结合度假旅游指数和气候舒适度来看,7—8月为庐山旅游的最佳时期。按照负氧离子保健浓度分级评价的标准,庐山监测点的负氧离子浓度一年中大部分时段均达到5~7级,远超过保健浓度临界值,有利于开展森林疗养、休闲度假等生态旅游活动。

(2)环境空气质量好

庐山市空气质量指数(AQI)四季变化明显,最高为冬季,最低为夏季,且最大值为最小值的2倍。2017年庐山市城区环境空气质量有效监测天数338天,空气质量指数(AQI)年均值为74.5,空气质量"优良"天数达272天,轻度污染57天,中度污染9天,重度污染0天,空气优良率80.47%,环境空气质量较好。按照《人居环境气候舒适度评价》(GB/T 27963—2011)计算及分级方法,庐山市气候舒适度达3级(感觉为舒适)的月份为6—9月,合计4个月,健康人群感觉舒适,空气质量平均值为63.5,总体空气质量为良;按度假旅游指数(HCI)的旅游适宜期评级分类标准,庐山市有6个月(3月、5—6月、10—12月)为度假旅游的"适宜期",适宜期的空气质量平均值为75.3;2个月(7—8月)为度假旅游的"很适宜期",很适宜期的空气质量平均值为59.1;1个月(9月)为度假旅游"特别适宜期",空气质量平均值为88.8。因此,庐山市度假旅游适宜期环境空气质量都较好。

3.1.2 避暑旅游目的地

(1)宜居的气候条件

庐山属亚热带湿润季风气候,年平均气温11.9 ℃,每年4月下旬入春,10月下旬入冬,5—10月平均气温18.5 ℃,平均相对湿度77.2%,平均风速4.1米/秒。即使在盛夏7—8月,平均气温也只有22.1 ℃。夏季凉爽且时间较长,而春、秋、冬三季均较短,是全国四大避暑胜地。冬季平均气温1.9 ℃,虽然寒冷干燥,但平均积雪日数达30天,最大积雪厚度有66厘米,庐山的雪景、雾凇、雨凇等旅游气象景观被称为南国一绝。降水充沛,雨日多。年平均降水量2023.4毫米,且年内温度与雨量的分配大体呈同步变化态势。各月平均风速相当稳定,年平均风速4.1米/秒。

从庐山各月人居环境舒适度温湿指数、风效指数分析,庐山人居环境舒适度为3级,舒适时段为6—9月,合计4个月,温湿指数介于17.6~21.7之间,风效指数介于-727~-489之间,健康人群感觉舒适;按度假旅游指数(HCI)的旅游适宜期评级分类标准,庐山全年适宜旅游出行,其中6个月(3月、5月、6月、10月、11月、12月)为度假旅游的"适宜期";2个月(7月、8月)为度假旅游的"很适宜期";9月是度假旅游"特别适宜期",HCI指数最高,雨日较少,秋高气爽,光照、温度、湿度、云量均较适中,是一年中最适宜出行的月份。

(2)自然生态景观

五老峰陡峭挺拔,峰接霄汉,奇峦秀色,驰誉天下。其东南面绝壁千仞,陡不可攀,而西北坡地势较缓,游人可循小道爬坡登山。登上五老峰,只见危岩峭立,层崖断壁,天高地迥,万仞无倚。站立山顶俯视山下峰峦,有的挺立如竿,有的壁立如屏,有的蹲踞如兽,有的飞舞如鸟,山势此起彼伏,犹如大海汹涌波涛。极目眺望,远处的城廓川原宛如盘中玉雕,鄱阳湖中来往的船帆历历在目。倘若朝夕登峰极顶,则可见朝霞喷彩,落日熔金,色彩缤纷。有时山上天风作起,白云四合,身埋雾中,刹时那蓝天、澄湖、远树、遥山统统迷藏在云雾里,俄而云消雾散,头顶露出蓝天,云海逐渐消失,天空下鄱阳湖好像一面巨大明镜,把扬帆的船影映照得特别清晰。阳光里几朵白云把五老峰衬托得更加雄奇,渲染得格外富有诗意。云雾时,它好像腾云驾雾的五仙翁,高高腾起于半空的云雾之中;月光下,它衬托着蓝天白云,俨如一朵仰天盛开的芙蓉花,格外鲜艳夺目。无怪乎历代许多诗人名士来到五老峰,无不为这里的瑰丽景色所迷恋,留下了不少赞美的诗篇。唐朝大诗人李白曾在这里留下一首千古绝唱:"庐山东南五老峰,青天削出金芙蓉。九江秀色可揽结,吾将此地巢云松。"

含鄱口海拔1286米,是含鄱岭和对面的汉阳峰之间形成的一个巨大壑口,大有一口汲尽山麓的鄱阳湖水之势,故得名。含鄱口西侧,著名的冰川角锋"犁头尖"活像一块犀利的犁头,耕耘着茫茫云海。含鄱口对面为庐山最高峰"汉阳峰",北面为庐山第二高峰"大月山",南面为庐山第三高峰"五老峰",山麓是中国第一大淡水湖"鄱阳湖",湖光山色,相互比美。含鄱岭上有一座雕梁画栋的方形楼台,这就是庐山观日出的胜地"望鄱亭"。游客踏着熹微的晨光登上望鄱亭,依栏远望着呈现鱼肚白的天际。不一会儿,一望无涯的鄱阳湖上拉开了红色的天幕,天幕上金光万道,紫霞升腾。轻扬天际的密密云层,在霞光的印染下,如同一大片重重叠叠的金鳞。蓦地,一轮旭日从烟波浩渺的湖面喷薄而出,染红了蓝天、绿水、远山、近岭。

三叠泉位于五老峰下部,飞瀑流经的峭壁有三级,溪水分三叠泉飞泻而下,落差共155米,极为壮观,撼人魂魄。三叠泉每叠各具特色。一叠直垂,水从20多米的巅萁背上一倾而下。二叠弯曲,直入潭中。"上级如飘雪拖练,中级如碎玉摧冰,下级如玉龙走潭。"站在第三叠抬头仰望,三叠泉抛珠溅玉,宛如白鹭千片,上下争飞;又如百副冰绡,抖腾长空,万斛明珠,九天飞洒。如果是暮春初夏多雨季节,飞瀑如发怒的玉龙,冲破青天,凌空飞下,雷声轰鸣,令人叹为观止。匡庐瀑布,首推三叠,故有"不到三叠泉,不算庐山客"之说。但三叠泉却长期隐藏荒山深壑,隐居在它上源屏风叠的李白,讲学在它下游白鹿洞的朱熹都没发现它,直到南宋后期才被人发现。

锦绣谷是庐山1980年新辟的著名风景点。相传为晋代东方名僧慧远采撷花卉、草药处。这儿四时花开,犹如锦绣,故名。北宋文学家王安石诗云:"还家一笑即芳晨,好与名山作主人。邂逅五湖乘兴往,相邀锦绣谷中春。"据说是他游览即兴之作。沿锦绣谷傍绝壁悬崖修筑的石级便道游览,可谓"路盘松顶上,穿云破雾出。天风拂衣襟,缥缈一身轻。"谷中千岩竞秀,万壑回萦;断崖天成,石林挺秀,峭壁峰壑如雄狮长啸,如猛虎跃涧,似捷猿攀登,似仙翁盘坐,栩栩如生。一路景色如锦绣画卷,令人陶醉。

(3)文化旅游景观

庐山市八大文化,即书院文化、隐逸文化(《桃花源记并序》是陶渊明借助想像希冀改变现实的艺术结晶,是中国隐逸文化的奇葩)、宗教文化(庐山集佛教、道教、基督教及伊斯兰教于一山)、杏林文化("杏林"是祖国传统医学的代名词)、碑刻文化、戏曲文化(西河戏)、别墅文化(共拥有660多座风格不同的别墅,位于庐山牯岭上,如美庐别墅、原俄罗斯亚洲银行别墅、中八路359号别墅等已被列为全国重点文物保护单位)、茶文化(庐山云雾茶)。

白鹿洞书院位于五老峰东南,全院占地面积为2000公顷,建筑面积为3800平方米。山环水合,幽静清邃,为中国重点文物保护单位。书院"始于唐、盛于宋,沿于明清",至今已有1000多年。唐贞元年间(公元785—805年),李渤隐居这里读书,养一白鹿自娱,人称白鹿先生。长庆年间(公元821—943年)李渤任江州(今九江)刺史,便在白鹿筑台榭,植花木。南唐升元四年(公元940年)朝廷在此设庐山国学,亦称白鹿国库、白鹿国学、匡山国子监,与金陵国子监齐名。后书院历经沧桑,屡兴屡废。直至南宋朱熹知南康军,方得以兴盛。白鹿洞书院,在儒家理学思想的指导下,凭借庐山这块风水宝地,并依靠历代文人学者和热心教育者们的精心耕耘,获得了一种精深文博的厚实,区别于庙堂式的州、府、县学,令人向往、探索和追求,这正是它一千余年来生命力的所在、精魂所在、魅力所在的缘由。白鹿洞书院现存建筑群沿贯道溪自西向东串联式而筑,由书院门楼、紫阳书院、白鹿书院、延宾馆等建筑群落组成。建筑体均坐北朝南,石木或砖木结构,屋顶均为人字形硬山顶,颇具清雅淡泊之气。

绿荫笼罩下的"美庐"别墅,为石木结构,主楼为两层,附楼为一层,占地面积为455平方米,建筑面积为996平方米。整个"美庐"庭园占地面积为4928平方米,建筑占地面积仅占其中不足10%,因而显得庭园特别敞净,而建筑主体却又显得适宜,既不感到笨拙,又不感到纤弱,产生出一种和谐美。登十字型长石阶,步通透式凉台,进入室内是一装饰典雅、中西合璧的会客厅。

五教祈福文化园坐落于庐山青莲谷中,青莲谷位于庐山东部,为五老峰和大月山所夹峙的幽谷,五老峰和大月山的山水汇注谷中,发育为三叠泉瀑布飞流而下。此地三面环山,一面临水,常为祥云吉雾所萦绕,中国道教协会副会长张继禹道长说,这是庐山最好的一块风水宝地。五教祈福文化园是一座集合了佛教、道教、伊斯兰教、天主教、基督教等五大宗教文化的开放式旅游景区,是庐山最重要的祈福场所。它的建立旨在弘扬庐山的祈福文化传统。"福"者,佑也,祈福就是祈求神灵的保佑,五大宗教教义有别,但共同点是为民祈福。在中国传统文化中,祈福被具象为祈"五福",即长寿、富贵、康宁、好德和善终,老百姓又将"五福"世俗化为五个字"福禄寿禧财",概括了多子多孙、官运亨通、健康长寿、婚姻美满和财源广进这五大人生幸事。

庐山会议旧址位于牯岭东谷掷笔峰麓。松柏茂密,溪水潺潺,环境优美。原是蒋介石在庐山创办的军官训练团的三大建筑之一,于1937年落成,名庐山大礼堂。新中国成立后改名"人民剧院",外表壮观,内饰华丽。1959年中国共产党八届八中全会、1961年中央工作会议和1970年中国共产党九届二中全会均在此召开。毛泽东同志主持了这三次重要会议。现在,这里已辟为庐山会议纪念馆,里面保存着当年许多珍贵的实物、照片、材料和根据纪录片制作的录像,供游人观看。

(4)优质的旅游配套服务

近年来,随着旅游业的快速发展,尤其是星子撤县设市后,庐山市的酒店业也得到迅速发展。在政府相关部门的引导下,一大批品质优良、环境高雅、服务周到的酒店宾馆陆续开业,市区范围内不乏三星、四星级酒店,如龙震饭店、南康大酒店、鄱湖风景大酒店等。温泉度假区里有四星级酒店天沐温泉、龙湾温泉、上汤温泉,五星标准的醉石温泉以及铭佳温泉、东林庄等大大小小的酒店,景区日接待能力达5万人以上。2017年庐山市接待游客5012.24万人次,旅游总收入342.7亿元,较上年分别增长18.4%和19.6%。另外,《大庐山旅游发展规划》通过专家评审,编制了《庐山醉石—简寂观景区详细规划》。核心景区实现旅游交通大换乘。庐山南门综合提升、南北山公路改造、女儿城环境综合整治提升、小天池至隧道口精致化提升、智慧庐山等工程全面完成,石刻博物馆建成开放。景区景点经营权清理有序推进。温泉转型升级步伐加快,引进北京禾中集团庐山桃花源养老疗养中心、北京中复康醉石汤泉酒店等6个合作项目,签约资金18亿元。海会山水忆恋农庄、光阳生态园被评为3A乡村旅游示范点。开展旅游市场整治,市场行为进一步规范。统一宣传营销,启动了"庐、景、婺"三地营销合作,风光片《庐山天下悠》在中央、省、市媒体展播,旅游品牌和形象持续提升。

(5) 特色产品

庐山市有着优良的生态环境与特殊的地理位置,孕育了丰富的有机农产品。例如,庐山云雾茶已有1400年的栽种历史,素来以"味醇、色秀、香馨、汤清"著称,早在宋代就列为"贡茶"。庐山云雾茶由于长年受到流泉飞瀑的滋润、行云走雾的熏陶,"雾芽吸尽香龙脂",促使芽叶中芳香油成分的积聚,形成了"条索粗壮、青翠多毫、汤色明亮、叶嫩匀齐、香凛持久,醇厚味甘"的"六绝"特色。庐山云雾茶在历届茶叶评比中获得多次殊荣。此外,还有庐山石鸡、庐山石鱼、庐山石耳、桂花酥糖、庐山鲜笋等特色美食。

3.1.3 温泉度假胜地

庐山温泉位于庐山山南,不踞山巅,而独居山脚,面对大汉阳峰,背靠黄龙山麓,距牯岭41千米,被称为"江南第一温泉",是休闲度假的胜地。由于温泉地属今江西省星子县(已撤县改市),故时人多称"星子温泉","庐山温泉"一名却鲜有人知。从现在的地理位置看,温泉处两山之间,北为庐山,南为黄龙山,泉眼在今庐山天沐温泉度假村内。温泉距黄龙山最近,且宋代曾一度名为"黄龙灵汤院",因此也被称为"黄龙温泉",乃为庐山一奇,古代典籍、庐山方志都有记载。宋人陈舜俞说:"黄龙山在灵阳之南,亦庐山之别峰也。"(《庐山记》)更重要的是,温泉水源发于庐山牯岭,温泉是庐山的血液、庐山的精髓。庐山温泉,水热如汤,又有"汤泉"俗称;见于《庐山志》《南康府志》《星子县志》等书的,还有"灵汤""灵阳泉""秀灵泉"诸称谓。冠以"灵"字。庐山山脚下的温泉,古称"汤泉"。在温泉一带,流传着一段"渊明醉石,石醉渊明"的传说。在栗里清风溪畔,矗立一块黝黑巨石,上有凹处,恰好可卧一人,凹处北端略高,可作枕头,旁边小坎上可放酒具和书箱。陶渊明十分醉心这块石头,每到必饮,每饮必醉,醉后吐出的酒水热气腾腾,顺石而流入溪中,变成了"汤泉"。

庐山温泉,晋以前多属传闻,晋时起渐趋详明。庐山温泉历史悠久,最早记述温泉的史料见于南北朝。《古今图书集成》载,《晋记》瞻举秀才陆机策之曰:"阴阳不调,则大数不得不否,一气偏废,则万物不得独成。今有温泉而无寒火,然今汤泉往往有方,如山、尉氏、骆谷、汝水、黄山、佛迹岩、匡庐、闽中等处,皆表表在人目耳"。匡庐温泉只一处,无疑是指现在庐山的天沐温泉。南朝宋人雷次宗说,"辅山(庐山别名)下有二泉,其一常温",又云,"温泉在县西黄龙山之麓,其泉有二,四时温暖"(《豫章古今记》)。大约生活在南北朝时期的周景式曾作《庐山记》,

对那时的温泉作过简短的描述。他说,温泉"穴口围一丈许,沸泉涌出如汤,冬夏常热"。当时,并不见其他设施,未经石砌,天然而成,只是一个至为简陋的水穴。泉水健身益寿,使病得愈,"神水""灵汤"的概念也就萌生了,人们焚香祈祷,告谢神明,温泉恍若一块圣地。于是,隋代这里兴起了一所寺庙。寺为何名、何人所建无从考查。这座寺庙在唐时尤存,大历•贞元年间(公元776—805年),诗人于鹄游历庐山,观赏温泉,写有《温泉僧房》一诗:"云里前朝寺,修行独几年。山村无施食,盥漱亦安禅。古塔巢溪鸟,深房闭谷泉。自言僧人室,知处梵王天。"隋唐时期,经济发达,文化昌盛,庐山壮美的山水,神气的云雾,堂皇的寺观,古远的胜迹,吸引了不少文人墨客。他们来庐山游历,或造室隐居,留下了不少流连咏殇的诗赋文章。唐时李白、李勃、符载、扬衡、崔群、宋济、白居易等人都来过庐山,他们山上、山下、山南、山北尽情访游,细细赏玩。谒陶居,观醉石,必经温泉。只是大多数诗文都已失传,目前可见只有白居易一首。唐元和十一年(公元816年)仲春,白居易怀着崇敬的心情拜谒了庐山山麓的陶渊明栗里故居和陶渊明墓,畅游了归去来馆、醉石等名胜,而后到紧邻栗里的"古灵汤院",痛痛快快地洗了个温泉浴,一解"忧劳积虑",余意未尽,挥毫《题庐山山下汤泉》一诗:"一眼汤泉流向东,浸泥浇草暖无穷。"宋淳熙六年(公元1179年),著名理学家朱熹来到这里。他看到的是"客来争解带,万劫付一流"的情景,对此他发出"谁燃丹黄焰,爨此玉池水"的疑问。这个问题今天当然不难解答。著名地质学家李四光在《庐山地质志略》中说,泉水在地层深处,吸收了地壳中的热,又沿着断层冒涌出地表,从而构成所谓"玉池水"。庐山温泉的温度最高达72 ℃、最低为50 ℃,属于中温温泉,它与被誉为国际风湿病特效泉的法国凡尔德百温泉、英国的拜斯温泉、我国西安的华清池温泉同属一个类型温泉,在地下经历了一个深长的循环过程。苏轼、朱熹及近代的宋美龄、胡适都来过这里。1961年9月,周恩来总理来到庐山温泉,在此沐浴,并亲手种下两棵五针松,寓意庐山温泉万古长青。庐山温泉水质清澈,可饮用亦可沐浴。水温58～98 ℃,pH值为6～9,碳酸根离子约455 ppm,钠离子约328 ppm,属于中性碳酸氢钠泉。庐山温泉中含有30多种对人体有益的矿物质,对运动系统、消化系统和皮肤病等具有显著的治疗作用。

关于庐山温泉,在当地流传着一个有趣的故事。传说很久以前,有一位叫慧通的大师,一天来庐山云游,打道山南。但见遍地狼藉,白骨露野,草木枯黄,山泉哑然。有乡人说,这后山坳里住有一条黄龙,逞凶肆虐,残害乡里。话音未了,突然乌云骤起,狂风怒卷,暴雨倾盆,洪水漫地。慧通大师定睛细看,正是那条黄龙从后山跃起,腾空搅云,爪滔三溪。大师怒火中烧,喝声"孽畜!"一挥驯龙宝剑,轰然一声巨响,后山断作两半,黄龙被镇于山底。须臾,风雨静止,从涧中飘出一缕烟云,黄龙隐现其内,慧通跨上龙背,往东飘然而去。瞬间,万物复苏,草木芳菲,山泉吐玉,群鸟齐鸣,此后,人们将后山称为"黄龙山"。山下一注清泉,明洁如镜,味同甘露,四季常温,经年不竭。以水浴身,祛病消灾,百姓奉为"神水"。清朝星子人曹龙树曾以此为题写下《黄龙山诗》一首:"神仙已驾黄龙去,耸汉而今尚有山。已向匡庐邀五老,还教丫髻侍双鬟。石鳞松鬣苍茫里,四爪三溪隐人间。取次出云还降雨,长留灵泽在人寰。"

自晋代起,庐山温泉即负盛名,古称"黄龙灵汤院"。南宋哲学家、教育家朱熹赋诗赞曰:"谁然(燃)丹黄焰,爨此玉池水。客来争解带,万劫付一洗。"此诗既生动有趣,又妙语双关。"万劫"语意双关,可解为浴温泉,能疗好百病,使沉疴霍然而愈,如肌肤尘,一洗而佳;也可解为浴于温泉,肌体舒畅,心旷神怡,千载忧愁,万劫烦恼,一洗而空。可见温泉之奇妙功用。

明代医学家李时珍在《本草纲目》中载有:"庐山温泉有四孔,四季皆温暖,可以熟鸡蛋。"当时李时珍看到的庐山温泉仅有四孔,如今则是七孔并涌。溢出后常年水温平均为62 ℃,出露口的温度高达 72 ℃,水温的昼夜变化很小,仅在 1 ℃以内。温泉是自前震旦纪变质岩、混合岩与花岗岩的侵入接触带处东西向与北东向断裂的复合部位溢出的。流量 4 升/秒,日涌出量 400 吨,矿泉碧清无味。据化验,泉水的酸碱度为 8.8,离子中 80%以上是钾离子和钠离子,其次有 10%左右的钙离子,还有镁离子及硫酸根、碳酸根、硝酸根、硝酸和氡等阴离子,属于淡矿泉类,是弱碱性硫磺泉。与法国的凡尔德百温泉、英国的拜斯温泉、我国西安华清池温泉同属一个类型。

庐山温泉不仅可以浴疗,还可作短期饮疗,适宜风湿性关节炎、风湿痛、坐骨神经病、慢性胃炎、胃溃疡、十二指肠溃疡、神经衰弱、慢性支气管炎和外伤后遗症等各种疾病的疗养,均有很高的疗效记录。当年李时珍考察了庐山温泉后在《本草纲目》中这样记载:"主治风湿、筋骨挛缩及肌皮顽疥,无眉疥癣诸疾""患有疥癣、风癫、杨梅疮者饱食入池,久浴后出汗,以旬日自愈也。"为何庐山温泉对这些疾病有如此高的疗效呢?原来,当我们进行泉浴时,矿泉中所含的化学成分即以离子状态透过皮肤进入体内,各自发挥药物作用。硫化氢、碳酸、氡等有扩张毛细血管或小动脉作用。硫酸离子进入体内,能构成血管扩张性物质。钾可刺激副交感神经末梢,促进血管扩张性活动,产生一种"乙醯胆碱"的物质。钾离子是心脏活动和人体内糖分、脂肪、蛋白质合成所不可缺少的,还有亢进噬菌和抑制渗出液的作用。镁离子对肝脏的糖代谢有作用。氡对神经周围组织和副肾的"亲和力"颇强,当它发出 α 射线时,有镇痛的效果,且能亢进解毒的机能。这些化学成分在人体内"八仙过海,各显神通",使得矿泉水有着极高的治疗疾病的功效。

庐山温泉度假区旅游开发硕果累累,已引进旅游项目 20 余个,目前已建成营业的四星以上酒店项目有天沐温泉、龙湾温泉、天地温泉、阳光温泉、步红温泉 5 家,在建的项目有华侨度假村、醉石馆、陶渊明文化村、庐邑温泉、天恒温泉、天河温泉、天池温泉、曦龙温泉、益朋温泉、明珠山庄、云天阁等十几家。2007 年温泉度假区接待 97.47 万人次,占星子县旅游接待的 50%以上。温泉度假区将逐步建成世界级的集休闲、度假、旅游、娱乐、商务洽谈、理疗等多种功能为一体的休闲度假区。

庐山西海温泉度假村位于江西省九江市永修县易家河长寿村。西海温泉度假村设计建造了浓郁泰国风情的泰皇宫水疗馆、神秘莫测的太极八卦区等休闲场馆。据江西省地矿局专家介绍,温泉中达国家医疗标准的理化成分有 5 种,度假村温泉中就有氟、偏硅酸、硫化氢、氡 4 种,这在温泉中是不多见的。

3.1.4 环境空气质量

庐山市建有 2 个环境空气自动监测站,分别位于市生态环境局楼顶和市海事局宿舍楼顶,市生态环境局站点于 2016 年建成运行,监测点下垫面为水泥地,视野开阔,四周无遮挡物,东面为广场,南面为市疾控中心,西面为市民政局,北面为市司法局,周边高层建筑较少,基本与本站点楼层高度相当,探测环境总体良好。市海事局站点于 2017 年 7 月建成运行,监测点下垫面为水泥地,视野开阔,四周无遮挡物,东面为鄱阳湖,南面为九江银星造船有限公司,西北面主要为菜地,周边高层建筑较少,基本以低矮民房为主,探测环境总体良好。

(1)空气污染物浓度月变化

庐山市环境空气自动监测点观测的主要污染物为二氧化硫(SO_2)、二氧化氮(NO_2)、可吸入颗粒物(PM_{10})、细颗粒物($PM_{2.5}$)、臭氧滑动八小时(O_3_8h)、一氧化碳(CO)。根据《环境空气质量标准》(GB 3095—2012),环境空气质量功能区为两类:一类区为自然保护区、风景名胜区和其他需要特殊保护的区域;二类区为居住区、商业交通居民混合区、文化区、工业区和农村地区。一类区执行一级标准,二类区执行二级标准。庐山市的2个环境空气自动监测站均属二类区,参考二级标准。

通过对庐山市城区2017年各项污染物月平均浓度(图3.1)的分析发现,庐山市城区空气污染物的季节变化差异显著。污染物平均浓度冬季和春季高于其他季节。其中,NO_2的季节差异较大,冬季是夏季的2倍多;SO_2的季节差异较小,冬季是夏季的近1.8倍。PM_{10}、$PM_{2.5}$冬春季浓度较高,这与因雨水较少空气中扬尘沉降作用减弱、采暖期能源消耗较高、春节假日烟花爆竹燃放等有关。

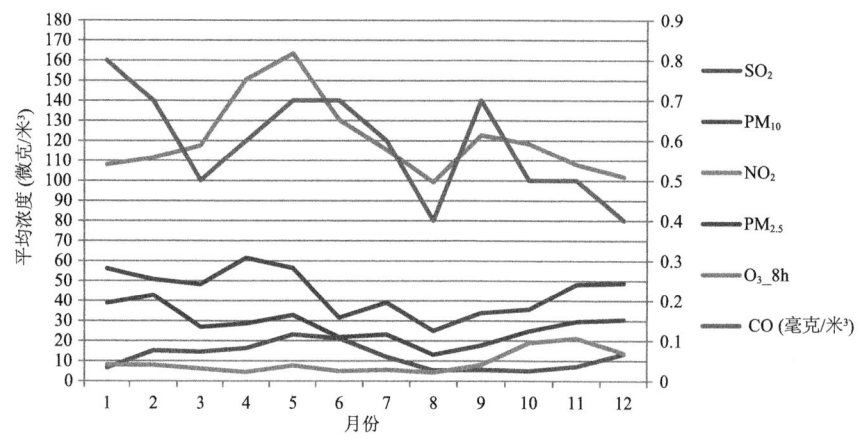

图 3.1 庐山市各项空气污染物浓度月平均值

(2)庐山市 AQI 月均值变化趋势

由图3.2可见,庐山市AQI四季变化明显,最高为冬季,夏季AQI最低,最大值为最小值的2倍。2017年庐山市AQI年均值74.5,环境空气质量较好。

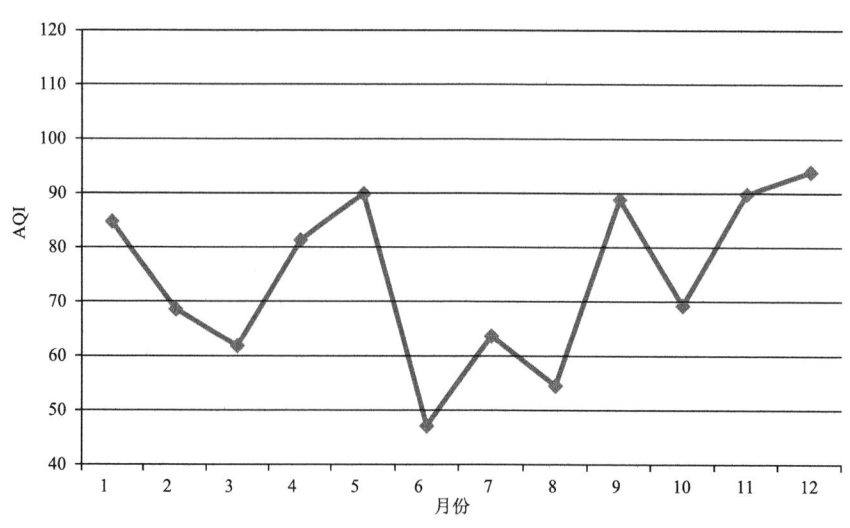

图 3.2 2017 年庐山市 AQI 月均值图

庐山市 AQI 的季节性变化与气象因素密切相关，主要是因为冬季存在逆温层的大气层结构导致空气不能扩散，各类污染物堆积，且冬季采暖导致空气中污染物浓度升高；冬季降水较少，不利于空气中浮尘的沉降，同时春节假日烟花爆竹燃放等都是 AQI 高的原因之一。夏季对流旺盛，降水充沛，有利于清洁空气，大大降低了各类污染物浓度。

(3) 空气质量状况

2017 年庐山市城区环境空气质量有效监测天数 338 天，空气质量指数（AQI）年均值为 74.5，空气质量"优良"天数达 272 天，轻度污染 57 天，中度污染 9 天，重度污染 0 天，空气优良率 80.47%，环境空气质量较好（表 3.2 和图 3.3）。

表 3.2　2017 年庐山市环境空气质量指数（AQI）状况

监测点名称	功能要求	空气质量级别	日数
庐山市环保局	Ⅱ类	优良	272 天
		轻度污染	57 天
		中度污染	9 天
		重度污染	0 天
		严重污染	0 天

按照《人居环境气候舒适度评价》（GB/T 27963—2011）的计算及分级方法，庐山市气候舒适度达 3 级（感觉程度为舒适）的月份为 6—9 月，合计 4 个月，健康人群感觉舒适，AQI 平均值为 63.5，总体空气质量为良；按度假旅游指数（HCI）的旅游适宜期评级分类标准，庐山市有 6 个月（3 月、5—6 月、10—12 月）为度假旅游的适宜期，适宜期的 AQI 平均值为 75.3；2 个月（7—8 月）为度假旅游的很适宜期，很适宜期的 AQI 平均值为 59.1；1 个月（9 月）是度假旅游特别适宜期，AQI 平均值为 88.8。因此，庐山市度假旅游适宜期环境空气质量都较好。

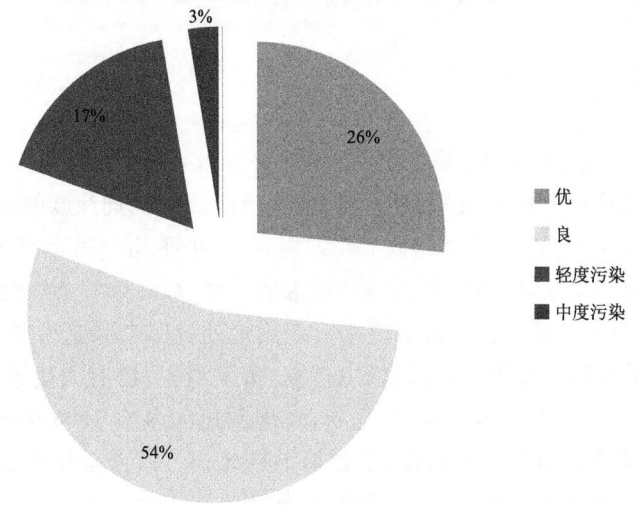

图 3.3　庐山市环境空气质量指数分布

(4) 污染物分析

如图 3.4 所示，2017 年庐山市城区的首要污染物细颗粒物（$PM_{2.5}$）年均浓度为 49.5 微克/米^3，低于国家二级标准年均浓度限值（75 微克/米^3），可吸入颗粒物（PM_{10}）年均浓度为

72.5 微克/米³,低于国家二级标准年均浓度限值(150 微克/米³)。因此,2017 年庐山市环境空气主要污染物细颗粒物(PM$_{2.5}$)和可吸入颗粒物(PM$_{10}$)年均浓度均低于国家二级标准年均浓度限值。SO$_2$ 年均浓度为 10.0 微克/米³,低于国家一级标准年均浓度限值(50 微克/米³)。NO$_2$ 年均浓度为 18.8 微克/米³,低于国家一级标准年均浓度限值(40 微克/米³)。O$_3$ 日最大 8 小时平均浓度为 96.5 微克/米³,低于国家一级标准年均浓度限值(100 微克/米³),CO 24 小时平均浓度为 0.9 毫克/米³,低于国家一级标准年均浓度限值(2 毫克/米³)。

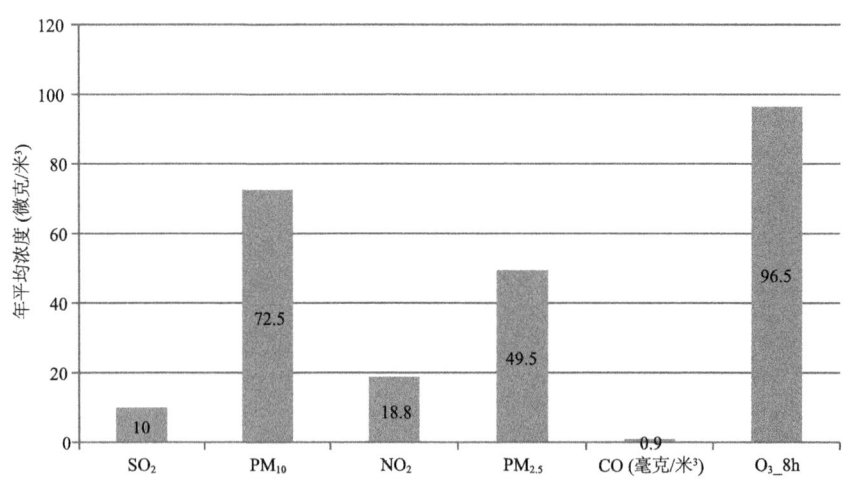

图 3.4　2017 年庐山市城区各项污染物年平均浓度

综上,2017 年庐山市环境空气其他污染物(SO$_2$、NO$_2$、CO 和 O$_3$)年均浓度均低于各自国家一级标准年均浓度限值。各项污染物呈现季节性变化,夏季(6—8 月)污染物浓度远小于冬春季污染物浓度,这与夏季充沛雨水的清洁等有利气象因素作用有关。

3.2　气候体验

庐山地处长江中下游的"火炉"地区,但由于地势高耸,夏季凉爽宜人,成为著名的避暑胜地,"云中山城"牯岭是庐山的标志,它的年平均气温为 11.5 ℃,比同纬度的平原地区低 5~6 ℃;7 月平均气温为 22.6 ℃,比山下的九江低 7 ℃左右;一年中平均气温≥27 ℃的日子,只有一个月,极端最高气温只有 32 ℃,成为"长江火炉"地区的一个"凉岛",并有"清凉世界"的美誉。降水量大,云雾多也是庐山气候清凉的原因之一。庐山地处我国东部亚热带季风气候区域,暖湿空气以来自东南太平洋的气流为主,兼以依山傍湖,蒸发量大,携有大量水分的空气沿山地上升,形成地形雨。庐山年降水量为 1838.6 毫米,较周围地区多出 1000 余毫米,最高年份曾达 3362.6 毫米。庐山的降水随夏季风消长,主要集中在 3—9 月,占全年降水量的 80%,年雨日达 160 多天,造成日照率低,并起到夏季降温的作用。

庐山雨量充沛、气候宜人,盛夏季节是高悬于长江中下游"热海"中的凉岛。山中温差大,云雾多,千姿百态,变幻无穷。有时山巅高山云层之上,从山下看山上,庐山云天缥缈,时隐时现,宛如仙境,从山上往下看,脚下则云海茫茫,有如腾云驾雾一般,情趣异常。这样的自然条件,使得庐山植物生长茂盛,植被丰富,随着海拔高度的增加,地表水热状况垂直分布,分别生长着常绿阔叶林、常绿及落叶混交林,是一座天然的植物园。

庐山气候温适,夏天凉爽,冬天也不太冷,这是庐山又一优越条件。节令特色是春迟、夏短、秋早、冬长。根据历年记载,庐山气温最高达32℃,最低为−16.8℃,全年平均为11.4℃,可见庐山气温适度。按季节平均计算气温差异也较正常:春季是11.5℃,夏季为22.6℃,秋季则为17.4℃,冬季常在1℃左右。庐山顶端因处高空地带,加上江环湖绕,湿润气流在前进中受到山地阻挡,易于兴云作雨。庐山云雾较多,全年平均有雾日达192天。更奇异的是,庐山云雾常年此出彼没和变化莫测,给庐山增添了妙景。庐山水源主要来自大气降水。在雨量丰沛条件下,有多达90多座峰岭的庐山,因地壳运动和冰川剥蚀的巧琢,有的峰岭夹峙峡谷自然形成陡壁深壑,峭崖渊涧,构成众多的瀑床,加上水源四季不断,形成数量众多景观壮美的瀑布,此为庐山一奇。可谓"飞流直下三千尺,疑是银河落九天"。

3.2.1 显著的立体气候

庐山层峦叠嶂,沟谷纵横,地势复杂,形成特殊的山地气候。从垂直梯度方向看,庐山平均海拔1000米,从山麓到山顶,随山地海拔高度增大,各气候要素垂直变化较明显,呈现出3个不同气候带组成的山地垂直气候带谱。大体在600米以下为亚热带气候,600~1000米上为山地暖温带气候,而在1000米左右及以上部分则为山地温带气候。从其分布范围看,亚热带面积最大,约150平方千米,占整个山体面积一半;山地暖温带次之,约100平方千米,占34%;山地温带最小,约46平方千米,只占16%。

庐山各处山峰海拔均在1000米以上,最高峰汉阳峰海拔达1474米,且山上树林密布,山下江湖环绕,加上常年雨水多,空气湿度大,使夏季山上山下的气温差异较大。每年盛夏,鄱阳湖盆地赤日炎炎,最高气温可达39℃以上,而山上夏季平均气温只有22.6℃,早晚温度常在15~20℃。庐山受东亚季风环流的影响十分显著,冬季亦受蒙古冷高压控制,偏北气流占优势,热带高压偏北风为主;夏季受北太平洋副热带高压影响,盛行偏南气流,以偏南风为主。

庐山的气温深受旅游者偏爱。冬季最冷月1月平均气温0.3℃,夏季最热月7月平均气温22.2℃,春、秋季平均气温在5.6~17.5℃。庐山冬长夏短、春迟秋早,风大、降水及云雾多,全年有雾日191.9天,使之常年云腾雾绕,体现了"不识庐山真面目"的妙意所在。由于立体气候明显,呈现出"山脚盛夏山岭春,山麓艳秋山顶冰"的奇特景象。庐山气候的特殊性,加上山地海拔的变化形成了气候垂直带谱,气候的垂直分布特征和生物因素,也会进一步影响土壤的分布,导致植被的垂直分布。

3.2.2 气温特征及变化趋势

庐山牯岭镇海拔1165米,气温比同纬度平原地区低,与北京气温几乎相同,相当于纬度差10°的气温变化。牯岭镇冬季气温比平原地区低5℃,极端最低气温低至−16.8℃;夏季约低7℃,早晨最低气温在20℃上下,极端最高气温只有32℃。

叶正伟和吴威(2011)研究发现,以1961—1990年为基准期,庐山旅游区多年平均气温为11.5℃。1955年以来年平均气温变化的总体趋势是升高的,最高为2007年的12.8℃,最低为1956年的10.8℃。Mann-Kendall检验结果为4.22(表3.3),表明年平均气温存在显著的升高趋势,其倾向率为0.188℃/10年。年代际变化上,1955年以来年平均气温的变化经历了在波动中逐渐升高的过程,20世纪60年代、90年代和2000年以来是年平均气温偏高的时代,尤其90年代以来持续偏高。自1997年以来，年平均气温持续正距平偏大，说明温度的上升趋势较为显著，且维持在较高的气温水平，而21世纪以来的9年间年代际变化升高了0.8 ℃，升高幅度显著增大。《中国气候变化评估报告》指出，近100年以来观测到的平均气温已经上升了0.5～0.8 ℃。由此可以看出，庐山旅游区近年来年平均气温升高同中国气候变化的趋势是一致的，说明在全球变暖的影响下，庐山旅游区的气温变化是典型的全球气候变暖区域响应的过程。

表3.3　庐山旅游区气候要素的 Mann-Kendall 检验结果

参数序列	年平均气温	年极端最高气温	年极端最低气温	年降水量	年最大暴雨量	年暴雨日数
Mann-Kendall Z 值	4.22	0.71	2.58	1.36	1.45	1.81

从庐山旅游旺季4—11月平均气温变化 Mann-Kendall 检验结果来看，4—6月和9—11月的月平均气温都呈上升趋势，倾向率分别为0.237 ℃/10年、0.378 ℃/10年、0.115 ℃/10年、0.046 ℃/10年、0.307 ℃/10年和0.36 ℃/10年；7月和8月表现为微弱的下降趋势，其倾向率分别为−0.001 ℃/10年和−0.051 ℃/10年。5月、10月和11月的月平均气温表现为显著的上升趋势，通过了显著性检验，而这些月份正是庐山旅游旺季人数偏多的时段，且5月、10月和11月月平均气温倾向率也显著偏高，表明升温幅度较大。由此说明，由于游客数量的增加和旅游活动的加强，可能导致月平均气温出现了显著升高趋势，而5月和10月的"五一""十一"假期也恰好是景区游客数量的高峰期。Mann-Kendall 突变检验也很好地反映了人类活动对旅游区月平均气温的影响规律，4月、6月和11月的突变分别在1997年、1998年和1990年；7月、8月和9月的突变有2个阶段，第一阶段主要在20世纪60年代前后，第二阶段则在2006年；而5月和10月突变则存在3个阶段，依次为20世纪60年代左右、80年代左右和90年代初期，且60年代和80年代出现了频繁的突变波动。但同时也发现，庐山暑期旅游旺季的月平均气温并未出现显著的升高趋势，反而7月和8月的月平均气温还出现微弱的下降趋势。结合上述5月和10月平均气温突变频繁以及7—9月突变阶段的同步性特征可以看出，人类旅游等活动的综合影响可能对平均气温偏低月份的贡献更大，而对平均气温偏高的月份影响较弱，也说明平均气温偏低的月份对人类活动的影响更为敏感，这一特征可有效指导旅游区科学控制和引导旅游活动。

3.2.3　降水特征及变化趋势

庐山牯岭镇年平均降水量1833.5毫米，多年平均雨日为167.7天，山下九江年均降水量为1300毫米，多年平均雨日为138天，牯岭降水量比平原地区多500毫米，这个数值相当于华北某些地区的年降水总量。由于庐山海拔较高，降水亦有垂直分布，随海拔高度的增高而增多。庐山植物园、含鄱口一带是庐山降水量最丰沛的地方。

叶正伟和吴威(2011)研究结果表明，1955年以来庐山旅游区年降水量呈现微弱的增加趋势。年降水量最大值为1975年的3034毫米，最小为1978年的1181.5毫米，变幅高达1852.5毫米。同时，年降水量的最大值和最小值都出现在20世纪70年代，可见70年代是降水异常波动的时期。年代际变化上，年降水量最高出现在20世纪90年代，均值为2233.4毫米，这与同期长江中下游地区降水量偏多是一致的，且1998年长江中下游地区出现了严重洪涝。而年降水量最低出现在 20 世纪 60 年代,其值仅为 1770 毫米,但同期却是温度相对偏高时段,呈现高温少雨的特征,这同《中国气候变化评估报告》所指出的结论基本一致。阶段性上,20 世纪 80 年代以来总体都较 70 年代及以前偏高,表明其在近年来维持在较高的水平。这一特征应当引起相关部门的注意,在旅游规划中应充分考虑到潜在的山洪灾害及其次生灾害的威胁。

庐山旅游区年暴雨日数变化也呈现增加趋势,且增加幅度偏大,Mann-Kendall 检验值为 1.81,最大的年份是 1998 年的 14 天,最少的年份为 2 天。年代变化上,年暴雨日数以 20 世纪 60 年代最低,均值为 5 天,其余年代都在 7 天以上。20 世纪 90 年代是所有年代中最高的,达到了 9.6 天,这同年降水量在同期处于高值特征是一致的,且年降水量和暴雨日数也很好地反映了这一特征。1998 年长江中下游地区遭受了特大洪涝灾害,是降水量变化的另一重要特征。

夏、秋季节降水增加且暴雨频繁。从庐山旅游区 1955 年以来旅游旺季暴雨日数的逐月分布规律上看,暴雨日数主要集中在 4—9 月,其中 6 月最多,其次为 5 月、7 月和 8 月;而大暴雨日数分布以 8 月最多,其次为 6 月、7 月和 9 月。说明庐山旅游区降水主要集中在夏秋季节,且暴雨频繁,尤以 6 月暴雨最多,而 8 月大暴雨偏多,这种分布规律对庐山旅游活动的预警有良好的科学指导意义。从 4—11 月的月降水量变化趋势上,4 月、5 月、9 月的降水量显示出微弱的减小趋势,但 6—8 月、10 月、11 月降水量都出现了差异性的增加趋势。值得注意的是,7 月和 8 月降水量增加趋势的幅度相对偏大,这同上述暴雨日数以 6 月最多、大暴雨日数 8 月最多的结论具有较好的一致性。考虑到年降水量存在微弱的增加趋势以及夏季 6—8 月总体降水量都存在增加的趋势,并结合年最大日暴雨量及年暴雨日数存在较大幅度增加趋势的特征,意味着年降水量增加趋势的贡献可能来自于夏秋季节暴雨极端降水事件的增加,这对于旅游活动的科学引导具有重要参考意义。

3.3 气候景观

气候景观旅游资源是指某一地区因其特殊的气候特征而催生的一系列气候景观。近年来,以踏春游、金秋游、海浴游、冰雪游、滑雪游、经纬游、观日出、观云海、观候鸟、赏百花、赏月华、赏红叶、摘时果等为主要取向的气候旅游,已经成为越来越受到关注的民生问题与时尚话题。

3.3.1 候鸟天堂

位于庐山附近的鄱阳湖,受暖湿东南季风影响,形成"泽国芳草碧,梅黄烟雨中"的湿润季风型气候,并成为著名的鱼米之乡。这里的环境和气候条件均适合候鸟越冬。每年秋末冬初始,来自西伯利亚、蒙古、朝鲜以及中国东北、西北等地的候鸟,纷纷迁徙至此,与定居在这里的野鸭、鹭、鸳鸯等一起度过冬天,到翌年春季(3 月)才逐渐离去。如今保护区内鸟类已达 300 余种,总数达 30 多万只,国家一、二级保护鸟类有 54 种,已是世界上最大的鸟类保护区。尤其可喜的是,在这里发现了当今世界上最大的白鹤群以及白枕鹤、白头鹤、灰鹤等,总数达 4000 只以上,1998 年发现白鹤 2600 余只,占世界白鹤总数的 95%。因此,鄱阳湖被称为"白鹤世界""珍禽王国"。白鹤是珍禽中的珍禽,属于世界性稀少鸟类。它是一种大型鸟类,体长达 135 厘米,通身羽毛洁白,只有翅的前端是黑色,故又称"黑袖鹤"。它有棕黄色长刀状的嘴、粉红色的长腿,是"一夫一妻",寿命70多岁,故被中国人神化为"仙鹤",成为幸福吉祥的象征。

鄱阳湖西畔是长江中下游大平原上的"生态交汇岛",也是候鸟迁徙路线上重要的越冬地、停歇地和候鸟迁徙"导航塔"。如果你是第一次来到这里——鄱阳湖自然保护区,你一定会被这遮云闭日的鸟群所倾倒。在这里时常可以看到的是"飞时遮尽云和月,落时不见湖边草"的壮丽美景。这里是冬季观鸟的最佳天地,古往今来多少文人墨客、风流雅士驻足感怀。鄱阳湖的候鸟以多、珍而闻名,这是由其优越的自然地理环境和合适的气候所决定的。鄱阳湖面积辽阔,水生生物鱼、虾、螺、蚌及水草大量繁殖。10月至翌年3月为枯水期,水位大降,湖面形成大面积的湖滩、草洲、沼泽和浅水湖泊,有丰富的鱼、虾、螺、蚌和植物生存其间,具备了典型的湿地生态环境特点,成为候鸟丰盛的食物。

烟波浩森的鄱阳湖为长途跋涉而来的300多个种类的超过30万只候鸟提供天然庇护所和"食堂"。即使是在一望无垠的鄱阳湖浅水湖区,它们的声音依然从四面八方奔袭而来。听起来,就像是无意中闯进了一支乐队的排练场:有些是紧张的哨音,有些像是高亢的笛子,有些则是无序的啾鸣……当然,你不能指望它们——近30万只候鸟演奏出什么曲子,但这的确是世界上排场最大的合唱之一。鄱阳湖只在枯水期才收敛了它的张扬,遗留下的一个个小型的浅水湖,被当地人形象地称之为"池",这些"池"地处荒野且富含食物。每年,当中国的北方渐渐被西伯利亚寒流所包裹时,也是候鸟们该启程向南迁徙的时候。几百万年来,候鸟们体内的基因一直准确无误地为它们导航。

远道而来的西伯利亚鹤在中国被称为"白鹤",这些体态优雅且生命期长达70~90年的华美生物一直被中国传统文化视为吉祥和长寿的象征,诠释着至高无上的自然美。它们的形象被安置在皇帝宝座的两旁,并成为中国神话人物的坐骑和宠物。为了躲避寒流,全球3000多只白鹤中的2/3,选择离开西伯利亚的出生地,跋涉9000千米来到中国的鄱阳湖,度过温度适宜、食物充沛的"寒假"。落日的余晖为这些濒危的迁徙者罩上了一层漂亮的粉红,除了担当警戒任务的几只成年鹤,它们中的大多数都几乎按着同样的节奏埋头猛吃,长途迁徙消耗了可能占它们体重1/3的能量,鄱阳湖为它们超过中国海岸线4倍多的旅程划上了句号,浅水湖底的苦草根正好让它们大快朵颐,白色中夹杂着金黄的幼鹤被保护在整个种群的中间,父母更是形影不离地守着小家伙。作为湿地的旗舰物种和全球最濒危的鸟类之一,白鹤不但是国内外观鸟者的"心头好",更是整个鄱阳湖国家级自然保护区的"焦点"。听起来像是引擎的"啪,啪"声,那是东方白鹳正在得意地卖弄它那强壮而灵巧的喙,这样的工具可以毫不费力地将滑腻而多刺的鲶鱼从泥沼里拽出来,也能够轻松地探进土洞捕获田鼠或中华长绒蟹之类的"点心",灵巧得让猴子都妒忌。

近5万只在鄱阳湖越冬的鸿雁几乎是这个物种的总量。这些强壮而善于飞翔的大鹅历来被中国人视为空中的邮差,会帮助人们传递信息和感情。它们以恢宏的气势占据了湖边丰沃的沼泽,远远看去,密密麻麻,不计其数的灰褐色小圆点就是它们庞大的种群,埋头大吃泥沼里的自助餐是它们大多数时候的状态。但总会有几只强壮的雁为整个队伍担任警戒,它们的视力和它们的飞行能力一样出色。尽管拥有600毫米望远镜头,但想近距离拍摄这些高度戒备的家伙依然会让人气馁。它们很少让人接近到150米以内,当头雁起飞时,"撤离"的命令会像连锁反应一样在整个雁群传播。一阵翅膀的轰鸣之后,剩下的只有浑浊的涟漪……或许只有7个月大的苔原天鹅随着父母从遥远的北西伯利亚出生地来到鄱阳湖——度过它们生命中的第一个冬天。对于这些新生的小家伙来说,即便没有猎枪、捕鸟网或误食水中塑料袋的危险,单是这数千千米的行程就是它们生命中将要面对的第一次残酷考验。

观鸟季节踏进此区,可看到候鸟和平共处的风采艳姿,享受着大自然的赐予和人类的保护。天水之间它们时而信步徜徉,时而窃窃私语,时而引颈高歌,时而展翅腾飞。尤其引人注目的是,白鹤在阳光照耀下银光闪闪,好像一串珍珠链于天水之间,璀璨夺目,远望像是点点白帆在天边飘动,近观似玉雕伫立于水中,亭亭玉立,群鸟争鸣,嬉戏高歌,不时出现"鸿雁湖""天鹅湖""鹤长城","抬头鸿雁飞,低首鹤群舞",让人流连忘返。越冬候鸟白鹤、白琵鹭、白枕鹤、白鹳、灰鹤、黑天鹅、白额雁、天鹅、大鸨、反嘴鹬等齐聚,一番"飞时能遮云和月,落时不见湖边草"的独特奇观,是观光旅游的绝佳景点。踏入观赏区,就被这水禽大合唱所陶醉,聆听天籁之声相伴,但无喧闹之感。

放眼望去,只见铺天盖地的各色鸟儿漫天飞来,忽左忽右,忽上忽下,一下子白光闪耀,一下子又黑压压一片。看得游客目瞪口呆,把相机的快门按得像机关枪一样,嗒嗒嗒的快门声和鸟儿轰鸣的喧嚣声互相映衬。

鄱阳湖湿地共有鸟类332种,其中被我国政府列为一级保护的有白鹤、白鹳、黑鹤、大鸨、中秋沙鸭、遗鸥、白尾海雕、白肩雕、金雕等10种;二级保护的有白枕鹤、灰鹤、天鹅等44种。

鄱阳湖最佳观鸟时间为11月到次年3月,每年的11月之后就进入了鄱阳湖观鸟的最佳时间。主要观鸟景点有以下七处。(1)都昌马影湖。近些年,首批候鸟第一站都"如约"抵达都昌马影湖,每年冬季来马影湖栖息的候鸟达30余万只。从都昌县城出发,走北多公路,途经北山乡、新妙湖大坝等地即可到达。马影湖对候鸟有着极强的吸引力,集结的壮观景象曾在中央电视台连续播出,引起了极大的轰动效应,是我国观候鸟迁徙的绝佳旅游地。(2)永修吴城候鸟保护区。它是观看候鸟群的著名保护区,大湖池、蚌湖等湖泊及周围湖滩草洲,是候鸟理想的越冬之地。白鹤和世界最大的鸿雁群在这里栖息,形成百鸟齐飞、人鸟共乐的壮丽景致,等到次年春暖花开的季节才北归。这里水域辽阔、水草茂盛、鱼虾贝类资源丰富,成为世界大多数越冬候鸟迁徙的"最佳选择",是越冬白鹤、东方白鹳、鸿雁等候鸟群体世界上目前最大的聚集地。市民自驾可走高速路到永修,进入316国道,再转三兴路,一路有路牌指示到保护区。(3)庐山市寺下湖。它是鄱阳湖西众多湖中的一个,这里是鸟的世界,每年10—11月,数以万计的各类鹤群在这里热闹非凡,就像一个候鸟大观园。苏家垱乡寺下湖是这一带最佳的观鸟处,万鹤齐歌,趣味盎然。11月上中旬,秋高气爽的好天气,是一年中观鸟、拍鸟的最佳时机。(4)庐山市沙湖山。鄱阳湖水域流经庐山市,引得无数候鸟来此地越冬栖息。庐山市是候鸟保护工作的最前线,这里的候鸟种类数量多,每年入秋后会有大量候鸟来庐山市水域觅食,给这片面积宽广的水域带来了一条壮观的风景线。这里鸟类食物丰盛,引得无数候鸟来此地越冬栖息。最佳观赏点有蓼南、苏家垱等。(5)南矶湿地保护区恒湖保护站。这里是鄱阳湖畔有名的鱼米之乡,全球70%以上的白鹤种群在此越冬。秋去冬来,水落滩出,这些珍奇候鸟在湖面、草洲、树枝上快乐嬉戏,实乃难得一见奇观,是鄱阳湖观鸟不得不去的好地方。(6)共青南湖湿地自然保护区。这是观赏白鹤的好地方。每年冬季,这里都是白鹤迷们的摄影天堂。(7)九江县东湖。如今成了"天鹅湖",万余只越冬天鹅来到东湖,或在水里嬉戏或在天空盘旋,场面很壮观,这里的村民保护候鸟意识很强,人鸟和谐的景象也给湖区增添了一抹亮丽。东湖两岸湖面地势平坦,万余只天鹅聚集水面时,非常有利于拍摄,这里是摄影爱好者趋之若鹜的拍鸟圣地。

鸟是鄱阳湖的精灵。鄱阳湖水草丰茂,珍禽翔集,芳草连天,芦花飞舞,"鸟飞千百点,日没半红轮",美轮美奂,令人流连忘返。这几个候鸟观赏点特色各异:到吴城和南矶山重点看白鹤;到李洞林村看夏候鸟,并听李春如老人讲从"兴趣护鸟"到"感情护鸟"的生动故事,感受他及"山上结芦笋,枝头鸟语酥,床前望明月,枕旁一卷书"的护鸟生活;在达子嘴村看苍鹭;鄱阳县是中国最大的天鹅栖息地,精彩不容错过。

3.3.2 秋山红叶

庐山的秋色很特别,并不是北京香山那样大片绚烂的火红,也不是田间一望无际稻谷的金黄,又非普罗旺斯那薰衣草地的梦紫。庐山的秋天是彩色的、点滴的,跳跃在山岭山涧中,像是被大自然打翻了调色板,不经意就泼洒在山间,却造就这一幅绝美醉人的山水画,像一壶淡淡的美酒,令人陶醉和着迷。

根据庐山的季节变化特点,从8月下旬开始,到11月上旬,平均气温在10～22 ℃,属于秋季约3个月不到的时间;但实际上枫叶并不是整个秋季都是红的,而是有一个逐渐变化的过程。这同温度、湿度的变化有关,大体上从8月下旬到9月上旬平均气温在20 ℃左右,是为初秋季节,此时夏季余威仍在,枫叶仍呈绿色;从9月中旬到10月上旬约30天时间,平均气温在15 ℃左右,是为中秋时段,枫叶因逐渐失去水分和光合作用的减弱,叶绿素被慢慢破坏,颜色开始慢慢由绿变成紫色或暗红色,由于此时叶绿素还部分地存在,故颜色还不是呈鲜红色;从10月中旬到11月上旬约30天时间是为深秋,平均气温降到12～10 ℃,此时枫叶中的光合作用基本停止,水分进一步丢失但还未完全干枯,因而进入色彩最为鲜红的时段,此时的枫叶燃烧着自己,把一年中最美的风景留给人间。

秋天的庐山牯岭,就像被打翻了的颜料盘,漫山遍野弥漫着缤纷斑驳的色彩!层林尽染,霜染叶红,碧翠流金,满山斑斓。这里的秋天,风还该是温软,太阳仍笑着那微笑,闪着金银。除了色彩艳丽的欧式老建筑,还能碰见各种可爱的小精灵,迷失在它们的童话世界里。秋季登上庐山,满山的红叶会让你忘了身在何方。庐山红叶极有特色,这是因为庐山植物品种极多,针、阔叶林混交杂生,每到秋季,黄、红、橙、棕各色霜叶以碧绿的松柏为衬底,显得格外鲜艳夺目。而庐山植物园内的枫叶就更灿烂了,好似燃烧的山火,犹胜春光几分。秋季登庐山,除了看满山红叶,还可以眺望远方,看群峰如翻卷的绿海,连绵不绝;看长江涌动如轻盈的绸带,鄱阳湖绵延800里倒映着碧蓝的天空。庐山的红叶好似燃烧的山火,万花都落尽,一树红叶烧。

然而,秋风扫落叶,季节难停驻,枫叶最红的时间并不能维持太长时间,到11月中旬以后,随着冷空气势力的加强,平均气温下降到10 ℃以内,庐山也就进入冬季了。此时的枫叶因水分尽失直至干枯,遇风一吹便迅速掉落,观赏性明显不如以前,到了11月下旬基本就落光了。

当然,由于庐山各处枫林的位置、高度不同,气温有一定差异,导致最佳观赏时间也不完全同步。例如,街心公园内的枫叶大概在10月中旬就红了,此时植物园的枫叶尚有一些绿色;而植物园的大枫树一般要在10月底到11月上旬才是最红的时间,此时街心公园内的枫叶则已经基本落光,这主要是因为两地有2 ℃左右的温度差异。同样的道理,越往山顶,枫叶红得越早,越到山脚,红得越晚,并且北部的枫叶红的时间也早于南部。值得注意的是,由于树木之间的个体差异性,即使是同一地点的两棵枫树,其叶红的时间和快慢有时也不一样,如街心公园内同一地点有两棵并排的中等大小的枫树,左边一棵10月中旬就已全红了,右边一棵只有少量叶子开始泛红,这不得不让人惊叹大自然的神奇了。

10月中旬到11月上旬是庐山枫叶最红的时段,牯岭街的枫叶红得较早,植物园的大枫树红得较晚一些,一般要在10月底到11月上旬才是最红的时段。当然,这是就长年气候状况而言的,实际上因每年的季节差异,上述时间会有大约一周的前后差异,这是有兴趣来庐山观枫叶者应该注意的。

庐山红叶

云天,黄叶地,秋色连波,波上寒烟翠。醉美庐山枫叶红是诗、是歌、是舞、是酒、是画,吟不完,唱不尽,跳不停,品不够,添异彩!

庐山秋山如醉的代表景色就是芦林湖、庐山花径、植物园及部分别墅庭院内的红枫。红枫红时,一树火红,遮天蔽日、灿若云霞。庐山花径公园红枫每年最先染红。

芦林湖比较远,从黄龙寺沿师姐曲径上行约20分钟,便到芦林大桥。一路火红似火,树干高耸挺拔,人行其间有种超级浪漫的感觉。芦林大桥高30米,桥坝一体,拦水成湖,湖水如镜,似发光的碧玉镶嵌在林荫秀谷之中,在缥缈的云烟衬托下美丽无比。其实只要一上庐山就可以看到漫山的梧桐树,在前往花径景点的一条马路,是看梧桐叶的最佳景点之一。清晨,一路的落叶带给你秋天的气息。

庐山植物园最吸引人的莫过于火红的叶子了,它比梧桐树的叶子更为诱人,只有在秋天里才可以看到它的火红与热情。在这里绝对让你流连忘返。

3.3.3 冰裹桃红

花径位于庐山牯岭街西南方向2千米处,这里海拔高1035米,曾是庐山历史上三大名寺(西林寺、东林寺、大林寺)之一的大林寺所在地。在唐代,这里被人们誉为"匡庐第一境",花径曾是唐代大诗人白居易咏《大林寺桃花》的地方。唐朝元和十年间大诗人白居易以越职言事的罪名被贬任江州司马,元和十二年(817年)四月九日与庐山东林寺法寅大师及17位好友,从他新建的遗爱诗草堂出发,一同到庐山顶山的大林寺游玩。当他们一行人踏上大林寺地界时,强烈地感觉到此处气候与山下截然不同。这个时候已到暮春时分,庐山下面的桃花都已凋谢,而此处的桃花却含苞欲放,仿佛又回到了早春二月的光景。白居易被眼前的春色深深地吸引住了。他感慨万千,像遇到知音一样,随口诵出七句绝言:"人间四月芳菲尽,山寺桃花始盛开。长恨春归无觅处,不知转入此中来。"白居易欣赏桃花兴致大发,随后又提笔留下了"花径"二字,此后人们将白居易当年赏桃花的地方称为"白司马花径"。

白司马花径现有花卉区、岩石园、花房、桃林等,又因山凹处有美丽的如琴湖,白司马花径成了庐山一个游人必至的著名景点。1987年,有关部门将白居易原建于山麓的草堂移建到花径公园内。草堂内陈列着有关白居易的资料、图片及字画,并在草堂前立了白居易塑像,更好地表达和寄托后人对这位伟大诗人的追思和怀念。

花径里有个湖,叫"花径湖",就是现在的如琴湖。如琴湖建成于1961年,水域面积11万平方米。蓄水量100万立方米。因湖面如一把提琴而得名。又因湖傍花径,故称"花径湖"。湖中有湖心岛,呈椭圆形,园中繁花似锦,曲径通幽,湖光山色,风景如画。岛上有九曲桥与湖岸相连。岛四周苍松翠绿,宛如一根碧绿的"项链"平铺在湖面上,岛东端建有忆琴亭,西端建有一水榭。

在湖畔,可以看到花径的大门。大门旁书"花径",两旁刻有"花开山寺,咏留诗人"的对联。里面有书法家胡献雅书写的巨幅石刻"白司马花径"。草地上有座伞状红顶的圆亭,这就是花径亭,在花径亭中的石刻板上刻有"花径"二字,相传是白居易手书。这是1929年湖北汉阳人李风高游大林寺时发现的碑,于是他邀集在庐山上的社会贤达、名流集资捐款,在此建造了景白亭、花径亭,并补种了五百多棵桃树,再现了昔日的桃花胜景,亦使花径成为文人雅士的聚会之所。景白亭,系一尖顶方亭,木石结构,铁瓦飞檐,亭前立陈三立撰《景白亭记》石碑,详细记述了建亭的始末。

花径中还有白居易草堂陈列室。它建于1988年,完全按照白居易的《庐山草堂记》"五架三间草堂,石阶挂柱竹编墙"的建筑形式复建,坐北朝南,木结构,草顶。它向游人展示了草堂的变迁经历。由著名雕塑家王克庆于1996年雕刻的2米多高的白居易塑像伫立在白居易草堂前。这座草堂占地65平方米,再现了竹篱茅舍风光好的诗境。顺便一提,草堂时期,正是白居易从兼济天下到独善其身的转折点,白居易认为自己的草堂有心理治疗功效。一宿体宁,再宿心恬,三宿后颓然嗒然,不知其然而然,也就是接近了陶渊明的境界,"此中有真意,欲辨已忘言"。翌年他就离开庐山草堂。从此后,仕途还算顺畅。

草堂东面有一股瀑布,水悬一米余,灌入石渠中,水声如抚琴瑟。早春3月,随着气温的上升,一些冬季或早春时节开放的山花,如梅花、茶花、桃花等,纷纷出蕾,悄悄绽开。然而,因庐山此时尚处在冬季,冷空气活动频繁,一旦有冷空气入侵,常会带来降雪或冻雨,使整个山城一夜之间变成了白色。此时,那些早开的花儿则被包裹在冰雪之中,在晶莹洁白的冰雪里闪烁着星星点点绮丽的带着春意的艳红,构成一幅幅在平地难以见到的白雪红花共存的美丽图画。观赏冰裹桃红景观的最佳地点是花径和街心公园一带。

3.3.4 庐山雪景

纬度不够,高度来凑。冬天,南方的庐山是不缺雪的。群峰幽谷间的雪,看起来会更加洁白。一片雪花含有无数的结晶,一粒结晶又有好多好多的面,每个面都反射着光,因此雪才显得那样的洁白。庐山的雪景美不胜收,比起洁白如练的瀑布,这个银装素裹的冰雪世界更让人心动。冬日的庐山,其境、其景、其情、其韵堪称江南一绝。一场大雪,顿使她成为一个浩瀚无垠的白色海洋。原本的蟠蟠群峰、苍苍林木、峨峨楼台……全然变成素白剔透的"浪涛",如鹤如鹅般一群群在这浪涛中浮荡。那高挂万木之上的雨凇(冰凌)、雾凇(树挂)冰清玉洁,璀璨耀目,好一派"千崖冰玉里,万峰水晶中"的北国风光。步入其中,凝神静品,远处隐约空濛,近处清明沉静,令人立即进入一个"庐山冬韵"神话般的境界,奇妙非常。

庐山雪景

如果说夏天的庐山是一个俊秀的青年,那冬日下的庐山绝对称得上是大家闺秀了,冰清玉洁,楚楚动人。远远看着庐山,一片白雪皑皑,似乎少了李白诗中的锐气。站在山脚仰望,瞳孔似乎都变成了白色,洁白的雪景高耸入云,与天空完美融合在一起,毫无违和感,整个世界似乎都是银色的。的确是一种美好的存在,一片片的雪花晶体堆叠,为大地渲染上另一种色彩,作为冬天最美的存在,无一不牵动着人们的情绪。沿着栈道缓缓前进,两旁的树木积雪层层,苍劲有力的青松瞬间化身圣诞树。在雪花的包裹下,变得臃肿肥大,憨态可掬,脑海中不禁浮现出大诗人岑参的诗句,"忽如一夜春风来,千树万树梨花开",想必这句诗在这里应该得到了最完美的诠释。最让人心动的是一旁的灌木丛,被积雪压得矮矮的,十分可爱。沿着山路继续前进,山道蜿蜒曲折,加上积雪的覆盖,使路途变得较为艰辛。据说毛主席在上庐山时,每经过一个弯道扔一根火柴,到达山顶时,足足扔了四盒火柴,比起山路十八弯,庐山显得更加透迤。游人可以在这里打雪仗、堆雪人,踏着软绵绵的积雪,听脚下发出咯吱咯吱的声响,尽情享受冰雪天地中的快乐。广场四周杨柳依依,细细的柳枝在雪花的积压下,根根分明,尽显流线美,让人不禁感叹大自然的鬼斧神工。

江西九江庐山滑雪场位于江西省九江庐山市庐山风景区内,目前是九江首家高山滑雪场,也是九江唯一一家高山滑雪场。自然降雪加上物理造雪,填补了江西省内无室外滑雪场的空白,成为华东地区冬季滑雪度假旅游的首选目的地。庐山滑雪场于2018年1月开张,号称中国南方最美户外滑雪场——海拔1200多米的庐山滑雪场很是"火热",人潮涌动,尽享冰雪运动快乐。雪场四周群山环抱,松柏成林,白雪皑皑,一派林海雪原风光。

3.3.5 资源评价

很多鄱阳湖候鸟是跨越国界迁飞的国际鸟类,鄱阳湖候鸟闻名国内外。江西之美在鄱湖,鄱湖之秀看都昌。都昌境内有"江南戈壁滩"多宝沙山、"东方百慕大"老爷庙水域、"小台湾"朱袍山和马鞍岛,还拥有占鄱阳湖总面积三分之一的水域,具备典型、完整的内陆湖沼湿地生态系统,以白鹤、东方白鹳、小天鹅、灰鹤为代表的7种国家一级保护鸟类、38种国家二级保护鸟类栖息于此,有"候鸟天堂"的美誉。2012年4月被中国野生动物保护协会授予"中国小天鹅之乡"称号。世界野生生物基金会主席、英国女王伊丽莎白的丈夫菲利普亲王曾慕名专程到鄱阳湖观赏和考察候鸟,对鄱阳湖给予了极高的评价。国际鹤类基金会主席阿其博一行人在大湖池观测到1350只鹤时,兴奋不已,他说鄱阳湖的鹤群,其价值不亚于中国的长城,真可称为"第二座万里长城"。

苏轼笔下"横看成岭侧成峰,远近高低各不同""不识庐山真面目,只缘身在此山中";李白豪言"飞流直下三千尺,疑是银河落九天";毛泽东感叹"天生一个仙人洞,无限风光在险峰";"匡庐奇秀甲天下"……庐山以雄、奇、险、秀闻名于世,无数文人墨客、名人志士被庐山奇峰峻岭、秀美风光所折服。

庐山气候景观资源具有月份和季节上的限制,虽不及第四纪古气候冰川遗迹、天然氧吧那么稳定,但是其观赏期和观景点也是较稳定的。如庐山枫叶最佳赏叶时间为10月下旬到11月上旬;鄱阳湖候鸟最佳观赏期为每年11月至翌年3月;庐山花径最佳观赏期为4月。

庐山气候景观资源有较高的观赏价值和科研价值。其中,鄱阳湖候鸟是摄影爱好者们不容错过的美景之一。同时,鄱阳湖候鸟保护区开展的以白鹤为代表的珍稀候鸟和湿地生态环境,以及与湿地生态保护相关的科学研究,为人类科学地、可持续地利用自然资源拓宽了思路。

3.4 第四纪冰川古气候遗迹

第四纪冰川遗址沉默至今,它的记忆实在漫长,对于它的身份确认是一次次谨慎的科研。除了庐山,在江西一些其他地方,都屡屡传出过冰川遗址现身的消息。不过,江西省国土资源厅地质环境处的负责人曾谨慎表态,这些都需要专家现场考证后才能有准确的定论。甚至对于庐山的第四纪冰川遗址这样重大的科学课题研究,也是一次在争论声中寻求真相的过程。

当李四光从事化石和中国第四纪冰川的研究时,当时国际上长期以来充斥着中国内地第四纪无冰川的谬论。有些外国人对中国的冰川进行过考察,断言"中国没有第四纪冰川"。1921年夏,李四光在太行山东麓和大同盆地,首次发现了第四纪冰川遗迹,在我国,据李四光(1975)研究,相应地出现了鄱阳、大姑、庐山与大理4个亚冰期。为了让人们能接受这一事实,他继续寻找更多的冰川遗迹。

1931年,中国近代科学先驱李四光教授首次发现了庐山第四纪冰川遗迹。他1937年出版的《冰期之庐山》一书,确认庐山是中国第四纪冰川发育的典型地区,系统全面地论述了庐山的第四纪冰川遗迹,解释了长期以来存在的一些疑问,划分出 3 个亚冰期和 2 个间冰期,即鄱阳冰期、大姑冰期、庐山冰期、鄱阳—大姑间冰期、大姑—庐山间冰期。其所最信赖的冰川证据则是安徽黄山 U 形壁谷上的"冰磨条痕"及鄱阳湖畔白石咀黄龙灰岩上所发现的"皇皇大观"的"冰溜面",认为"至是中国冰期冰川现象,始得谓之确定"。根据庐山冰川遗迹既经肯定的大前提,李四光详细讨论了庐山的冰川侵蚀和堆积地形。庐山第四纪冰川,对地球物理学、人类生存的环境演变规律的研究,都有重要意义。所遗存的冰川地貌,如角峰、刃脊、悬谷、U 形谷,也是庐山自然美的一部分。第四纪更新世冰碛泥砾地层剖面遗迹在庐山出露最全。早更新世早期的大排岭冰碛泥砾剖面遗迹就在大排岭南;早更新世晚期的鄱阳期冰碛泥砾剖面在金定山上,另一处在鄱阳湖边的白龙寺旁。中更新世大姑期冰碛泥砾剖面遗迹有多处,其中以下青山最为典型。另外还有冰碛与冰水混杂堆积剖面遗迹 2 处。这些遗迹保存自然完整。李四光不仅得出庐山有大量冰川遗迹的结论,而且认为中国第四纪冰川主要是山谷冰川,并且可划为 3 次冰期。当李四光的这个学术观点再次在全国地质学会上发表以后,引起了 1934 年著名的庐山辩论。

庐山冰川提及初期就有不少学者对李四光的观点表示质疑,如 1934 年巴尔博(G. B. Barbour)对庐山冰川问题提出质疑,1935 年德日进、杨钟健和裴文中等也表示异议,20 世纪 50 年代任美锷通过对庐山实地的考察也对李四光前辈的《冰期之庐山》一书的描述有些质疑,60 年代初期黄培华根据东部第四纪气候环境对庐山冰川遗迹现象、网纹红土的形成、庐山冰期划分依据等方面存在的问题提出了质疑,70 年代末周廷儒等根据孢粉、古地磁来推测当时的气候条件庐山很难形成冰川。直到 20 世纪 80 年代,争论仍然没有停止,其间几度观点交锋。其中激烈争论的一个焦点在于,反对方认为,在中国东南部纬度低、气温高的地区,不可能有形成古冰川活动的条件。但是,近年来科学研究结果表明,第四纪大冰期来临之时,中国东南地区(含庐山地区)尚处于海洋性气候条件下,雪线也低得多,庐山完全有可能处于雪线之上而产生冰川。庐山的第四纪冰川地貌遗迹,由于冰后期地壳强烈反弹快速上升,因此受冰后期流水侵蚀较为强烈。这样一来,虽然使冰川遗迹遭到了不同程度的破坏,增加了研究难度,但却造就了大批高品位的山水旅游景观。

如今,庐山的第四纪冰川遗址说已经成为主流观点。客观地说,各种质疑的声音并未使李四光经过千锤百炼的《冰期之庐山》产生动摇。2004 年,以"中国第四纪冰川研究的发祥地、冰川遗迹和命名地"为主要地质特征的庐山,"因其地学文化价值的世界性意义",跻身中国首批八大世界地质公园行列。

庐山被誉为世界地质公园,其中有地垒式断块山与第四纪冰川遗迹,以及第四纪冰川地层剖面和早元古代星子岩群地层剖面。迄今为止,在庐山共发现一百余处重要冰川地质遗迹,完整地记录了冰雪堆积、冰川形成、冰川运动、侵蚀岩体、搬运岩石、沉积泥砾的全过程,是中国东部古气候变化和地质特征的历史记录。与欧洲阿尔卑斯地区及北美地区第四纪冰川活动特征有许多相似之处。

第四纪更新世(距今约 260 万～1 万年)产生过的冰川称为第四纪冰川(李吉均 等,2004;赵志中 等,2005),第四纪全新世的冰川称为现代冰川,在 300 万年前第四纪大冰期来临时,庐山已是一座兀立的孤山。当时雪线高度为 100～2000 米,降雪量大,形成了山麓冰川。庐山是中国东部地区第四纪冰川遗迹保留最丰富的地区。庐山在第四纪大冰期共产生过四次冰期及一次冰缘期,分别为大排岭冰期(距今 300 万～250 万年)、鄱阳冰期(距今 180 万～150 万年)、大姑冰期(距今110万～90万年)、庐山冰期(距今40万～20万年)、芦林冰缘期(距今12万～1万年)。由于庐山第四纪冰川遗迹既发育又典型,且研究程度较高,成为中国第四纪冰川划分对比的标准地区。庐山是中国第四纪冰川地质学的奠基地。

3.4.1 景观特点

庐山是一座地垒式断块山,由于断块的隆起,与四周断裂下降的平原、盆地和低丘岗地相比,山体显得格外峭拔、陡峻和高耸。断层构造在庐山山体的东南部和西北部表现最为明显,东侧有温泉大断裂,西侧有莲花山大断裂。五老峰、龙首崖、仙人洞等处奇险的陡崖都是断裂作用的结果。庐山地貌特点与其地层岩性有着密切的关系,庐山北部地层岩性坚硬,往往形成高大山岭,如大月山、五老峰等。五老峰因其岩性垂直节理发育,经风化侵蚀作用,形成被垭口分割的五个山峰,宛若五位老人并坐,笑逐颜开,其东南面是断层形成的悬崖,登上峰顶,碧波万顷的鄱阳湖尽收眼底。怪石林立的峰壑,顿生五色烟云。庐山南部地质构造比较简单,地层主要由片岩、负岩、板岩和花岗岩等组成,岩石破碎,风化侵蚀强烈,其地貌和风景与山北大不相同,山形多呈浑圆状,而与北部山形造成明显的对照。

第四纪时,庐山发育有多次冰期,留下了大量冰川侵蚀地貌,其中有冰斗、U形谷、悬谷、冰窖、冰笕、冰溜面、角峰、刃脊等;庐山冰碛地貌可以从山上一直分布到山麓地带,主要有终碛垄、侧碛垄、冰水阶地、漂砾等;第四纪时期庐山地区冰川发育,造成庐山峻秀绮丽、壑深谷幽的地貌景观。庐山第四纪冰川遗迹主要类型由冰川刨蚀遗迹及冰川堆碛物组成。冰川刨蚀遗迹,是指冰川在形成及运动过程中对山体挖掘刨蚀作用留下的痕迹,主要由冰斗、角峰、悬谷、U形谷、刃脊、冰窖、冰坎、冰阶、冰盘及冰川擦痕组成。冰川泥砾堆碛物中的砾石大小无分选并与泥砂混杂,另有冰川漂砾(由冰川从外地搬来的巨大石块),冰川条痕石及冰水砾石层。当时鄱阳湖尚未形成,可能是一片针叶林区,冰川可直达森林平原地带。

庐山三大类岩石(沉积岩、岩浆岩、变质岩)遗迹均有分布,且保存完整,其中最重要的是岩浆岩和变质岩。庐山东南部观音桥、秀峰、归宗等地见有花岗岩体侵入古元古代星子群中,其同位素年龄为8.47亿年,属晚元古代。东牯山、玉京山、海会、石牛山等地的花岗岩体侵入古元古代星子群中,同位素年龄为距今1.37亿～1.04亿年,属中生代。庐山南部谢家山、隘口、塘家湾等地的古、中元古代变质岩中,见有基性岩墙群的出现,同位素年龄为1.36亿年,属中生代。基性岩墙群是地壳伸展背景下,来自下地壳或上地幔的基性岩浆侵入体。庐山基性岩墙群的出现,是地壳处于拉张伸展应力状态下的标志。古元古代角闪岩相变质岩遗迹分布较广,老虎潭瀑布、红山洼瀑布两处的绿帘变粒岩最完整而新鲜。下双剑峰、玉帘泉瀑布、卧龙岗瀑布、醉石几处的变粒岩遗迹保存最完整且有美学观赏价值。另外还有矽线石片岩、蓝晶石片岩等。有一定美学观赏价值的沉积岩遗迹主要有震旦纪早期的砾岩中的大量紫红色玉髓砾石和奥陶纪晚期紫红色网纹状石灰岩等。

3.4.2 景观介绍

庐山地质地貌遗迹,一是构造地貌遗迹,包括断层崖、由垂直剪切节理发育和构造剥蚀作用形成的许多悬崖、奇峰巉岩等地貌遗迹;二是冰川地貌遗迹,这在庐山世界地质公园内是最重要的地质遗迹之一,包括角峰、冰川U形谷、悬谷、刃脊、冰坡及冰溜面、冰笕、冰坎、冰溢口、冰阶、冰川条痕石、冰桌、表皮构造、冲断构造、冰川压入构造、鼻山尾、羊背石、冰川漂砾等地质遗迹；三是峡谷地貌遗迹，重要的有石门涧、栖贤大峡谷、锦绣谷、青牛谷、康王谷、剪刀峡、龙门沟、卧龙岗等；四是洞穴遗迹，包括砂岩潜蚀洞穴遗迹、岩块崩塌堆叠洞穴遗迹、石灰岩溶洞遗迹三类。

(1) 庐山地区冰蚀地貌

① 冰斗

冰斗是山地冰川重要的冰蚀地貌之一，它位于冰川的源头。典型的冰斗是一个围椅状洼地，三面是陡峭的岩壁，底部是磨光的岩石斗底，向下坡有一开口，开口处常有一高起的岩槛。发育于雪线附近，具有指示雪线的意义。其底部高度代表其形成时的雪线位置。庐山的冰斗集中在山北部，主要有大月山西北坡的大坳冰斗（底部海拔高度1200米）、铁船峰北坡的黄龙冰斗，还有汉阳峰附近的鼓子寨冰斗（高度500米）、五乳冰斗（高度450米）。

李四光在《冰期之庐山》中命名的冰斗有7处，分别是大坳冰斗、鼓子寨冰斗、五乳冰斗（包括4个小冰斗）及黄龙冰斗。除这7个冰斗外，在其他地方还可找到一些冰斗，虽有些冰斗经后期流水侵蚀作用外貌有所改变，但总体来说，还是能很好地恢复和分辨出原来冰川地貌形态。李四光先生认为，庐山最典型的冰川侵蚀地形是大坳冰斗，称大坳"四壁颇峻峭，凹底巨石堆积甚多"，但"后壁峻峭不如寻常冰斗之甚，其上部破碎岩块倾下，后壁之下部为之填塞"。该冰斗位置值得注意，海拔1100～1300米，它位于大月山砂岩背斜西北侧，王家坡谷地东南侧，处在张节理发育的地方，有利于在机械风化（特别是冷期或者冬季的寒冬风化）下发生快速的块状剥离。当集水漏斗中有较长时期的积雪时，雪蚀作用会迅速使后壁扩大呈半圆形，形成雪蚀洼地。李吉均等实地观察，见后壁覆盖的碎石不多，倒是近出口处，岩块集中如石河，以下至王家坡成为砾石扇形。当地岩性为五老峰粗砂岩，岩石中节理十分发育，岩石多顺着节理崩解破碎，故底部遍布巨砾石块而极少细粒碎屑。可以看出，此处所称"大坳冰斗"者，只有陡峭的侧壁，并无陡峭后壁，整个纵剖面呈斜坡状，既无岩盆，也无冰坎，与冰川作用极不协调的是，在应出现冰坎的地方（山咀耸立的出口附近），不但无冰坎突起，而且坡度变得更陡；在洼地底部，虽然巨砾遍布，但并无冰川磨蚀作用产生的细粒碎屑，也无擦痕石。

大坳冰斗位于王家坡U形谷南侧，大月山西北坡之大坳处。冰斗长约300米，宽250米，深约100米，斗底高程1200米；四周群山环绕，呈漏斗状。冰斗发育于女儿城背斜北东部，由震旦系南沱组片麻状含砾石石英岩夹石英片岩组成，地层产状为倾向北面50°，倾角10°冰斗口向西北，四周皆为岩壁围绕，冰斗窄口下成悬崖，其东、南、西三面皆为山崖所围绕，远视酷似一个凹进的巨大围椅，嵌入谷坡上部。冰斗出口处可见冰槛残存于冰斗口西侧，高出于冰斗地面20～30米，其斗口的东侧为一缺口，为后期流水侵蚀破坏，现仍有斗内溪水流出，注入王家坡谷地。冰斗底部堆积有大量经寒冻风化形成的石块，还可见到一层泥炭堆积，说明在冰槛未被完全切穿前，这里有泥沼存在。

② 冰川谷

冰川U形谷是冰川冰对冰前期的谷地做过量下蚀的结果，由冰川侵蚀而成，为冰期前之河谷，谷肩以上保留着冰前期的比较和缓的谷坡，谷肩以下坡度变陡，整个谷形经冰川作用呈悬链状，冰川谷在纵面上有冰阶和冰盆交替出现，这是冰舌部分冰川冰作伸张流和压缩流两种方式运动的必然结果。谷地自上游向下游变窄，谷地平直，谷底最低可达海拔200米，谷坡较陡，谷地受后期流水作用有不同程度的破坏和改造，但仍可见有残存的谷肩保存。谷地两侧常有谷肩（小平台）和冰川切削山而成的三角面，横坡面呈U形或槽形。在谷地和谷肩之上，仍可找到冰碛、冰水沉积及多种冰蚀痕迹。冰床上常有冰川差别侵蚀形成的冰槛与冰盆。庐山的冰川 U 形谷，主要分布于庐山的东北、西北、西南及东南的周边一些谷地。在庐山保存的十几条冰川 U 形谷中，其中最清晰、最典型的有王家坡 U 形谷、大校厂 U 形谷、七里冲 U 形谷、东谷、西谷等。

王家坡 U 形谷是庐山区内规模最大、形态特征保存最典型的 U 形谷之一。它位于庐山东北部，小天池东北 3 千米处，从小天池以下至山里之间，宽阔的谷地均为此范围。大月山刃脊与小天池—大寨山刃脊之间近山麓附近谷地变宽，两侧谷壁变陡，谷地被现代水流深切为 V 形谷地。谷底源头高程 800~1000 米，后缘为莲谷悬谷相接，海拔 1000 多米，谷地前缘海拔高程约 200 米，谷地长约 4000 米，宽约 700 米，谷形上窄下宽，谷壁陡峭，谷内无章散布着大小不一的冰川砾石。1933 年中国著名地质学家李四光认定，王家坡 U 形谷是庐山诸多 U 形谷中气势磅礴、地貌典型的 U 形谷。

钱方等（2007）研究表明，王家坡 U 形谷是一条复合型的冰川 U 形谷。在其下段还有恩德岭 U 形谷与其汇合。在 U 形谷两侧可见到角峰、刃脊及冰斗群或冰窑出现，如在 U 形谷东南侧的大月山西北坡，发育了大坳冰斗及与其并列的数个小冰斗、冰窑，也可见到两侧谷壁上部的角峰，只因岩石遭到后期风化破坏，尖峰顶稍变圆形，角峰海拔约 1400 米。而在恩德岭 U 形谷两侧同样也可见到冰斗、冰窑地形。还有冰坎、风口、水口等地貌景观。

大校场冰川 U 形谷口位于大校厂至芦林的女儿城刃脊和长埂刃脊之间，出于大月山背斜的西北翼，谷地两侧山坡及谷底的震旦纪砂页岩皆向西北倾斜。从地貌成因上看，大校厂 U 形谷是一个地地道道的次成谷地。由黄棕色泥砾组成，最大砾石约 3.5 米、大小混杂无分选，是距今 40 万~20 万年前庐山期冰川消融后的堆碛物，其中曾发现过冰川条痕石及熨斗石，都是冰川成因的证据。大月山居其东南，而由女儿城石英砂岩构成之山脊在其西北。谷地笔直，谷底宽平，谷底源头海拔约为 1350 米，谷口高程约 1100 米。谷长约 3000 米，上宽下窄，出口处不到 200 米，残存深度仅约 50 米，谷壁整齐，两侧谷壁倾斜较大，谷口直对芦林冰窖，是一个典型的 U 形谷。

③冰川悬谷

庐山上的冰川悬谷地形，虽受后期外营力的破坏和改造，但仍有一些悬谷保存了较好的形态，在一些较大的 U 形谷上端可见到。其中保存较好的有莲谷悬谷、汉口峡悬谷、芦林悬谷和月轮峰悬谷等。

莲谷悬谷位于日照峰东南王家坡 U 形谷之上，由西南伸向东北，其规模不大。谷地由震旦纪南沱砂岩、沙砾岩组成，在牯岭向斜中的东北端。U 形谷长约 1500 米，宽约 600 米，深约 150 米，谷底中有冰碛物堆积。在汇入王家坡主冰川处，与王家坡 U 形谷间有一个明显的陡坎，形成高 100 多米的悬谷，高高地悬挂在王家坡 U 形谷之上。在莲谷中虽有现代流水，但谷地的 U 形形态一直没有被破坏，还是保持着典型的冰川谷形态。

汉口峡悬谷位于汉口峡西南，谷地上端通向大校厂 U 形谷，是从大校厂 U 形谷中溢出的冰川形成的。U 形谷出口下方则高悬于中谷（现一般称东谷）U 形谷的东南侧，谷口虽经后期的流水切割和破坏而成峡谷，但谷地之全貌仍可见到 U 形谷形态。在峡口之上地势平坦为宽广的 U 形谷，但一出峡口就变成陡崖，高悬于中谷之上。无论从流水地貌、地层、岩性及构造来解释，大校厂 U 形谷中的流水，均不会从汉口峡注入中谷，因此最合理的解释就是冰川作用塑造成的。

④刃脊

刃脊又称鱼脊或鳍脊,冰斗与冰斗之间或冰川谷与冰川谷之间的刀刃状山脊。由冰斗或槽冰川谷不断扩大,斗(槽)壁不断后退,山脊变窄而成,庐山这样的地貌形态,在很多地方可以看到,如女儿城、牯牛岭、含鄱岭刀脊等。

含鄱岭冰刃脊,峭岩刃脊呈东北—西南向延展,长达1250米,刃脊标高1286米。山脊如刃,既仄且陡,充分体现了庐山自然景观科学美的升华。

⑤角峰

角峰即三个以上冰斗所夹峙的尖锐山峰,由冰斗不断发展,相互连接而成。庐山上的角峰主要有犁头尖角峰、太乙峰、日照峰,海拔均高于1300米,相对高差都在百米以上,位于刃脊之上或端部,挺拔陡峭,直入云霄。它们大多有震旦纪石英砂岩、砂岩构成,成为庐山最壮丽的、特有的冰川地貌景观。

庐山犁头尖角峰因冰体啮蚀山坡,使山峰形成金字塔形而称为角峰。犁头尖,海拔1328米,峰体苍劲,形如铁犁,挺拔峻峭,构成特有的孤峰地貌景观。

⑥冰窖

庐山的冰窖主要集中在庐山北部一带,它们一般是山上原有的洼地,在冰期时则成为积雪储冰场所。如芦林盆地、黄龙寺、三逸乡、窑洼等地。盘谷一般在冰川前沿部分,早先是一较开阔的谷地,在冰期时由一条或数条冰川在此汇合,成为囤积冰雪的宽谷,当冰川再向前运动时,谷地再变窄,在盘谷中常停积有大量冰积物。

芦林冰窖位于玉屏峰以东,犁头尖以北,大校厂U形谷的下方,即现在芦林湖的位置。发育于震旦纪南沱组石英砂岩、长石石英砂岩之上。构造上为女儿城倾伏背斜的南端。形成东北—西南向椭圆形洼地。冰窖长约1300米,宽约750米,底部海拔高程约1000米,略向北西方向倾斜。在5世纪之前,这里还是一个高山天然湖泊。其底部见有冰碛物沉积,并发现有黑白相间的冰川纹泥。在芦林大桥处,尚有冰坎遗迹残留。

在芦林盆地公路边上的基岩中,曾发现有数个相连的冰楔,是在冰期时冰缘气候条件下,由冻裂作用形成的。以后又充填了堆积物。

莲花洞盘谷位于庐山西北莲花洞U形谷谷地的出口处,其东北面为城墙山,西为花山,两山环绕形成一个盘状洼地。洼地基岩由寒武系王音铺组的炭质板岩所组成。盘谷直径约为1000米,底部标高约为200米,在其南面海拔高程约320米的花山顶上,见有冰川沉积物及长轴超过了3米的巨大漂砾。由此可见,当冰流活动时期,冰层填满莲花洞盘谷,满过花山向西南方向流入山麓丘岗原野。现在盘谷北端宽仅百余米的狭窄出口,则是后期流水的出口处。

⑦鼻山尾

在庐山东侧的鄱阳湖中有一鞋山。鞋山南低北高,南北长约370米,东西宽约110米,最高处海拔90.3米,而鄱阳湖湖面一般海拔不到50米。鞋山又称大姑山,鞋山由石炭纪黄龙灰岩组成,山的走向与石灰岩走向基本一致。李四光在鞋山上发现冰川漂砾及条痕石,但漂砾仅在鞋山山腰部分有,而其顶部却无。其中最高的漂砾高出水面约30米,砾石岩性为石英砂岩、砂岩、矽质灰岩等,砾石为次圆、次棱角状,它们来自庐山山区。李四光认为,在早冰期时,冰川从庐山山麓经15千米到鞋山时,其高度已比鞋山低,被鞋山劈分成两半向北流去,冰川将山体磨蚀成了鼻子的形状,同时有一些漂砾被灰岩挟持在山腰的石缝中。

钱方等(2012)在1972年对庐山地区古冰川考察时,曾乘小舟冒着鄱阳湖的风浪登上鞋山岛,在山腰上也找到了少量漂砾,其中最大者直径达 20 厘米,岩性为震旦纪石英砂岩。何培元等(1992)对鄱阳湖底第四纪地层研究时,在钻孔中揭露出泥砾,据磁性地层研究,它们是鄱阳冰期和大姑冰期时的堆积,证明了当时冰川不但到达山麓还直达现在鄱阳湖中地区。

(2)庐山地区冰积地貌

①终碛垄地貌

终碛垄地貌在庐山均有分布,特别是在山麓有广泛分布。如在山上王家坡 U 形谷中就有终碛垄,以及在山麓东侧的高垄至白石咀、上青山一带,山麓西侧的莲花洞至八里湖一带等。在这广阔的山前平原,由冰碛组成的低丘垄岗状,起伏的地形,其地形高差大者为 20 米左右,小的为十几米到几米。这些垄岗状地形,多呈现向北东方向突出的弯曲。

②侧碛与中碛地貌

在芦林冰窑的西南方向,有一短小的垄岗地形,垄的物质成分主要是庐山冰期的黄色泥砾,这是处短小的侧碛堤;在王家坡 U 形谷出口处,位于高垄附近,在南、北两侧各有一条十余米的带状冰川堆积物组成的岗岭。其堆积物为棕红色黏土夹砾石,这是二条侧碛堤。

庐山裁缝岭中碛垄位于王家坡 U 形谷顶部,由白沙河、小天池、莲谷悬谷三条冰川汇合而成。垄长 800 米,宽 100~250 米,头宽尾窄,海拔 900~1000 米。垄的物质成分主要为大姑期冰碛泥砾和庐山期冰碛泥砾,出露厚度 5~8 米。

③漂砾:飞来石

这座冰川巨砾存于牯岭西谷,大林路中部,庐山中学对面的大林路畔,今俗称"飞来石"。据中外地质学家一再研究,它是 100 多万年前因冰川移动而搬运过来的。飞来石为重叠石,属于冰桌,冰桌又称为冰台,是指在 U 形谷中或山麓地带聚集的巨大冰川漂砾横置于其他冰川漂砾之上的现象。西谷冰川 U 形谷中的冰桌,下部的巨大漂砾长 8.9 米、宽 6.1 米、高 4.5 米;上部的巨大漂砾长 5.6 米、宽 4.5 米、高 2.9 米。由于它的岩性与周围的岩石性质大相径庭,因此可以断定它是从别处通过某种作用搬运而来,两块超然叠置的巨石,小的横架大的面上,乍看形如老鹰翅膀,又似天外飞来,神乎奇妙,故而得名。关于这个飞来石,还有个美丽的传说,相传盘古开天辟地后,天被共工打破,女娲补天之时,跌落碎片飞来这里化成。另有传说,夏禹治水架舟临汉阳峰考察九江洪流走向,庐山各个山头逐次露出,大禹欲一一登临观之不得,正巧飞来一只老鹰点头展翅,大禹即予跨上。怎料,老鹰飞到此处上空,体力不支坠下,翅膀跌脱,正落下块石面,以后化成上块石头。

3.4.3 观赏价值

匡庐奇秀甲天下,这不仅同它的构造运动、山体的岩性有关,也与冰川的作用密切相连。庐山的第四纪冰川,大约形成在距今 200 万年前,尽管时过境迁,但冰川遗迹却仍历历在目。在秀丽的西谷,通往花径的林荫道旁,有两块相互叠置的巨石,略小的一块突兀横架在大石之上,其形态颇似展翅欲飞的苍鹰,来之蹊跷,被称为"飞来石"。著名地质学家李四光认为,它不是"飞"来的,而是冰川作用过程中,形成的别具特色的"冰碛地貌"——冰桌。据李四光的论断,庐山是我国东部第四纪冰川遗迹最典型、最集中的一个山体。庐山冰蚀地貌主要分布在山区北部,其中以冰斗、冰窑和 U 形谷最为典型。庐山冰斗最著名的是大坳冰斗,它发育在大月山的东北角;此外,牯岭街心公园下临的窑洼也是一个冰斗,庐山有多处冰窑,其中以芦林盆地最著名,这是当年大校场和牧马场两条槽形洼地的冰舌汇合处,后经冰川的刨蚀作用而形成。

水有水路,冰有冰道。U形谷就是冰川运动过程中的谷道,地质学上称冰川谷。庐山主要U形谷(黄志强,1996)有王家坡、七里冲、大校场、石门涧、庐山垅、莲谷和小天池等,其中尤以王家坡U形谷气势磅礴,地貌典型。王家坡谷地介于小天池的长岭头之间,谷宽平直,谷壁切割整齐,谷底平坦,规模宏大,冰蚀特点非常突出。庐山的冰川遗迹令世人瞩目,它为人们提供了一个考察第四纪冰川活动的宝贵场所,其怪绝嶙峋的岩石,层出不穷的奇峰,别有意趣的幽谷,无疑也与第四纪冰川的"洗礼"是分不开的。

由于庐山的第四纪冰川遗迹地貌的特殊性,对其成因长期以来争论不休,这也正是其旅游价值所在,不仅吸引众多的国内外学者,而且还吸引来了大批怀着"求新、求奇、求特"心理的游客。庐山的第四纪冰川地貌景观有如下四大特色为世人所关注。

(1)冰川地貌类型齐全。在中国东部地区,唯独庐山的第四纪冰川地貌类型最为齐全且较典型(曹伯勋,1995)。冰斗、冰窖、冰坎、冰川U形谷、冰川悬谷、冰川刃脊、冰阶、冰盆、冰川角峰、冰川盘谷一应俱全。冰川运动学的遗迹也较多,冰川条痕石、冰坡、冰川表皮构造、冰川压入构造、剪断构造、斜层构造、基岩团块构造、龟背石、羊背石、鼻山尾均有发现。冰川中碛垅、侧碛垅、终碛垅、冰水湖历历在目,特别是冰川与冰水呈犬牙交错状剖面的存在及白色冰碛泥砾堆碛剖面遗迹的发现,意义较大。庐山应是研究古冰川地貌遗迹的理想基地。

(2)受冰后期流水强烈侵蚀形成了高品位的旅游景观。庐山的第四纪冰川地貌遗迹,由于冰后期地壳强烈反弹快速上升,因此受冰后期流水侵蚀较为强烈。这样一来,虽然使冰川遗迹遭到了不同程度的破坏,增加了研究难度,但却造就了大批高品位的山水旅游景观。庐山几乎所有旅游品位较高的巉岩奇峰、怪石、岩台,都是在冰川刃脊的基础上,再经过流水的适当改造而成的;庐山独具特色的悬崖、瀑泉、碧潭景观,大都是在冰川U形谷、冰阶、冰盆的冰蚀雕刻基础上,再经流水的侵蚀叠加而成的。

(3)人与自然的和谐统一特色。庐山顶上的众多冰斗、冰窖、冰川U形谷,由于地形相对较为平坦,历来就成为人类文化活动与避暑休养的胜地。几乎每个冰斗、冰窖、U形谷中都有寺庙。高山顶上特有的牯岭镇就位于岳洼冰窖。

庐山第四纪冰川遗迹具有较高的美学价值。一切自然景色最明显的特征就是物质性,它构成了自然景观审美符号的基础。庐山古气候冰川属于山麓冰川(赵良政,1985),因早期气候潮湿,降雪量大,负温较大,冰川活动强,冰舌常能延伸到较低的海拔地区,冰川地质地貌显著。庐山在第四纪以来,受新构造运动影响的同时,受第四纪气候的多次冷暖交替的变化,在内外营力综合作用下,塑造了庐山奇特的地质地貌。牯岭景区是国内保存第四纪冰川遗址的典型。

①形态美

所谓形态美,就是以风景美空间结构形式为基础,并赋予传统山水美的含义。它是以地形的空间形态为基础,但并不是简单的地貌学上的概念,而是将多种自然景观要素,如水、植被及某些审美意识有机结合,构成中国山水美学上的特有含义。"上善若水"出自《道德经》。水,滋润万物,平和不争。老子以物喻人,讲求的是学习水"利万物而不争"的品性。然而当水结为冰,在壮观的冰川世界里,你会看到水的另一种姿态:融冰侵蚀花岗岩,冰川裹挟着岩块前行,或凿壁成坑、或刻石留痕,或斗峰交错于谷岭、或乱石列阵于荒原。庐山第四纪冰川古气候遗迹的形态美大体概括起来,即为雄、奇、险、秀、幽、旷等。

其一,雄伟美和险峻美。"横看成岭侧成峰,远近高低各不同。不识庐山真面目,只缘身在此山中。"庐山几乎所有旅游品位较高的巉岩奇峰、怪石、岩台,都是在第四纪冰川刃脊的基础上,再经过流水的适当改造而成的。如犁头尖角峰,峰体苍劲,形如铁犁,挺拔峻峭,构成特有的孤峰地貌景观。犁头尖角峰,像一只昂首挺立的海豹,静静地凝视着前方。

含鄱岭是较为典型的山势高险地貌景观。岭脊如刀刃,两坡陡峻峭拔,形态似脊。含鄱岭上含鄱亭,是观赏鄱阳湖、日出、月出的理想之处。"含鄱岭上一亭孤,脚底云层似海铺。浓雾渐低山渐出,林间一扯漾晴湖。"正是对此景的描写。冰川运动时期山体隆起,再经冰融作用,使山体崩解,形成此番浩然、雄伟、惊险神奇的景观,这里的每一块冰川石上都记载着岁月的流逝、万物的演变。

鞋山形状似鞋,前低后高,鞋山长约 500 米,宽约 200 米,最高处海拔 90 余米。传说是仙女落入湖中的绣花鞋,故名鞋山。该山周围碧波滔滔,三面绝壁,仅西北一角可以泊船。

其二,奇特美。三叠泉盘谷堪称庐山第四纪冰川古气候遗迹奇景之美的典型,三叠泉盘谷位于九叠谷谷地的出口处,两山环绕组成一盘状洼地,底部堆积有大量冰川沉积物及冰川漂砾。谷中有名传遐迩的三叠泉,被誉为"庐山第一奇观"。古冰川山体怪石参差,或立或卧,或圆或方,如鹰如狮,如猴如虎,千姿百态,惟妙惟肖。"散为飞轻烟,垂似银丝贯珠玉。随风变态尽难名,观者同骇心与目。我欲揽之作玉虹,笑骑挥斥绕太空,穷源直到天河东。"三叠泉的胜状令人遐想无穷。

其三,秀美。冰川消退后往往积水,成为冰斗湖。冰斗是一种三面陡崖围绕,一面向山下敞开的圈椅形洼地,开口处为一高起的岩坎。冰斗湖四周群山环绕,湖水清澈,湖畔浓荫馥郁。就如同一颗发光的宝石镶嵌在林荫秀谷之中,其清净优美,堪比仙境。如若在烟雨朦胧的天气前来观赏湖景,这便会让你想到"此景只应天上有"。置身其中,给人一种安逸、舒适的感受,使人心旷神怡。

其四,幽美。峰峦、溪谷、宫观皆掩映于繁茂苍翠的林木之中,牯岭幽林叠谷,是在姿态各异的峰峦中,悬崖峭壁,云海雾趣,飞瀑流泉,幽林叠谷,争相斗奇较集中的一个山体。牯岭素有"匡庐奇秀甲天下"的美誉。晨曦里,片片云雾从山间升起,进而联于形成一条条云带,绕着山腰,冲着山弯,争先恐后朝前涌去。云带连成云河,云河汇入云海,茫茫无际。群峰淹没在云海里,极力伸出尖尖的脑袋。晨曦里,峰峦的墨绿与云海的亮白构成明显的反差,犹如一幅巨大的板画。

如琴湖坐落西谷,峰岭围抱,森林蓊蔚,环境幽雅。湖心立岛,岛内有许多人工饲养的孔雀,因此名为孔雀岛,曲桥连接,上级水榭,形成绿水青山,相映成趣,临立岛上纵览四周妙处横生。

其五,雄伟美。冰川的运作,形态各异的山石互相挤压堆积,层层叠叠、铺向天际。含鄱口的奇妙就在于一个"函"字,造成"千里鄱湖一岭函"的气势。宽敞的空间、辽阔的视野、低舒的葱茏、山的静止、水的流动等种种情致极度不相同的美相互对照、相互辉映、相互连接成为一体,幻妙与旷达是这里的精妙所在、魅力所在。

②色彩美

每个海拔层次都有自己不同的美!清晨,只见鄱阳湖上晨光熹微,天水一色,一轮红日射湖而出,金光万道,霎时湖天尽赤,半壁河山成了一幅灿烂绚丽的画卷。雄伟、瑰丽、云浓雾密,莽莽苍苍,状如鱼脊的含鄱岭,像一座屏界屹立在庐山的东南方。

当亮到耀眼时,太阳便冉冉地升上水面,湖面很快就被染上了橙黄色。带着色彩的波光,特别耀眼,特别璀璨。一会儿,太阳全部跳出湖面,一片深红色,照亮了青山,染红了碧水,呈现出"红霞万朵百重衣"的壮丽图景。

③动态美

沿锦绣谷傍绝壁悬崖修筑的石级便道游览,可谓"路盘松顶上,穿云破雾出。天风拂衣襟,缥缈一身轻。"谷中千岩竞秀,万壑回萦;断崖天成,石林挺秀,峭壁峰峦如雄狮长啸,如猛虎跃涧,似捷猿攀登,似仙翁盘坐,栩栩如生。一路景色如锦绣画卷,令人陶醉。

谷中石怪,垒垒巨石,形态各异,奇峰怒拔,气象万千。有的如白发老翁,有的似跳出水面的青蛙,有的若搏斗的双狮、扬鬃撒足的野马、翱翔长空的雄鹰,还有的像观音对台梳妆。人们给这里的峰岩取了许多动人的名字,赋予它们优美的传说。

④声音美

"不到三叠泉,不算'庐山客'。"三叠泉每叠各具特色,一叠直垂,水从20多米的巅其背上一倾而下;二叠弯曲,直入潭中"上级如飘雪拖练,中级如碎玉摧冰,下级如玉龙走潭",声如雷鸣,令人叹为观止。

⑤朦胧美

登上含鄱亭,极目四眺,湖光山色,尽收眼底。观着云海和日出,更是别有一番情趣。"乍雨乍晴云出没,山雨山烟浓复浓"。当你兴致勃勃地观看岭下风光时,霎时间,薄薄的雾自湖中缓缓升起,越来越浓,越来越大,转而变成白絮,变成云烟向山岗上涌来,倏忽间,峰隐湖失,到处是白茫茫的一片,伸手可触。

人在雾中行,仿佛进入了一个混浊世界,使你感到迷蒙,茫然。"苍虬绛节度峥嵘,下界微茫匀水明。最爱他山云似絮,不知身在絮中行"正是对此情境的描写。

(4)庐山第四纪冰川遗迹具有较高的历史文化价值。文物古迹是研究历史上各个时代最好的教科书。第四纪冰川是指在距今约200万年前的新生代第四纪大冰川期,极地或高山地区由降落在雪线以上的大量积雪,在重力和巨大压力作用下形成的沿地面运动的巨大冰体。它是地球史上最近一次(更新世)的大冰川,一般为舌状,冰川面往往高低不平,有的地方有深的裂口,即冰隙。冰川可分为大陆冰川和山岳冰川两大类。我国著名科学家李四光先生在庐山考察时,发现了第四纪冰川留下的踪迹,提出了中国第四纪冰川地质学说。

李四光等一批科学家认为,庐山周围地区山岭丘陵平原地带,来自3~12千米之外庐山上的0.5~7.5米的巨大砾石是第四纪冰川"漂砾远扬"。大排岭冰川遗迹及拆离断层带特别景观区顶上,有一个第四纪早更新世大排岭期的、最古老的冰碛泥砾混杂岩剖面,底部发现有冰川表皮构造。在海拔284米的大排岭及海拔193米的金定山顶到处都有巨大的冰川漂砾,有的重达220吨以上。在大排岭东直至斗米山、桃花铺一带是庐山变质核杂岩边部低角度韧性剪切拆离断层带的一个组成部分,可见18亿年前的早元古代变质岩与7亿年前的硅质岩呈断层接触,且102百万年前的斜长岩、花岗岩及伟晶岩被拆离断层改造,证明庐山变质核杂岩形成于中生代晚期。大排岭也是一个古老的高岭土矿床,紧邻白鹿洞书院。

庐山具有独特的第四纪冰川遗迹,是中国第四纪冰川学说的诞生地,山麓鄱阳湖滨遗留着末次冰期时由古季风环流产生的独特的风沙丘群。庐山的冰川应属于山岳冰川。大陆冰川运动较慢,对地表的影响较小;而山岳冰川运动较快,对地表的影响深刻。

中国东部第四纪冰川一直存在着争议,作为中国东部第四纪冰川发育的典型地区,庐山第四纪冰川遗迹的科学价值(黄培华,1982;汪石林 等,1999),一直以来得到国内外许多专家的关注。对庐山地区开展相关的第四纪冰川及地质遗迹的研究工作,对庐山第四纪冰川的存在,认识中国东部第四纪冰川产生的影响,及揭示我国第四纪环境的变化具有重要意义。庐山古气候冰川中对地学研究有利的景观颇多,包括地质、地形(任美锷,1953)、气候、天气、动植物等。

① 地质、水文特征

经过李四光等几代地质学家在庐山所做的大量研究工作证实,在第四纪时,庐山曾发育过多期冰川作用,留下了大量冰川作用遗迹,有冰斗、U形谷、冰窖、冰览、冰溜面、角峰、刃脊等。庐山发育大量的冰碛物,可以从山上一直分布到山麓地带,从地貌上判别主要有终碛堤、侧碛堤、冰水阶地、漂砾等。此外,庐山还发育冰楔、表皮构造等冰川作用遗迹。

地层。景区内出露最老的地层是早元古代星子群变质杂岩。中元古代双桥山群,是一套砂、板岩互层的复理石浅变质岩系。晚元古代青白口系是一套火山岩系。南华系由陆相砂砾岩及冰碛岩组成,震旦系至中三叠系沉积了一套陆表海碳酸盐岩夹细粒碎屑岩。白系至下古近纪为陆相红色砂泥岩达。第四系更新统有次冰碛泥砾堆积。

岩浆岩。在晚元古代板块碰撞造山运动过程中,有大规模富钠花岗岩侵入及相应的酸性火山岩喷发。侏罗纪—白垩纪,区内及外围有大量富钾型陆壳重熔型花岗岩侵入体,局部有火山喷发及中酸性火山岩侵入体,另有少量基性岩墙群。

构造。早元古结晶基底以片内无根褶皱为主。中晚元古代浅变质基底褶皱以倾伏斜歪紧闭褶皱为主。震旦系至中三叠系地台盖层褶皱以"侏罗山"式为主。中新生代红层为掀斜式褶皱。庐山古气候冰川的主体构造为变质核杂岩及断块山构造。

水文特征。庐山地区水资源丰富,有着丰富的降水、地表水甚至地下水,庐山顶上已打出自流井,仰天坪开发区的供水已能满足。

② 地形特征

庐山古气候冰川遗迹外险内秀,具有河流、湖泊、坡地、山峰等多种地貌。依次由断块山构造地貌景观、冰蚀地貌景观、流水地貌景观叠加而成。第四纪大冰期时,庐山曾产生过4次冰期,此种海洋性山麓冰川的刨蚀作用特别强烈,在高大的断块山基础上,形成了一系列冰蚀地貌景观,刃脊、冰斗、冰窖、U形谷、角峰等。1万年以来的冰后期,由于庐山雨量充沛,水系发育,在流水强烈侵蚀作用下,对断块山构造地貌及冰蚀地貌进行着强烈改造,形成了一系列独特的流水地貌景观,断层崖、冰川刃脊变成了险峻的奇峰巇岩,U形谷形成新的峰谷与峡谷,悬崖峭壁林立,异常雄伟壮观,为大量瀑布形成奠定了基础。

③ 天气、气候特征

庐山夏天凉爽,冬天也不太冷,这是庐山又一优越条件。节令特色是春迟、夏短、秋早、冬长。根据历年记载:庐山气温最高只有32 ℃,最低为−16.8 ℃,全年平均为11.4 ℃,可见庐山气温适度。按季节平均计算差异也较正常:春季是11.5 ℃,夏季为22.6 ℃,秋季则为17.4 ℃,冬季常在1 ℃左右。雨量丰沛,全年平均降雨量1917毫米,年平均有雨日达168天。庐山水源主要来自大气降水。

庐山云雾较多,全年平均有雾日达192天。更奇异的是庐山云雾常年此出彼没和变化莫测,给庐山增添了妙景。

④ 动植物资源

庐山生物资源丰富。森林覆盖率达76.6%。高等植物近3000种,昆虫2000余种,鸟类170余种,兽类37种。山麓鄱阳湖候鸟保护区是"鹤的王国",有世界最大的白鹤群,被誉为中国的"第二座万里长城"。

庐山第四纪冰川遗迹的科普价值。目前的旅游大多限于名山大川、文物古迹，对庐山古气候冰川遗迹的旅游知之甚少，地质工作者研究的大量冰川科学成果目前尚未得到充分利用，应大力宣传庐山冰川古气候遗迹旅游，开展科普宣传，让游人和当地人了解冰川遗迹特性，认识到冰川遗迹是珍贵的资源，而且不可再生，提高公众保护冰川遗迹自觉性。

3.4.4 资源稳定性

庐山第四纪冰川古气候遗迹是不可移动的，是旅游资源的根本属性之一，随着旅游者的光顾和岁月的流逝，几乎不会被消耗。它们不像那些珍宝文物如书画等，只有取得相对稳定的位置，比如放在博物馆时，才具有旅游资源的稳定性。观景时间也具有稳定性，全年均可观赏，并且由此衍生的景观丰富，如芦林冰窖、如琴湖、锦秀谷、含鄱岭、三叠泉等（表3.4），也是四季均可体验。

表3.4 庐山第四纪冰川遗迹地貌景观一览表

成因类型	形态类型	典型景观名称
冰川刨蚀侵蚀型	冰斗	1.大坳，2.黄龙庵，3.鳄鱼石，4.月弓堑，5.五乳寺，6.鼓子寨，7.黄岩寺
	冰窖	1.窑洼，2.芦林，3.黄龙寺，4.三逸乡，5.仰天坪，6.簸箕窝
	U形谷	1.王家坡，2.大校场，3.七里冲，4.东谷，5.西谷，6.剪刀峡，7.锦秀谷，8.石门洞，9.白沙河，10.长垅涧，11.青莲涧
	悬谷	1.莲谷，2.月轮峰，3.汉口峡，4.芦林桥
	冰溢口	1.汉口峡，2.天桥
	冰坎	1.大坳，2.石门洞，3.芦林桥
	冰筅	1.大月山，2.斗米洼，3.大寨
	角峰	1.太乙峰，2.犁头尖，3.月轮峰，4.日照峰
	刃脊	1.大月山，2.小天池—大寨山，3.屋脊岭，4.女儿城，5.长垅，6.含鄱岭，7.九奇峰，8.梭子岗，9.五老峰，10.牯牛岭，11.红石崖 12.大埂
	冰阶	1.百丈梯，2.钓鱼台，3.石门洞，4.三叠泉
	盘谷	1.莲花洞，2.报国寺，3.学洼，4.何家垅，5.黄照岭，6.观音阁
冰川运动推挤摩擦型	冰坡	1.金竹坪，2.牧马场，3.太乙村
	冰桌	1.飞来石，2.华盖石
	冰川条痕石	1.中庵寺，2.张家老屋水库，3.金定山
	龟背石	1.相辞涧
	羊背石	1.蛤蟆石
	鼻山尾	1.鞋山
	冰川压入构造	1.黄泥庵
	斜层构造	1.下青山
	基岩团块构造	1.金氏山庄
	表皮构造	1.羊角岭，2.大排岭，3.金定山，4.下青山
	冲断构造	1.羊角岭，2.金氏山庄，3.白石嘴
	冰川漂砾	1.金定山，2.大排岭，3.长岭，4.海会，5.蛇头岭，6.大岭

续表

成因类型	形态类型	典型景观名称
冰川堆碛型	冰水湖	1. 谷山湖
	终碛垅	1. 羊角岭,2. 新桥,3. 下青山,4. 化纤厂后山,5. 大岭,6. 姑塘,7. 大排岭,8. 金定山,9. 马头,10. 金氏山庄,11. 赛阳,12. 长岭,13. 蛇曲山
	侧碛垅	1. 高垅
	中碛垅	1. 裁缝

3.4.5 适宜观赏期和观景位置

冰斗。一年四季均可观赏,冰斗在庐山地区有大坳冰斗、鼓子赛冰斗、黄龙冰斗、五乳冰斗等十余处。

U形冰川谷。一年四季均可观赏,U形冰川谷位于庐山东北部,小天池东北3千米处,从小天池以下至山里之间,宽阔的谷地均为此范围。典型代表有王家坡U形谷、七里冲U形谷、大校场U形谷、石门洞U形谷、东谷、西谷、剪刀峡、黄龙庵、莲花洞、白鹤涧、龙门冲、恩德岭、红石崖。

刃脊。庐山刃脊在很多地方可以看到,如女儿城、牯牛岭、含鄱岭刀脊等。含鄱岭冰刃脊的峭岩刃脊呈东北—西南向延展,长达1250米,刃脊标高1286米。山脊如刃,既仄且陡,充分体现了庐山自然景观科学美的升华。

角峰。庐山上的角峰主要有犁头尖角峰、太乙峰、日照峰,均高于1300米,相对高差都在百米以上,位于刃脊之上或端部,挺拔陡峻,直入云霄。

冰窖。庐山的冰窖主要集中在庐山北部一带,它们一般是山上原有的洼地,在冰期时则成为积雪储冰场所。如芦林盆地、黄龙寺、三逸乡、窑洼等地。这种地貌在庐山山上和山下均有,山上的冰窖有芦林冰窖、黄龙寺、三逸乡等,山下的盘谷有观音桥的黄照岭、莲花洞等。

冰积地貌。终碛垄地貌在庐山均有分布,特别是在山麓有广泛分布,如在山上王家坡U形谷中就有终碛垄,以及在山麓东侧的高垄至白石咀、上青山一带,山麓西侧的莲花洞至八里湖一带等。侧碛与中碛地貌,在王家坡U形谷出口处,位于高垄附近,在南、北两侧各有一条十余米的带状冰川堆积物组成的岗岭。庐山裁缝岭中碛垄位于王家坡U形谷顶部,由白沙河、小天池、莲谷悬谷三条冰川汇合而成。垄长800米,宽100~250米,头宽尾窄,海拔900~1000米。垄的物质成分主要为大姑期冰碛泥砾和庐山期冰碛泥砾,出露厚度5~8米。

漂砾。今俗称"飞来石",存于牯岭西谷,大林路中部,庐山中学对面的大林路畔。西谷冰川U形谷中的冰桌,下部的巨大漂砾长8.9米、宽6.1米、高4.5米;上部的巨大漂砾长5.6米、宽4.5米、高2.9米。

3.4.6 庐山第四纪冰川古气候遗迹成因

(1)适宜的温度和降水条件

庐山现今的气候特点是冬长夏短,温度低,气候凉爽,具夏凉冬暖的海洋性气候特色。根据庐山气象站资料统计,海拔1164米的牯岭多年平均气温为11.54 ℃,年平均最高值为15.2 ℃,最低值为8.7 ℃。一年中有150天的平均气温在8.0 ℃以下。根据某一地区现今平均气温,总是在第四纪时期最冷和最热的气候之间。沉积物的赤铁矿的矿化度,一般来说与气候的冷暖变化呈线性关系,即赤铁矿的矿化程度越高,则气候越炎热。反之,赤铁矿的矿化程度越低,则气候干燥、凉爽。将第四纪地层中各测点的 Fe^{3+}/Fe^{2+} 的值求出。之后,再求出地层中的 Fe^{3+}/Fe^{2+} 的平均值。最后,将各测点所求得 Fe^{3+}/Fe^{2+} 的值与地层中的 Fe^{3+}/Fe^{2+} 的平均值相比较,小于平均值的测点则说明此点沉积时的年平均气温比现在年平均气温要低,即比现今偏冷;相反,则说明该测点沉积时的年平均气温比现今年平均气温偏高,即比现在偏暖。这些测点 Fe^{3+}/Fe^{2+} 值虽然不能完全代表沉积时的数值,大小受到地质形成过程的影响,但从相对意义上说,它们仍在相当程度上反映当时的气候环境及古温度变化趋势。和第四纪沉积地层中反映的各冰期冷暖变化趋势大体一致。

在冰期中,庐山第四纪沉积物反映出当时古温度值明显下降;到间冰期时,沉积物反映出当时古温度值明显升高。大部分测点反映冰期时年平均气温在 3.2～10.8 ℃,比现代庐山山麓年平均气温 17 ℃要低 7～14 ℃,如果考虑到气候垂直分带性的变化,庐山山顶牯岭地区的年平均气温在 0～7 ℃,比现代庐山山顶年平均气温低。如果再扣除沉积物后期湿热风化作用对沉积物中 Fe^{3+}/Fe^{2+} 的多次叠加作用的影响,那么,冰期时庐山地区年平均气温还更低。庐山自第三纪以来一直处于被侵蚀的状态,说明庐山第四纪时期山顶的温度会更低。在第四纪初期,我国大陆东西高程相差不大,受印度洋暖湿气流的影响,完全有足够的降水和温度条件发育大规模的冰川。

(2)动力条件

变质核杂岩由深变质岩内核、低角度主拆离断层、盖层三部分构成。在距今 9600 万～6500 万年前,低角度主拆离断层将深埋在鄱阳湖底下 15～21 千米处的深变质岩石(距今 25 亿～18 亿年),经过 36 千米以上的距离由东向西地撕拉到了庐山东南部的海会、大排岭、观音桥、华林山、秀峰、温泉一带的地壳浅部。低角度主拆离断层在长距离运动过程中,后期产生变形。由倾斜的板状变成了背形圆弧状,将古老的深变质岩包在核心,断层四周的盖层由距今 10 亿～8 亿年的沉积岩组成,构成了庐山的主体。

距今 6500 万～2330 万年前,在变质核杂岩盖层的基础上,产生了庐山断块山的雏形。庐山山体东西两侧新产生的向山外倾斜的高角度正断层,构成了庐山山体的边界。在断块山上升过程中,庐山四周相对下沉形成湖泊。距今 2330 万～300 万年前,庐山断块山进一步快速上升,待 3 百万年前第四纪大冰期到来之时,庐山已是一座孤立雄伟的断块山。

施雅风认为,在夏季高温多雨条件下庐山要形成冰川冰,在 7 月平均气温的基础上必须降温 20 ℃,即地表平均气温降为 2 ℃,据知全世界在第四纪冰期都没有出现过幅度如此之大的降温值,并确信庐山的"冰川作用"是泥石流所为。像 2008 年的冻雨给我们留下了滴雨成冰的难忘奇观,冻雨是一种过冷却水滴(温度低于 0 ℃),在云体中它本该凝结成冰粒或雪花,然而找不到冻结时必需的冻结核,于是它成了碰上物体就能结冻的过冷却水滴。丰富的过冷却水是形成冻雨的必要条件,要持续更长时间就需要极其苛刻的暖锋逆温层条件,地势较高的山区,冻雨开始早,结束晚,冻雨期略长,如皖南黄山光明顶,冻雨一般在 11 月上旬初开始,次年 4 月上旬结束,长达 5 个月之久。冻雨一般厚度可达 10～40 厘米,如果"冰期"之庐山遇到形成超长时间冻雨的气候,极端气候造成庐山"冰川"在短时间内形成冻雨厚度也足以形成小型的冰川,而且减少了从降雪到形成冰川冰的阶段,可以说在形成冰川的时候走了一条捷径。这样急速成冰的形成条件也可以解释短时期不足以改变土壤环境和植物物种。这只是黄尧和云锟(2013)的一种另类推测,要想解决这个一直争论的话题必须要进一步探讨"冰期"庐山气候和全球气候的联系,因为这可能就是一种极端气候。

3.4.7 庐山第四纪冰川古气候资源评价

冰川遗迹是古气候遗迹中极为重要又极为特殊的组成部分之一。庐山是中国第四纪冰川古气候研究的摇篮,中外地质学界专家曾多次到庐山考察,或在庐山进行科考工作。到庐山来进行过第四纪冰川遗迹调研的主要地质学家有杨钟健、喻德渊、袁复礼、许杰、孙殿卿、贾兰坡、郭令智、任美锷、施雅风、李吉均等。张伟等(2011)的研究结果表明,庐山地区的第四纪冰川地质遗迹综合评价为8.8分,属于世界级,为国际性的。

庐山第四纪冰期具有全球对比意义,庐山第四纪冰川是发生在中国东部中纬度中山区的冰川。庐山是中国第四纪冰川地质学奠基地。庐山地貌景观丰富而独特,是由断块山构造地貌、冰蚀地貌、流水侵蚀地貌互相叠加而成的复合地貌景观。庐山第四纪古气候冰川遗迹不仅享有较高的声誉,同时奇美俊秀,具有特殊的美感与非常的观赏价值。由于第四纪时期发生的冰川作用距今已时代久远,冰川地质遗迹大多经过了后期风蚀、流水等作用破坏,甚至有些已经难以识别,因此冰川地质遗迹又常常笼罩着一层神秘的面纱,就像历史上有关冰川的争论一样,真假难辨,而正因为如此,冰川地质遗迹具有重大的科学研究价值。

3.5 气候环境资源综合评价

庐山气候养生、气候体验、气候景观资源及第四纪冰川古气候遗迹共同构成了庐山的气候环境资源。庐山的风景名胜很多,遍布山南山北,无论人们走到哪里,都有看不够的秀美景色。这里有白居易歌咏桃花的花径,有传说仙人居住的仙人洞,有幽谷栈道的锦绣谷,有卧龙昂首的龙首崖,有幽深、静谧的黄龙潭,有飞流渲泄的乌龙瀑,有"千里鄱湖一岭函"的含鄱口,有隐藏深壑的三叠泉,有被誉为植物王国的庐山植物园,有号称山南之美的秀峰,有"天下第一"的谷帘泉,有慧远诵讲佛经的东林寺,有古代高等学府白鹿洞书院等。

3.5.1 稀有程度

鄱阳湖是中国著名的观鸟胜地(曾南京 等,2016)。每年10月至翌年3月,来自全球的珍稀候鸟飞临江西鄱阳湖,在草洲、滩涂落户安家、养育后代,形成令人叹为观止的"天鹅湖"和"白鹤长城"。鄱阳湖候鸟极其稀有,初步统计,目前保护区内有鸟类150多种,水禽69种,世界珍禽10多种,有鹤、天鹅、鹳、雁、大鸨、鹭、鸳鸯、野鸭、鹈鹕等,其中鹤类就有白鹤、白枕鹤、白头鹤、丹顶鹤和灰鹤,种类和数量都居世界第一。统计表明,鄱阳湖候鸟中有153种是中国和日本政府签订的中日候鸟保护协定中规定保护的鸟类,占该协定中保护的鸟类总数227种的67.4%,有49种鸟类是属于中国和澳大利亚政府签订的中澳候鸟保护协定中规定保护的鸟类,占该协定中保护鸟类总数81种的60.5%,还有13种鸟类被国际鸟类保护协会列为国际性濒危的鸟类,这些鸟类绝大部分是水禽候鸟,如白鹤、白鹳等。有124种。

庐山红叶极有特色。随着"霜降"节气的到来,庐山枫叶将进入"霜叶红于二月花"的最佳观赏期,这一过程可持续到11月上旬。庐山枫叶进入浸染时期,红、绿枫叶互相渗透,有的枝头红色星星点点,有的一树火红,有的红绿相间。层层叠叠的枫叶,在阳光下片片娇艳欲滴,此时的红枫虽然没有尽染,但红绿相叠别有风韵。由于庐山各处枫林的位置、高度不同,气温有一定差异,导致最佳观赏时间也不完全同步。街心公园内的枫叶大约在10月中旬就红了,此时植物园的枫叶尚有一些绿色;而植物园的大枫树一般要在10月底到11月上旬才是最红的,此时街心公园内的枫叶则已经基本落光,这主要是因为两地有2 ℃左右的温度差异。同理,越往山顶,枫叶红得越早;越到山脚,红得越晚;并且北部的枫叶红的时间也早于南部。庐山的红叶好似燃烧的山火,万花都落尽,一树红叶烧。醉美庐山枫叶红是诗、是歌、是舞、是酒、是画,吟不完,唱不尽,跳不停,品不够,添异彩! 谁打翻了调色板,滴落在庐山的山岭山间?秋天来时,江南依然郁郁葱葱,甚少秋的味道。等到哪天晨起,察觉有丝凉意,加上一件长恤时,秋天已经过了一半。而在庐山,不必担心没有纯粹的秋天,气候再反常,山上的秋色总是浓的。秋天的庐山,金黄色的枫树叶在绿树葱茏的松树间点缀着一道道山脉,别有情趣;白云朵朵飘浮在山峦间,秋高气爽,凉风习习,当你屹立在含鄱口海拔1211米的豁口上或者登上海拔1358米的五老峰四峰,你无法不从内心发出"一览众山小"的感慨。

不是所有的温泉都是真的温泉。《庐山方志》中把庐山温泉记为庐山一绝。该温泉在庐山海拔1000米处,可以说庐山温泉是庐山的血液,是庐山的精髓。庐山温泉为元古界板溪群浅变质岩,岩性主要为二云母片岩、石榴云母石英片岩、石英片岩和角闪片岩,有大量花岗岩脉、花岗伟晶岩岩脉和角闪岩脉侵入其中,分布在东西向狭长沟谷中,自第四系黏土、砂砾石层中涌出,伴有串珠状气泡溢出,泉水无色、透明,具硫化氢,平均水温65 ℃,水质为重碳酸钠型水,素有"江南第一温泉"之美誉(欧阳庆 等,2010)。

庐山气候养生资源当属华夏山水奇观、绿色王国、天然氧吧、"活化石"标本,得天独厚的自然景观资源和稀有的旅游元素当属山水奇观。景区人性化设计别具一格,古老建筑独具匠心,水陆环线步随景移,水陆并举美不胜收,水上娱乐刺激亢奋,高峡平湖碧波粼粼,百舸竞游忘情山水;生态园林大气恢弘,徜徉其中,心旷神怡,抚今溯古,忘却时空。"山水一体、林园一体、古今一体、人文一体、典雅一体"的自然特质,实属罕见。

庐山不但是中国的名山,也是世界级的名山。1996年联合国教科文组织总部在巴黎召开了世界地质公园评审委员会会议,中国申报的黄山、庐山等8个地质公园全部通过。庐山成为中国、也是世界首批世界地质公园。

庐山第四纪冰川古气候遗迹是古气候遗迹中极为重要又极为特殊的组成部分之一,张伟(2011)研究结果表明,庐山地区的第四纪冰川古气候遗迹属于世界级,为国际性的。庐山有独特的自然景观和文化历史。庐山的美是大自然鬼斧神工造成的,其独特的景观是在冰河时代被冰雪雕塑而成。虽然庐山冰河时期的冰川地貌许多地方受到后期流水等外动力作用破坏,不像现代青藏高原那样一目了然,但冰川作用所遗留下来的大量地貌特征,沉积物中含有的许多信息,均可帮助我们再现庐山在第四纪时期宏伟、壮丽的古冰川面貌。

数十千米幽邃峡谷,古木森森,清流奔涌——河中潭、崖壁瀑、林中溪、叠岩泉、瀑流交融,湖瀑相连,蔚为壮观,水上蹦极及其他娱乐项目其乐无穷,千余米的水上滑道惊险刺激,16千米的森林休闲漂流激情飞扬。"一雨百瀑匡庐水",由于庐山山体多陡崖断壁和幽深的峡谷,因而形成众多的庐山瀑布,它与泰山青松、华山摩岭、黄山云海、峨眉古寺并称为山川绝胜。"庐山瀑布,首推三叠",它以其博大雄奇的气势被称为"庐山第一奇观";而被誉为"山北绝胜"的王家坡瀑布,双流齐泻,更是别有情韵。"水不在深,有龙则灵",庐山以"龙"命名的瀑潭很多,如卧龙潭、乌龙潭、白龙潭、黄龙潭等。这些龙潭景物各异,水势不一,或双管齐下,飞梭织锦,或吐珠泻玉、袅袅坠渊,难怪唐代大诗人李白把庐山瀑布与"鄱阳烟雨"相提并论,同称"天下奇观"。

3.5.2 典型程度

庐山是中国第四纪冰川古气候研究的摇篮,是中国第四纪冰川古气候的典型。庐山典型的山地气候特征,山上山下气候差别大,不同高度的年平均气温介于5.0~17.0 ℃,相差达12.0 ℃之多,气温随地势增高而下降,山上树林密布,山下江湖环绕,加上常年雨水多,空气湿度大,使夏季山上山下的气温差异较大,呈现"山脚盛夏山岭春,山麓艳秋山顶冰"和"湖山云里锁,天籁雾中鸣"的奇特景象。

庐山的地质旅游既丰富又奇特,具有极高的美学、旅游与科学考察品位。在长逾1400千米的"江南造山带"范围内,惟独在庐山出露了一小块元古代中深变质岩系,成为扬子板块东部元古宙地质的窗口。庐山的南半部,几乎全由新元古代火山岩组成,北半部又几乎全由震旦纪砂岩组成,山之四周古生代海相地层发育齐全。中生代,庐山地区的断裂、岩浆活动特别强烈,形成了罕见的变质核杂岩构造,造就了庐山的雏形。至新生代新近纪后期,庐山才以断块山的形式快速上升为一座巍峨雄峻的高山。在第四纪大冰期来临之时,庐山在断块山的基础上,经过冰川的刻蚀及冰后期流水的冲蚀,使其地貌形态绚丽多姿、险峭绝伦,著名于世。因此,庐山地质旅游具有久远性、系统性、完整性、品位高、内容丰富的特点。

3.5.3 知名度与影响能力

"一山飞峙大江边,跃上葱茏四百旋",庐山,中华十大名山之一。庐山以雄、奇、险、秀闻名于世,素有"匡庐奇秀甲天下"之美誉。庐山入选世界文化遗产、世界地质公园、全国重点文物保护单位、国家重点风景名胜区、国家5A级旅游景区、首批全国文明风景旅游区示范点。庐山环境优美,空气清新,中外游客纷纷慕名而来。庐山第四纪冰川古气候遗迹尤其独特,优美的山水风光和特殊的冰川地质资源使得庐山近年来在国内外都具有较高的知名度。2018年度"中国天然氧吧"创建活动发布会上,庐山市荣获"中国天然氧吧"称号。

3.5.4 文化与科研价值

庐山枫叶、候鸟、花径和庐山滑雪场都是典型的气候景观资源,具有较高的观赏价值、文化与科研价值。

鄱阳湖候鸟在生物学上具有极高的科研价值。鄱阳湖候鸟保护区主要职能是开展以白鹤为代表的珍稀候鸟和湿地生态环境,以及与湿地生态保护相关的科学研究,科学地、可持续地利用自然资源(刘信中 等,2006)。据统计,鄱阳湖候鸟保护区目前有国家一级重点保护鸟类有10种,分别是黑鹳、中华秋沙鸭、白尾海雕、白肩雕、金雕、白鹤、白头鹤、丹顶鹤、大鸨和遗鸥,国家二级重点保护鸟类56种,如小天鹅、白额雁、白琵鹭、日本松雀鹰及白枕鹤等,江西省重点保护鸟类85种,如鸿雁、斑嘴鸭和绿头鸭等;中国特有鸟类4种,分别是灰胸竹鸡、宝兴歌鸫、棕噪鹛和黄腹山雀;世界自然保护联盟濒危物种红色名录(IUCN红色名录)受胁物种23种,包括极危物种2种,即青头潜鸭和白鹤,濒危物种5种,分别是东方白鹳、黑脸琵鹭、红胸黑雁、中华秋沙鸭和黄胸鹀,易危物种16种,如鸿雁、白枕鹤和白头鹤等。每年到鄱阳湖越冬的候鸟数量多达60万~70万只。越冬白鹤最高数量达4000余只,占全球98%以上。全世界

80%以上的东方白鹳、70%以上的白枕鹤在鄱阳湖保护区内越冬。这里是世界上最大的鸿雁种群越冬地(数量达6万多只),也是中国最大的小天鹅种群越冬地(最高数量达9万多只),同时也是大量珍稀候鸟的重要迁徙通道和停歇地,有10余种南北半球间迁徙的鸻鹬类鸟在鄱阳湖补充食物,其数量也达到了全球数量的1%以上,是候鸟迁徙的重要位点。

庐山的气候特点成就了枫叶独特的美,因庐山植物品种极多,针、阔叶林混交杂生,每到秋季,黄、红、橙、棕各色霜叶以碧绿的松柏为衬底,显得格外鲜艳夺目。而庐山植物园内的枫叶就更灿烂了,好似燃烧的山火,犹胜春光几分。庐山花径别具一格,围绕着如琴湖,山中的花园是庐山的特色之一。

自古就有关于庐山花径的描写,如白居易的"人间四月芳菲尽,山寺桃花始盛开。"李祚忠的《折叠五绝·庐山花径》"花径林中秀,草堂池后幽。当年司马聚,今日我来游!"孙德振的诗《庐山花径》"睨竹草堂依水开,抚琴花径问诗来。桃源是处无长恨,峰影沉浮一镜裁。"

庐山富有独特的庐山文化,具有重要的科学价值与美学价值。庐山、长江、鄱阳湖三位一体的奇妙组合,特殊的地理位置,造就出具有突出价值的地质地貌景观。在地貌学上,庐山称为"地垒式断块山"。它在10亿年前就开始了它的发展史,它记录了地球的地壳演变史,它承载过地球曾发生的那一次次惊心动魄的巨变——海陆的轮番更替、地壳的缓慢沉积、气候的冷热交替、生物的生死嬗递、燕山运动的山体崛起、第四纪冰川的洗礼……

庐山有独特的第四纪冰川遗迹,是中国第四纪冰川学说的诞生地,山麓鄱阳湖滨遗留着末次冰期时由古季风环流产生的独特的风沙丘群。

庐山第四纪冰川古气候遗迹具有很高的文化价值,如洪流奔涌的瀑布云腾空激荡,气势磅礴,由此古代文人墨客均在此留下了流传千古的名句,唐代诗仙李白"飞流直下三千尺,疑是银河落九天"千古绝句,宛若白鹭千片的三叠泉势如奔马,声若击鼓。庐山气候环境资源具有较高的科研价值。庐山地区地质结构复杂,形迹明显,展现出地壳变化的主要过程。第四纪庐山上升强烈,许多断裂构造形成众多山峰。山地中分布着宽谷和峡谷,外围则发育为阶地和谷阶。众多的奇峰、怪石、瀑布、岩石等,形成了奇特瑰丽的山岳景观。单就古气候冰川遗迹而言,迄今为止,在庐山共发现一百余处重要冰川遗迹,完整地记录了冰雪堆积、冰川形成、冰川运动、侵蚀岩体、搬运岩石、沉积泥砾的全过程,是中国东部古气候变化和地质特征的历史记录。

庐山第四纪冰川古气候遗迹具有很高的科研价值。黄尧和云锟(2013)研究表明,庐山的许多沉积与地貌现象可以用泥石流作用加以科学的解释。泥石流是由泥浆和大小石块两部分组成的整体结构性流体。因为组成泥浆的重要部分是黏土,它在水中呈胶体颗粒形式存在,而胶粒双电层中的电荷不平衡所产生的电动点位有吸附的性能,这就决定了黏土具有极强的黏结力(希辛柯,1957)。泥石流体的黏度又与浮托力之间完全是一种直接的函数关系(维利康诺夫 等,1963),因此泥石流具有很高的浮托搬运能力,它常将体积大和数量多的石块搬运很远的距离。如西藏古乡沟1953年特大泥石流曾将1000万立方米的土砂石块搬到沟外,距离达6千米,石块中最大者达2000吨(邓养鑫,1985)。研究结果表明,当泥石流浆体组成比较均匀,沟床比较平滑时,其粗糙率值和同等条件下的水流相似,甚至还要小些,它显示了泥石流体高浓度、层流输送大量固体物质的性质(唐邦兴 等,1980)。其重而大的"漂砾"也完全可能由大暴雨后造成的大型泥石流浮托带至几千米外,而且其"冰桌"也可以用泥石流中的砾石停滞后相互叠加,而后又经过流水长时间的侵蚀将周围的松散堆积物冲走便形成现在之"冰桌"来解释。

3.5.5 资源稳定性

气候资源与其他资源不同,在时空分布上具有不均匀性和不可取代性。庐山气候养生资源稳定性表现在庐山空气质量常年为优,空气非常清新时段占全年总时长的66.7%,庐山全年共有8个月的月平均负氧离子浓度等级在5级以上;2017年,庐山空气质量指数(AQI)年均值为74.5,空气质量"优良"天数达272天。作为避暑旅游圣地而言,庐山全年适宜旅游出行。其中,6个月(3月、5月、6月、10月、11月、12月)为度假旅游的"适宜期";2个月(7月、8月)为度假旅游的"很适宜期";9月是度假旅游"特别适宜期",HCI指数最高值,是一年中最适宜出行的月份,9月庐山雨日较少,秋高气爽,光照、温度、湿度、云量均较适中的月份。

庐山气候体验的稳定。每年盛夏,鄱阳湖盆地赤日炎火,最高气温可达39℃以上,而山上夏季平均气温只有22.6℃左右,早晚温度常在15~20℃。庐山受东亚季风环流的影响十分显著,冬季亦受蒙古冷高压控制,以偏北气流占优势,偏北风为主;夏季受北太平洋副热带高压影响,盛行偏南气流,以偏南风为主。

庐山气候景观资源具有月份和季节上的限制性,虽不及第四纪古气候冰川遗迹、天然氧吧那么稳定,但是其观赏期和观景点也是较稳定的。如庐山枫叶最佳赏秋时间为10月下旬到11月上旬;鄱阳湖候鸟最佳观赏期为每年11月至翌年3月;庐山花径最佳观赏期为4月。

庐山第四纪古气候冰川遗迹首先在空间位置上具有稳定性,庐山第四季冰川古气候遗迹是不可移动的,其次观景时间具有稳定性,全年均可观赏,并且由此衍生的景观丰富,如芦林冰窖、如琴湖、锦绣谷、含鄱岭、三叠泉等,也是四季均可体验。

3.5.6 气候舒适度分析

根据2012年3月1日实施的中华人民共和国国家标准《人居环境气候舒适度评价》(GB/T 27693—2011)的规定,人居环境舒适度计算方法及等级的划分标准如表3.5所示。

表3.5 人居环境舒适度等级划分标准

等级	感觉程度	温湿指数	风效指数	健康人群感觉的描述
1	寒冷	<14.0	<-400	感觉很冷,不舒服
2	冷	14.0~16.9	-400~-300	偏冷,较不舒服
3	舒适	17.0~25.4	-299~-100	感觉舒适
4	热	25.5~27.5	-99~-10	有热感,较不舒服
5	闷热	>27.5	>-10	闷热难受,不舒服

根据庐山市1981—2010年气温、相对湿度和风速的气候整编资料(表3.6),计算得出庐山市各月人居环境舒适度等级(表3.7)。

表3.6 1981—2010年庐山市逐月平均温度、湿度、风速统计数据

历年平均月份	气温(℃)	湿度(%)	风速(米/秒)
1	0.5	72	3.4
2	2.2	77	4.0
3	6	78	4.3

续表

历年平均月份	气温(℃)	湿度(%)	风速(米/秒)
4	11.9	78	4.5
5	16.4	79	4.1
6	19.6	84	4.1
7	22.5	83	4.8
8	21.7	85	4.1
9	17.9	84	4.5
10	13.1	76	4.2
11	8.1	67	3.7
12	3	63	3.4

表 3.7　1981—2010 年庐山市各月平均居住环境人体舒适度指数

时间(月)	I	K	舒适度等级
1	2.6	−1300	1
2	3.7	−1402	1
3	7.0	−1296	1
4	12.2	−1039	1
5	16.2	−745	2
6	19.1	−600	3
7	21.7	−510	3
8	21.1	−489	3
9	17.6	−727	3
10	13.3	−915	1
11	9.2	−1047	1
12	5.3	−1187	1

从庐山各月人居环境舒适度温湿指数(I)、风效指数(K)分析，庐山人居环境舒适度为 3 级舒适时段为 6 月、7 月、8 月、9 月，合计 4 个月，温湿指数(I)值介于 17.6～21.7 之间，风效指数(K)值介于 −727～−489 之间，健康人群感觉舒适；而 5 月，庐山人居环境舒适度为 2 级时段，温湿指数(I)值 16.2，比 3 级阈值略偏低，风效指数(K)值 −745，人居环境舒适度虽然为 2 级，但总体感觉偏冷，较不舒服；10 月到次年 4 月期间温湿指数(I)值介于 2.6～13.3 之间，风效指数(K)值介于 −1402～−1047 之间，人居环境舒适度为 1 级寒冷，健康人群感觉很冷，不舒服。

对温湿指数(I)、风效指数(K)进行分析，在热应力区间(5—10 月)，除 5 月、10 月外，温湿指数(I)均处于健康人舒适级别的范畴；庐山气象站属于高山站，夏季凉爽舒适，无热感情况。上述分析表明，庐山全年高温情况很少，夏季更是清爽宜人，是"纳凉避暑"的好去处。

3.5.7 适游期分析

旅游气候指数(tourism climate index,TCI)是20世纪80年代德国学者提出的,用于评价区域气候的休闲旅游适宜程度,用于气候与旅游之间的相关问题研究,经不断地改进和优化,被国内外学者广泛使用。2013年最新提出的度假气候指数(holiday climate index,HCI)较为引人关注,其构建方式与TCI基本相同,适宜度评级分类标准与TCI指数一致,但在一些方面它对TCI指数进行了再次改进和完善。如HCI指数基于旅游市场客流量的统计数据,赋予分项指标权重,替代了TCI指数的问卷调查方式,即权重赋值更具有客观性;HCI指数选用"云量"替代了TCI指数中的"日照"因子,其考虑了云观赏性;HCI指数反映的时间尺度比TCI指数也相应有提高。

HCI由3个因子按照不同比例构成(表3.8),它们分别是热舒适因子TC(占40%,表示人体对温度高低的感觉,通过日最高气温和日平均相对湿度计算得到的有效温度TE,即环境温度经过湿度订正后的人体实感温度来表征)、审美因子A(通过云量的多寡来表征,占20%)、物理因子P、通过降水量R和风速V来表征,占40%)。最终经查表3.9获得各分因子分值后计算得出HCI,其值处于0~100之间。对应的旅游气候分级标准如表3.10所示。

表3.8 度假气候指数(HCI)的构成

影响因子	气候变量	权重(%)
热舒适	日最高气温 日平均相对湿度	40
审美	云	20
物理	日降水量 风速	30 10

表3.9 度假气候指数(HCI)的评分方案

得分	有效温度(℃)	日降水量(毫米)	云覆盖率(%)	风速(千米/时)
10	23~25	0	11~20	1~9
9	20~22 26	<3	1~10 21~30	10~19
8	27~28	3~5	0 31~40	0 20~29
7	18~19 29~30		41~50	
6	15~17 31~32		51~60	30~39
5	11~14 33~34	6~8	61~70	
4	7~10 35~36		71~80	

续表

得分	有效温度(℃)	日降水量(毫米)	云覆盖率(%)	风速(千米/时)
3	0~6		81~90	40~49
2	−5~−1 35~36	9~12	>90	
1	<−5			
0	>39	>12		50~70
−1		>25		
−10				>70

表 3.10 HCI(%)旅游气候分级标准

90~100	80~89	70~79	60~69	50~59	40~49	30~39	20~29	10~19
理想状况	特别适宜	很适宜	适宜	可以接受	一般	不适宜	很不适宜	特别不适宜

对庐山度假气候指数(HCI)分析(表3.11),庐山1月、2月和4月的 HCI 值受气温寒冷、雨水渐多的影响,属于可以接受;3月、5—6月温度适宜,但降雨对人们旅游出行、游览观光会产生更多不便,因此 HCI 表现为适宜出行;7—9月,天气凉爽,体感舒适,是很适宜出游庐山的时间段;秋末冬初(10—12月),气温较低,雨雪较多,可能造成交通上的不便,HCI 则较为适宜出行。通过分析可见,高温、严寒、降水集中等恶劣天气因素会影响人们出游,这些因素HCI 指数均已考虑在内。总的来看,HCI 指数更符合实际。

按度假气候指数(HCI)的旅游适宜期评级分类标准,庐山全年适宜旅游出行。其中,6个月(3月、5月、6月、10月、11月、12月)为度假旅游的"适宜期";2个月(7月、8月)为度假旅游的"很适宜期";9月是度假旅游"特别适宜期",HCI 指数最高值,是一年中最适宜出行的月份,9月庐山雨日较少,秋高气爽,是光照、温度、湿度、云量均较适中的月份。

表 3.11 1981—2010 年庐山市各月度假气候指数(HCI)

月	1	2	3	4	5	6	7	8	9	10	11	12
HCI	65	62	55	73	60	50	59	59	79	89	77	69
分级	适宜	适宜	可以接受	很适宜	适宜	可以接受	可以接受	可以接受	很适宜	特别适宜	很适宜	适宜

第4章 人文气象资源综合评价

4.1 气象与历史

4.1.1 庐山三大迷及十八怪

庐山三大气象之谜：雨往上、雾有声、天池"佛灯"。

著名气象学家竺可桢曾对庐山三大气象现象即雨往上、雾有声和天池"佛灯"进行过专门研究，未得其解，故留给后人研究。

根据现代气象学研究，对前两种现象是不难解释的，惟有最后一种至今仍是一个千古之谜。一般而言，雨是从云中自高处向地面降落，但这只是自然给人的一种错觉假象而已，实际上，云中的雨滴在降到地面之前，在动力作用下是要经过反复的上升、下降过程的，在这种上升、下降之中，雨滴不断得到增长，最后当云内上升气流再也不能托住它时，才能降到地面，这就是人们通常所见到的"雨往下"；而在庐山等一些山区，由于本身即处云中，存在着动力抬升气流，加之局部地方的地形抬升作用，也就不难见到随着上升气流"雨往上"的现象了。2004年7月的一天，一群游人在江西庐山游玩时，就看到了这种神奇的怪雨。这天晴空万里，阳光炽热，游人们兴致勃勃，边游玩边向山上登，时至正午，一大片白色的云团从山脚缓慢上升。不多时，只听云团中传来隐隐雷声。由于云团在游人下方，因此人们清晰地感觉到隆隆雷声就来自脚下。忽然，一阵雨劈头盖脸地砸向游人，"好好的天怎么下雨了？"人们迷惑不解地抬头观望，只见头顶的天空依然晴朗湛蓝，没有一丝云彩，俯瞰脚下，惟见云团滚滚，势如千军万马的雷雨正是来自山腰的云团！

但"佛灯"，千年以来一直充满着神奇色彩。据史书记载，庐山大天池夜可观"佛灯"观者静候台上，忽然台下空谷中一光如豆，继而数点如萤，闪闪烁烁，飘飘荡荡，越聚越多，最后星星点点，淹没于山谷。近年很少听说有人再看到，而且对"佛灯"到底为何物，是如何形成的一直存有争议，有的说是鬼火或磷火，有的说是小昆虫光，有的说是星光在云层上的反光。比较可信的解释应属于气象上的海市蜃楼现象，在一定天气条件下，此地上下层空气密度分布极不均匀，山下的灯火经过空气折射作用上传到山上人的眼中，便形成了"佛灯"现象，只不过是出现在晚上而已。但这种解释也还存在着很多难以说清楚的现象，比如既然是一种特殊地形条件下的特殊气象现象，为什么不能像小天池瀑布云那样，虽少但至少还是能见到。因此，这也只是一种假说，仍然没有得到最终科学验证。

庐山十八怪是根据庐山独特的自然、政治、人文、历史、地理、风貌等现象在参照云南十八怪的基础上归纳出来的一种民间说法。全文共十八句，每句七个字，每句最后一个字相互押韵，其韵脚基本上与"怪"字的韵脚相似，便于朗诵、记忆和流传。虽然庐山十八怪不能全部概括庐山独特的现象,但给当地居民和来山游客留下了深刻的印象。目前流传着不同的版本,其内容大同小异。第一怪:三月桃花四月开。第二怪:夏天睡觉棉被盖。第三怪:冬天走路穿草鞋。第四怪:雪地链条绕轮胎。第五怪:厨房不遭蟑螂害。第六怪:东谷下雨西谷晒。第七怪:人在云里雾里迈。第八怪:牯岭只有半边街。第九怪:街道路面铺石块。第十怪:屋面都是铁瓦盖。第十一怪:南北公路通山寨。第十二怪:不准骑车能比赛。第十三怪:一山六湖水常在。第十四怪:三石成为上等菜。第十五怪:长冲开发是老外。第十六怪:百年别墅风韵在。第十七怪:六个宗教一山待。第十八怪:影院常放一个带。

第一怪:三月桃花四月开。白居易在游大林寺时写下了"人间四月芳菲尽,山寺桃花始盛开,长恨春归无觅处,不知转入此中来"千古绝唱。我们平常讲的"三月桃花",是指黄河流域的景象,因我国的二十四节气是以黄河流域来确定的。白司马当时描写农历四月桃花始盛开的景象,实际上现在庐山也见不到了,现在庐山桃花一般是在农历三月份开放,但比山下的九江市还是要晚将近一个月。其原因可能是现在气候变暖,节气提早了。近几年来,庐山为重现白司马诗中的景象,先后从外地引进栽种了多品种和晚开桃花,供游客观赏。

第二怪:夏天睡觉棉被盖。庐山地处我国亚热带东部季风区域,却具有山地气候特色,表现出夏短冬长、春迟秋早的四季特点。年平均气温 11.5 ℃,比同纬度平原地区年平均气温低 5~6 ℃,牯岭 7 月份平均气温为 22.6 ℃,比山下九江、星子低 7 ℃,由于夏季凉爽宜人,成为我国酷暑炎热的长江中下游区域的一个著名的避暑胜地。

第三怪:冬天走路穿草鞋。庐山一般在 10 月下旬,日平均气温开始降到 10 ℃以下,时间长达 5 个月,其中有 4 个多月的月平均气温低于 5 ℃,1 月份平均气温在 0 ℃。日最低气温 < 0 ℃的日数超过两个半月。最早初雪日是 10 月 2 日,最晚终雪日是 5 月 1 日,积雪深度常达 10 厘米以上。在冰雪天气下,人们外出走路穿草鞋,主要是为了防滑。

第四怪:雪地链条绕轮胎。在冰雪天气中,汽车行驶时都要装上防滑链条,这样就不会打滑,安全系数高多了。

第五怪:厨房不遭蟑螂害。蟑螂别名负盘,俗称蟑螂,外号小强,属昆虫纲蜚蠊目,世界已知蟑螂约 3700 种,大多分布在热带和亚热带地区,少数分布于温带地区。我国已记载 18 科 60 属 240 种,全国各地均有分布。蟑螂能通过体表或体内肠道携带多种病原体而机械性地传播疾病,是人们卫生健康的大敌。然而,在庐山的厨房和宾馆却发现不了蟑螂的踪迹。这究竟是何种缘由,恐怕还得求教昆虫专家作出解释。

第六怪:东谷下雨西谷晒。这是一种气候现象。庐山的居住分布状况习惯上以牯牛岭划分为东谷和西谷两个地点,有时,东谷在下雨,而西谷却在出太阳。这种气候现象在其他的地方也同样能见到,只不过庐山因气候变化独特,见到的机会多些罢了。

第七怪:人在云里雾里迈。大文豪苏东坡在《题西林壁》写道:"横看成岭侧成峰,远近高低各不同,不识庐山真面目,只缘身在此山中"。从文字层面上理解,这是从自然和视觉角度来写庐山云雾的作用。庐山一年 365 天中平均有 191 天云雾与它朝夕相处,有雾日最高的年份达 221 天,最少的年份也有 158 天。庐山云雾千姿百态,变幻无穷。雾来时,风起浪涌;雾去时,飘飘悠悠。雾浓时,像帷幕遮住了万般秀色;雾稀时,像轻纱给山川披上了一层飘逸的外衣。庐山云雾中最壮观的要算云海和瀑布云,一年四季都可看见。

第八怪:牯岭只有半边街。庐山牯岭镇位于风景秀丽、蜚声海内外的江西省庐山风景名胜区,素有"云中山城"的美誉,是拥有世界文化景观、世界地质公园、世界优秀生态旅游景区三块金字招牌的庐山政治、经济、文化、旅游中心。牯岭街美誉为"天上街市",是庐山的重要标志。牯岭街分两段,其正街一段为繁华街市,自隧道口至良璐宾馆路段全长778米;另一段为东头步行街,民国年间称"东街",因其两边都有店铺排列,亦称"合面街",街长162米。牯岭只有半边街是指牯岭正街,它三面环山,东为大月山,西有大林山,背靠牯牛岭,面向剪刀峡豁口,为开山而建,固有的地形只允许建半边街。

第九怪:街道路面铺石块。自形成牯岭街以来,牯岭街道路面经过多次改造建设。1954年前,牯岭正街为石板路面,为步行所用。自庐山通汽车后,牯岭正街段扩建为日照峰至良璐宾馆的车行、人行两用道,改原石板为沥青路面。原先的街道路面较为粗糙,防冻性能差,不易维护,近几年又重新铺设了光滑整齐的麻石块。现在的东边的合面街仍是用方块石和长条石铺筑的路面。

第十怪:屋面都是铁瓦盖。主要原因是由于庐山的冬天冰雪时间较长,屋面易积雪,树上易掉落冰块。如用土瓦和机瓦或水泥浇铸做成的屋面,不能起到防冻和抗击作用,而铁皮的防冻和抗击作用强,不仅防雨,而且还可抗冰块掉落。

第十一怪:南北公路通山寨。庐山交通是全国山岳型景区最为便捷的,其中有两条登山公路直通牯岭镇,北山公路24千米,于1953年8月1日通车,南山公路25千米,于1971年7月1日通车。牯岭镇还有山上的环山公路,可通往各主要景点。庐山景区旅游公路总里程102千米,均为沥青和水泥路面。

第十二怪:不准骑车能比赛。庐山没有三轮车和人力车,也不准骑摩托车和自行车。但是,庐山却在1994年5月13日举办了首届全国"五羊杯"自行车登山比赛。运动员从九江市区出发,沿北山公路而上,经山上的环山公路,然后到达东谷新电影院(即现在的会议活动中心)。

第十三怪:一山六湖水常在。庐山的六湖是芦林湖、大月山水库、莲花台水库、仰天坪水库、电站大坝水库和如琴湖。前四个水库是保障庐山2万常住居民及数万名游客的生活用水需要。电站大坝水库是供庐山水电厂发电所用,如琴湖则为观赏性的水库。庐山山上有六湖,这在其他的山岳型景区是不多见的。

第十四怪:三石成为上等菜。庐山"三石"即石鸡、石鱼、石耳。石鸡属无尾目蛙科,体之腹面白色,背面及四肢灰色,且有黑点纹,体形较大,自鼻尖至肛门有12厘米左右,生长在山谷溪沟潮湿环境中。石鸡肉质细嫩肥美,口感远远好于青蛙和牛蛙。石鱼属弹涂鱼科,体型细小略扁,长约10厘米,体侧有黑色条纹,有小鳞片,生长在山溪流水的石缝中。石鱼肉质鲜美少腥,性寒。石耳属第一门石耳科真菌植物,呈叶状,通常背面灰色或绿色,腹面黑褐色或黄褐色,生长在山崖石壁上。石耳可供食用、药用,具有养阴止血作用。真正的庐山"三石"非常稀少,尤其是市场上根本难觅石鱼的踪影,现在商店出售的所谓石鱼均是从外地贩来的冒牌货。

第十五怪:长冲开发是老外。长冲为东谷的一条小河,两边地势较平缓,在十九世纪末为外国人开发的主要场点和集中居住之地。从历史角度考证,庐山开发的历史很早。公元前126年司马迁游历、考察了庐山后,在撰写《史记》时记下了4000年前大禹曾经至此治水这件事。据历史学家划分,庐山2000余年的历史可分为三个阶段。自两汉至南北朝为第一阶段,这时庐山处于起步开发的阶段,后期才逐步成为僧道、名士栖逸修真,佯狂避世的场所。自隋统一至南宋中叶以后,为第二阶段,中经唐朝鼎盛时期,庐山也进入了历史上的全盛时代,成了一座举世驰名的文化名山,终成为全国的教育重地。南宋中叶后至清代末年为第三阶段,庐山随大气候盛衰消长,变幻曲折,总的趋势是衰落颓败。1840年鸦片战争后,中国进入半殖民地半封建社会,庐山为西方列强所染指,是在第二次鸦片战争辟九江、汉口为对外通商口岸之后。1885年俄国商人首先来到庐山租借九峰寺,开了外国人租赁庐山房产的先河。最为代表的人物是英国肯特郡的传教士李德立,他1886年刚到中国时住汉口,当听闻驻汉口的宗教团体涉足庐山,便跟着仿效来到庐山,锲而不舍地开始了开发庐山的历程。

第十六怪:百年别墅风韵在。庐山被人们称为"万国别墅博物馆"。庐山近代别墅群是一道亮丽的风景,庐山近代别墅群的建筑风格,产生出特有的风韵。每一座别墅都是单体建筑,建筑的格局、式样、风格,注入了原别墅主人所在国的本土文化。别墅单体追求阴凉地势,使得别墅处于自然的随意状态,但正是这种随意状态,却造就了一种有机的自然生长的群体环境关系,产生了浑然一体而又生机勃勃的景致。庐山近代别墅群,虽然是建筑群落,但建筑密度较低,体态轻盈,层面不高,多为一至二层。别墅建造时尽量保护原有高大乔木,别墅建成后又在周围广植乡土观赏树木,别墅从而掩隐在绿荫丛中,使人赏心悦目。别墅建筑单体,简洁而自由,紧凑而不规则,一幢别墅就呈一种几何形体,形体的变化与地形的起伏相互配合,与道路的蜿蜒曲折相互呼应。据资料介绍,先后有俄国、美国、英国、法国、瑞典、瑞士、荷兰、芬兰、挪威、希腊、丹麦、捷克、日本、德国、葡萄牙、西班牙、比利时、爱尔兰、加拿大、意大利、奥地利、澳大利亚等20多个国家的人员在牯岭建造别墅。现存别墅636幢,总建筑面积17万多平方米,共有16个国家的建筑风格,其中式259幢、美式185幢、英式125幢,另有德式、瑞典式、国际式(多种建筑风格融合)等。百年别墅之所以能风韵仍在,这要归功国家和庐山管理局制定了相应的条例和措施,对这些庐山文化遗产瑰宝加以保护和利用。

第十七怪:六个宗教一山待。庐山作为世界文化景观,其宗教文化占有非常重要的分量。宗教文化在庐山文化中的独特地位是极为显著的,有一说法:"一山藏六教,走遍天下找不到"。在这座云雾缭绕的灵山中,释道两教从互争雄长走向携手共勉;在这座缥缈的仙山中,移植来了基督教、天主教、东正教、伊斯兰教四颗具有极强生命力的"文化",它们在庐山生根发芽,茁壮成长,把庐山变成了宗教的荟萃地、神灵的伊甸园。

第十八怪:影院常放一个带。1980年电影《庐山恋》是"文革"后国内首部表现爱情主题的电影。《庐山恋》在全国各地放映,大大提升了庐山在人们心目中的地位。为此,庐山的小型影院每天从早到晚放映这部影片。"游庐山,看《庐山恋》",成为庐山多年来一个固定的旅游项目。2002年底,世界吉尼斯英国总部正式授予中国电影《庐山恋》"世界上在同一影院连续放映时间最长的电影"的吉尼斯世界纪录。同时,电影《庐山恋》创造了"放映场次最多""用坏拷贝最多""单片放映时间最长"等多项世界纪录,并且这些纪录每天还在不断增长。

"景居和谐"指的是,在庐山海拔1000余米的高山上,服务功能齐全,设施完善,交通便利。牯岭街依山就势,欧风古韵,犹如天上街市。庐山是著名的避暑胜地,气候宜人,景区和居民共生共融,天造地设,天人合一。近年来,民间对庐山自然文化特色的描述有一种很形象的概括,即"庐山十八怪"在网络上广为流传,其中很多都与庐山的气象有关联。第一怪"三月桃花四月开"是指庐山的春季来得晚,正如白居易在游大林寺时写下的"人间四月芳菲尽,山寺桃花始盛开,长恨春归无觅处,不知转入此中来"。第二怪"夏天睡觉棉被盖",更是对庐山夏季凉爽气候的形象描绘。而第三怪"冬天走路穿草鞋"和第四怪"雪地链条绕轮胎"则是庐山冬季冰冻天气时的两大奇观;第六怪"东谷下雨西谷晒"是说庐山的居住分布状况习惯上以牯牛岭划分为东谷和西谷,有时由于局地天气不同,东谷在下雨,而西谷却在出太阳。第七怪"人在云里雾里迈",是庐山雾多的写照。还有两怪,不是直接写气候,但与气候有关。第五怪"厨房不遭蟑螂害",蟑螂能通过体表或体内肠道携带多种病原体而机械性地传播疾病,是人们卫生健康的大敌,世界已知蟑螂约3700种,大多分布在热带和亚热带地区,少数分布于温带地区。我国已记载18科60属240种,全国各地均有分布。然而,在庐山的厨房和宾馆却发现不了蟑螂的踪迹。这究竟是何种缘由,恐怕还得求教昆虫专家作出解释,但至少同庐山的气候有关。第十怪"屋面都是铁瓦盖",是说庐山的建筑物基本都是由铁瓦做屋顶,主要原因是由于庐山的冬天冰雪时间较长,屋面易积雪,树上易掉落冰块。如用土瓦、机瓦或水泥浇铸做成的屋面,不能起到防冻和抗击作用。

庐山"十大和谐",其中有三大和谐与气象有关。庐山"十大和谐"的概念是由庐山管理局党委书记郑阻同志运用科学发展观、构建和谐社会的理论,深入研究庐山自身特色后,在2009年初庐山干部大会上提出的,对庐山的自然、人文做了很好的诠释。"山水和谐"指庐山处于长江南岸,鄱阳湖畔,平地拔起,一山独峙,山、江、湖相得益彰,相互辉映。庐山有瀑布十余条、河流三条、湖泊八处,水态万千,灵动的、平静的、飞泻的、潺潺的、涓涓的……,山下的江湖,山上的泉瀑,水之丰、水之奇在天下名山中绝无仅有,形成了庐山"湖光山色江影"的独特风光,故有山水和谐之秀美。"天地和谐"是说,从天来看,庐山阳光充足,降水丰沛,而降水在四季中又呈现出不同的形态,春是淅沥的绵绵细雨,夏天变成飘逸的云雾,秋天是晶莹的露珠,冬天则变成纷飞的大雪,使庐山的天变得异彩纷呈。从地来看,庐山是第四纪冰川遗迹,被联合国教科文组织评为首批世界地质公园。除此以外,庐山的植被丰富,环境优美,故有天地和谐之称,因而才有白居易"匡庐奇秀甲天下"之说。

4.1.2 历史遗址

庐山有独一无二的人文景观,那就是它以政治名山著称,承载着厚重的社会政治历史文化,尤以近现代历史为最,无论是历史名人或是政治人物,乃至重大的政治事件,都与庐山息息相关,紧紧缠绕在一起。

皇权是几千年中国封建社会的最高权力。历代皇帝都把皇权看作是来自上天的意志,通过登山、祭山来表达对皇权的尊崇。庐山就被历朝历代看作是皇权的象征,从秦始皇开始,汉武帝、晋安帝、梁元帝、南唐中主李璟都曾亲自登临庐山,赋予庐山极其崇高的地位。中国历史上的佛道之争,实际上反映出来的是政治权力斗争,同样在庐山有所反映。唐玄宗崇尚佛教,在庐山建"九天使者庙";北宋皇室抑佛崇道,把"九天使者庙"改称为庐山"太平宫",太平宫"崇轩华构,弥山架壑",气宇轩昂,颇具皇家气派。宋朝八代皇帝在太平宫设置了宫观使等官职,甚至许多丞相都在太平宫任过职。明王朝尊崇佛教,在庐山建了多处寺庙,明太祖封庐山为"庐岳",并建造了御碑亭,明神宗建赐经亭,庐山由此而达到与"五岳"并立的崇高地位。以后清朝康熙帝也曾赐名"秀峰寺",庐山佛教地位得到进一步褒扬。以庐山为滥觞的程朱理学是中国封建社会的统治思想,得到历代皇室重视。清朝康熙帝更是推崇有加,对书院赐书、赐额、设科举,理学的地位达到顶峰。

第一次国共合作破裂,1927年7月中共领导人李立三、瞿秋白等人在仙岩饭店举行秘密会议,讨论南昌起义的计划。1935年建起了庐山三大建筑(传习学舍、大礼堂和图书馆),作为召开各种大会和训练军官的场所。当年的"传习学舍"也就是现在的庐山大厦,作为训练军官和召开大会时参会者的入住地,也是后来中共中央在庐山召开大会时代表们的入住地。

1937年,中国共产党在庐山促成了国共两党合作抗日。中华人民共和国成立后,中共中央在庐山召开了三次重要会议。庐山的历史遗迹,代表了中国历史发展的大趋势,处处闪烁着中华文明的光华。庐山上有庐山会议旧址和毛泽东、周恩来、刘少奇、朱德、邓小平、彭德怀等多位中共领袖人物旧居。庐山会议旧址原庐山大礼堂,为传习学舍于1937年建成,曾是蒋介石培养国民党骨干的重要基地,新中国成立后改为庐山人民剧院,1980年以后辟为庐山会议纪念馆。中华人民共和国成立后,1959—1970年,毛泽东三上庐山,共居住了135天。毛泽东对庐山情有独钟。1959年庐山会议前,毛泽东生平第一次登上庐山,面对庐山胜景,他按捺不住兴奋心情,写了一首《登庐山》的七律诗:"一山飞峙大江边,跃上葱茏四百旋。冷眼向洋看世界,热风吹雨洒江天。云横九派浮黄鹤,浪下三吴起白烟。陶令不知何处去,桃花源里可耕田?"诗前还有小序一则:"一九五九年六月二十九日登庐山,望鄱阳湖、扬子江,千峦竞秀,万壑争流,红日方升,成诗八句。"激动之情,溢于言表。毛泽东三上庐山,主持了中国共产党两次中央全会和一次中央工作会议(史称三次"庐山会议"),作出了一系列对国家兴衰有着深远影响的重要决策,是中国共产党和中华人民共和国历史上最重要的事件之一。

庐山牯岭东谷,有一条蜿蜒而来又蜿蜒而去的长冲河。在长冲河畔,有一座掩隐在一片绿荫深处的英国券廊式的别墅——"美庐"。它是庐山所特有的一处人文景观,展示了风云变幻的中国现代史的一个侧面。"美庐"曾是一处"禁苑",它日夜被包裹在漂浮的烟云中,令人神往,又令人困惑。如今,"美庐"敞开它的真面目,以它独有的风姿和魅力,吸引着海内外的游人。"美庐",与世纪风云紧密联系。庐山军官训练团的创办、国民党围剿中央红军计划的炮制、第二次国共合作的谈判、对日全面抗战的酝酿和决断、"八一三"文告的出台、美国特使马歇尔八上庐山的"调处"……这些令人瞩目、令人回顾的历史事件,无疑将这座小楼推上了显赫而又迷离的境界。"美庐",曾作为蒋介石的夏都官邸、"主席行辕",演化出的历史轨迹,有魔影,也有过光灿;有闹剧,也有过正剧;有政治的冷酷,也有生活的温馨……无疑予人视觉上、心理上一种潜在的诱惑,令人浮想联翩。庐山的别墅洋洋大观,而"美庐"是其中的佼佼者。这幢别墅的内部布局,能够充分体现家庭温馨气氛的建筑功能,别墅及庭园的整体设计和营造,充分体现19世纪末产生的"花园城市"的美丽构想。这幢别墅始建于1903年,由英国兰诺兹勋爵建造,1922年转让给巴莉女士。这幢别墅,前临长冲河,背依大月山,坐落的位置形如安乐椅。话说"美庐"庭园,可谓荟萃庐山珍木异卉,满目葱茂,温馨扑面。庭院石栏旁的金钱松,高峻挺拔,树高30米,为庐山最高大、最古老的金钱松。别墅四周的庐山松,苍劲偃盖,虬枝屈铁,不时传来松涛阵阵。牯岭玉兰,早春怒放,花色洁白,散发着幽幽清香;庐山结香,喷黄吐华密密似球的花,溢满枝头;箬竹丛丛,露珠滴翠;卫矛枝横,暗藏箭羽。盛夏时节,依攀墙垣的凌霄花,红英灼灼,凌空抖擞;"五爪金龙"橙黄的花瓣上洒落着斑斑紫丹,花瓣遒劲似龙爪。入秋之后,被誉为"活化石"的鹅掌楸,那形似鹅掌的叶片,被染成一片金黄;五角枫,一树烈焰,飞霞流丹;而鸡爪槭,更是红得透明,红得灿烂……"美庐"的庭园营构,以遵循自然风貌为最高宗旨,不着意人工的修饰,而是注重因形就势的精心布置。一条小径巧妙地依着景物而迂回环绕,使人得以细细观赏,慢慢品味。再观那别墅,映入眼帘的是一片绿色的世界,绿门、绿窗、绿栏、绿柱、绿廊,而属于建筑第五立面的屋顶,也漆成了墨绿色,连那原先的灰褐色石墙,也因"爬墙虎"、美国凌霄爬满而终成绿色,予人静谧安宁而又清新的感受。

美庐别墅是惟一一栋国共两党最高领导人都同时入住过的别墅,美庐别墅是蒋介石和宋美龄居住过的别墅,也是蒋介石1934—1948年夏季办公的地方。1959年,毛主席上庐山开会时,也在美庐别墅住过,1961年,毛主席和贺子珍最后一次见面,就是在美庐别墅。在庐山有这么一句话:庐山一大怪,国共两党住一块。说的就是蒋介石和毛主席都在美庐别墅住过。现在,美庐别墅主要展览了一些蒋介石和宋美龄留下来的旧物。

4.1.3 气象文化遗产

庐山地处江西省北部的鄱阳湖盆地,以雄、奇、险、秀闻名于世,是国内外久负盛名的风景名胜区和避暑游览胜地。庐山气候温适,夏天凉爽,冬天也不太冷,年平均温度15 ℃,极端最高温度不超过32 ℃,庐山雨量丰沛,年平均降雨量1900毫米左右。春迟、夏短、秋早、冬长是庐山的一大特点。春如梦、夏如滴、秋如醉、冬如玉。春天天气多变,常有云雾缭绕,变化莫测,一副"春如梦"图景。夏季到处郁郁葱葱一片深绿,花草树木青翠欲滴,这就是"夏如滴"美景,良好的气候和优美的自然环境,使庐山成为世界著名的避暑胜地。庐山秋季秋高气爽,日照充沛,降水较少,早晚凉意甚浓,"莫动悲秋感,丹枫别有意",桂花飘香、百菊斗艳,满山红叶,让人感受"秋如醉"。冬季雪压青松,银装素裹。自西汉以来,尤其东晋之后,庐山的奇秀风光,为世人所向往,历代名人纷至沓来,在庐山留下了许多名胜古迹、诗词歌赋、故事传说……庐山的气象旅游资源丰富,在自然景观方面,山有奇婷峻岭99座,它们千姿百态,形状各异,既有绝对高度形成的挺拔高伟之壮,如大汉阳峰海拔1474米,耸入云端,站在峰顶,可北望长江如带,南观鄱湖如镜;又有陡峭险峻之美,如东部的五老峰,山势异常险峻,五峰并立,活像五位老人,清晨,从鄱阳湖仰视群峰,在绚丽的朝霞映照下,宛如"青天削出金芙蓉",这些山峰配上繁茂的植被和四季飘飞的云雾,显得特别韵味无穷。庐山的水体景观雄浑壮美。闻名天下的瀑布有黄岩、三叠泉、谷帘泉、玉渊、石门洞和王家坡六大瀑布。庐山植被良好,品类繁多,春天有观花类植物,夏天有竹类植物,秋天有落叶类乔木,冬天有松柏类。尤其是1934年创办的庐山植物园,种植着中国和世界各地品目繁多的植物。在人文景观方面,有以白鹿洞书院为首的儒家圣地,以东林寺为首的佛教圣地,以简寂观、太平兴国宫为首的道教古迹,各类古迹、石刻题诗遍布庐山南北,配合山水风景,具有极高的观赏价值。

4.1.3.1 与气象有关的文学作品

庐山是千古文化名山,它不但是山水田园诗的策源地,是影响中国历史近700年的理学的滥觞,而且是隐逸之士、高僧名道的依托,政客、名流的活动舞台。庐山自古以来深受众多的文学家、艺术家的青睐,留下了众多千古名言、名诗、名词、名画,陶渊明在庐山写《桃花源记》构建理想王国,慧远在庐山创建东林寺和净土说,朱熹在庐山办白鹿洞书院,谢灵运、陶渊明、慧远对中国山水诗的发展起了开创性的作用。自晋代以来,约有1500名文学家、哲学家、政治家、艺术家、科学家留下了4000多首歌颂庐山自然美景的诗文。更不提谢灵运、王羲之、李白、白居易、欧阳修、苏轼等诗人大儒在庐山留下的题咏碑刻,成为庐山的胜迹;国民政府夏都时期,许多文化名流到庐山,唱和应酬,也留下近现代庐山名篇,如陈三立的《匡庐山居诗》、茅盾的《从牯岭到东京》、徐志摩的《庐山石工歌》等,吸引着文化人到庐山留驻、雅集。庐山浓郁的文化色彩,深藏的文化底蕴,中国本土文化与西方异质文化相互融合的历史,让旅游者流连忘返。

庐山是一座千古文化名山,也是一座山水文化的名山。陈三立在《庐山诗录序》说:"天设山川,亦设人心,相遭相引,不能穷也。"这句话用来揭示庐山山水文化的性质,颇为恰当。自古以来,庐山即以其秀美宜人的山水和襟江带湖的优越地理位置,吸引了无数文人骚客、高僧名士流连驻足于此;而前人之风韵,又给庐山涂上了浓重的人文色彩。人文与自然结合的景点,更具魅力,吸引了更多的后人,真正所谓"文章以山水而存、山水以文章而显"如此环环相扣,世代不绝。2009—2010年,江西省庐山风景名胜区管理局(2011)组织编撰了《庐山历代诗词全集》,收录从东晋至民国的诗词约15000首,其数量之多,居全国名山之首。实际上,它也是庐山各种文化成分中影响最为广泛的一种。

"苍润高逸,秀出东南"的庐山,自古以来深受众多的文学家、艺术家的青睐,为庐山深藏了浓浓深厚的文化底蕴。唐代诗人白居易曾经用"匡庐奇秀甲天下"来形容庐山的风景,庐山雄峙长江南岸,长江、庐山、鄱阳湖相夹地带,形成襟江带湖、江环湖绕,山光水色、岚影波茫的壮丽景象,诚所谓"峨峨匡庐山,渺渺江湖间"。东晋时期,中国山水诗派的开创者谢灵运就在此留下了《登庐山绝顶望诸峤》:"山行非有期,弥远不能辍。但欲淹昏旦,遂复经圆缺。积峡忽复启,平途俄已绝。峦垅有合沓,往来无踪辙。昼夜蔽日月,冬夏共霜雪。"优美的诗词充分描述了庐山丰富的气候景观变化特点,如盛夏季节像高悬于长江中下游"热海"中的"凉岛",山中温差大导致云雾偏多,千姿百态,变幻无穷。有时山巅高出云层之上,从山下看山上,云天缥缈,时隐时现,宛如仙境;从山上往山下看,则脚下云海茫茫,有如腾云驾雾一般。自晋代以来,约有1500位文学家、哲学家、政治家、科学家,留下了4000余首歌颂庐山的自然美景的诗词歌赋。其中许多诗歌,是中国文学史的名作。庐山水系所流经之处,形成了20余处、形态各有特色的瀑布。"匡庐瀑布天下奇"。庐山瀑布中,扬名最久的当为黄岩瀑布,它悬挂在庐山山体朝外的大陡壁上,如白练垂天,玉虹倒挂。大雨初晴,在鄱阳湖上便可眺望她狂奔怒泻。唐代李白、孟浩然等都为它留下了不朽的诗歌。《望庐山瀑布》:"日照香炉生紫烟,遥看瀑布挂前川。飞流直下三千尺,疑是银河落九天。"据统计,古代文人骚客在庐山留下了4000多首诗词,400多处崖刻,古有司马迁"南登庐山",后有陶渊明、李白、白居易、苏轼、王安石、黄庭坚、陆游、朱熹、康有为、胡适、郭沫若等文坛巨匠登临庐山。一些与气象有关的诗词如下。

1 春游二林寺

白居易

下马二林寺,翛然进轻策。
朝为公府吏,暮作灵山客。
二月匡庐北,冰雪始消释。
阳丛抽茗芽,阴窦泄泉脉。
熙熙风土暖,蔼蔼云岚积。
散作万壑春,凝为一气碧。
身闲易飘泊,官散无牵迫。
缅彼十八人,古今同此适。
是年淮寇起,处处兴兵革。
智士劳思谋,戎臣苦征役。
独有不才者,山中弄泉石。

2　南浦岁暮对酒,送王十五归京
白居易

腊后冰生覆溢水,夜来云暗失庐山。
风飘细雪落如米,索索萧萧芦苇间。
此地二年留我住,今朝一酌送君还。
相看渐老无过醉,聚散穷通总是闲。

3　峡石西泉
韩　愈

居然鳞介不能容,石眼环环水一钟。
闻说旱时求得雨,只疑科斗是蛟龙。

4　庐山独夜
徐　凝

寒空五老雪,斜月九江云。
钟声知何处,苍苍树里闻。

5　简寂观西涧瀑布下作
韦应物

淙流绝壁散,虚烟翠涧深。
丛际松风起,飘来洒尘襟。
窥萝玩猿鸟,解组傲云林。
茶果邀真侣,觞酌洽同心。
旷岁怀兹赏,行春始重寻。
聊将横吹笛,一写山水音。

6　题庐山寺
马　戴

白茅为屋宇编荆,数处阶墀石叠成。
东谷笑言西谷响,下方云雨上方晴。
鼠惊樵客缘苍壁,猿戏山头撼紫栎。
别有一条投涧水,竹筒斜引入茶铛。

7　石门山泉
郑　谷

一脉清冷何所之,萦莎潄藓入僧池。
云边野客穷来处,石上寒猿见落时。
聚沫绕崖残雪在,迸流穿树堕花随。
烟春雨晚闲吟去,不复远寻皇子陂。

8　题庐山双剑峰
来　鹄

倚天双剑古今闲,三尺高于四面山。
若使火云烧得动,始应农器满人间。

9　怀香炉峰道人
贯　休

常思峰顶叟,石窟土为床。
日日先见日,烟霞多异香。
冥心同槁木,扫雪带微阳。
终必相寻去,斯人不可忘。

10　题庐岳刘处士草堂
杜荀鹤

仙境闲寻采药翁,草堂留话一宵同。
若看山下云深处,直是人间路不通。
泉领藕花来洞口,月将松影过溪东。
求名心在闲难遂,明日马蹄尘土中。

11　观瀑布
范仲淹

灵源何太高,北斗想可挹。
凌日三光直,逗遛千仞急。
白虹下涧饮,寒剑倚天立。
闪电不可瞬,长雷无敢蛰。
万丈岩崖折,一道林峦湿。
险迫飞鸟坠,冷洒山鬼泣。
须当截海去,浊水不能入。

12　游庐山
范仲淹

五老闲游依舳舻,碧梯云径好程途。
云开瀑影千门挂,雨过松簧十里铺。
客爱往来何所得,僧言荣辱此间无。
从今愈识逍遥旨,一听升沉造化炉。

13　庐山高歌
欧阳修

庐山高哉,几万仞兮,根盘几百里;峨然屹立乎长江。
长江西来走其下,是为扬澜左蠡兮,洪涛巨浪日夕相冲撞。
云消风止水镜净,泊舟登岸而望远兮,上摩青苍以霭,下压后土之鸿厖。
试往造乎其间兮,攀缘石磴窥空欲。
千崖万壑响松桧,悬崖巨石飞流淙。
水声聒聒乱人耳,六月飞霜洒石。
仙翁释子变往往而逢兮,吾尝恶其学幻而言。
但见丹霞翠壁远近映楼阁,晨钟暮鼓杳霭罗幡幢。
幽花野草不知其名兮,风吹雾湿香涧谷,时有白鹤飞来双。
幽寻远去不可极,便欲绝世遗纷。
羡君买田筑室老其下,插秧成畴兮酿酒盈缸。
欲令浮岚暖翠千万状,坐卧常对乎轩窗。
君怀磊有至宝,世俗不辨珉与。
策名为吏二十载,青衫白首困一邦。
宠荣声利不可以苟屈兮,自非清泉白石有深趣,其意何由降?
丈夫壮节似君少,嗟我欲说安得巨笔如长杠!

14　大林寺
周敦颐

三月僧房暖,林花互照明。
路盘层顶上,人在半空行。
水色云含白,禽声谷应清。
天风拂襟袂,缥缈觉身轻。

15　绝句
王安石

拔地万里青嶂立,悬空千丈素流分。

共看玉女机丝挂,映日还成五色文。

17　题西林壁
苏　轼

横看成岭侧成峰,远近高低各不同。
不识庐山真面目,只缘身在此山中。

18　瀑布亭
苏东坡

庐山烟雨浙江潮,未到千般恨不消。
到得原来无别事,庐山烟雨浙江潮。

19　白鹤观
苏　轼

五老相携欲上天,玄猿白鹤尽疑仙。
浮云有意藏山顶,流水无声入稻田。
古木微风时起籁,诸峰落日尽生烟。
归鞍草草还城市,惭愧幽人正醉眠。

20　玉渊亭龙潭
孔武仲

清潭千古照悬崖,崖上飞流动地来。
咫尺语音闻不得,夕阳佳景更徘徊。

21　登庐山
晁补之

丹碧沉沉虎豹闲,松幢引度九重关。
人间未觉浑无路,天上还惊更有山。
瑶草红泉供挹酌,金风白露送跻攀。
良游自叹平生误,便欲归家鬓已斑。

22　舟中见庐山
彭汝砺

翠色苍茫杳霭间,舟人指点是庐山。
浮云作意深遮护,未许行人次第看。

23　三叠泉
白玉蟾

缘溪深入桃花坞,紫霞隐隐幽禽语。九层峭壁铲青空,三级鸣泉飞暮雨。
落日衔山红影湿,冷云抱石苍崖古。激回涧底散冰花,喷上松梢飘雪缕。
点点溅湿嫦娥衣,潭潭下有扶桑府。朝来似展朝天带,夜半如闻捣药杵。
寒入山谷吼千雷,派出银河轰万古。广寒殿上银蟾飞,水晶宫中玉龙舞。
琼英斧碎非月老,瀑布天成非织女。初疑鱼鳖谒龙门,复恐星辰会牛渚。
欲寻当下点额蛟,但见天上拖肠鼠。溶溶浸此一潭霜,滴滴结冻千岁乳。
月照神珠洒翠麟,风吹天粟沾苍虎。瑶虹界碧翻地轴,铁马盘涡卷天宇。
谷草凝烟色净明,野猿悲露声清苦。绿苔锁径阻清游,白鹤凌霄唤冲举。
紫元景暖神府君,仙灵咏真洞天主。画屏幻出金芙蓉,仙杯琢就石鹦鹉。
当时此地寰寻真,青鸾一去知何许。锦阁凭空银海寒,宸书丽天丹凤翥。
竹炉烧起紫旃檀,古琴呜咽叶中吕。曲罢萧萧天籁动,长啸一声朝帝所。

24　罗汉寺
白玉蟾

林闲一径似惊蛇,中有禅关闭紫霞。
烟锁苍松遮寺额,风摇翠竹撼檐牙。
客来寂寞盘香穗,饭后从容瀹茗花。
到此徘徊归去晚,夕阳挂树几声鸦。

25　谷帘泉
白玉蟾

紫岩素瀑展长霓,草木幽深雾雨凄。
竹里一蝉闻竹外,溪东双鹭过溪西。
步入青红紫翠间,仙翁朝斗有遗坛。
竹梢露重书犹湿,松里云深复亦寒。

26　开先寺观龙潭
米芾

度峡扪青玉,临深坐绿苔。
水从双剑下,山挟两龙来。
春暖花惊雪,林空石迸雷。
尘缨聊此濯,欲去首重回。

27　望庐山
李　纲

多年不省庐山面，江上初从望中见。
秀骨苍颜五老人，顾我欣然如素善。
香炉顶上紫烟浮，瀑布遥看银汉流。
云舒雾卷互明灭，倏忽变态无停留。
却因幽梦寻邱壑，风花何物宛如昨。
纵令真是梦中看，梦未觉时良不恶。
平生所愿今乃偿，宽著日月游山房。
青鞋布袜久已办，百钱挂杖聊倘伴。

28　栖贤寺
陈舜俞

辟蛇行者应开寺，拭眼高僧尚有坟。
龙带雨归三峡水，鸟衔花出五峰云。

29　万杉院
王十朋

谁栽沙苑千株柳，争似庐山万本杉？
如欲岁寒曾不改，更栽松柏满幽岩。

30　石镜溪
王十朋

山中有镜石为台，云雾深藏未肯开。
别有一溪清似镜，不须人为拂尘埃。

31　吊大林寺
周必大

上尽诸峰地转平，天低云近日多阴。
古来南北通双径，此去东西启二林。
虞世南碑从泯没，白居易序合推寻。
匡庐第一金仙境，忍使如今遂陆沉。

32　水帘泉
赵孟𫖯

飞天如玉帘,直下数千尺。
新月如帘钩,遥遥挂空碧。

33　石门
元好问

两崖横绝倚山垠,草径低迷未可分。
潭影乍从明处见,竹香偏向静中闻。
石林万古不知暑,茅屋四邻惟有云。
曳杖行歌羡樵叟,此生何计得随君。

34　庐山诗
朱元璋

庐山竹影几千秋,云锁高峰水自流。
万里长江飘玉带,一轮明月滚金球。
路遥西北三千界,势压东南百万州。
美景一时观不尽,天缘有份再来游。

35　舟抵南康望庐山
杨　基

春山如春草,春来无不好。
况是香炉峰,百叠屏风围五老。
嘤嘤历历谷鸟哀,朱朱粉粉山花开。
芙蓉削出紫雾上,瀑布倒泻青天来。
船头春山重回首,世上虚名一杯酒。
李白雄豪妙绝诗,同与徐凝传不朽。
明日移舟过洞庭,兰花斑竹绕沙汀。
摩挲老子双愁眼,细看君山一点青。

36　庐山歌
解　缙

昔年拄玉杖,去看庐山峰。
远山如游龙,半入青天中。
四顾无人独青秀,五老与我同春容。

手弄石上琴,目送天边鸿。
二仪自高下,吴楚分西东。
洪涛巨浪拍崖下,波光上与银河通。
吸涧玄猿弄晴影,长松舞鹤号天风。
天风吹我不能立,便欲起把十二青芙蓉。
弱流万里可飞越,因之献纳蓬莱宫。
羲娥倏忽遂成晚,往往梦里寻仙踪。
如今不知何人采此景,树下一老与我襟裾同。
披图题诗要相赠,气腾香露秋濛濛。
子归烦语谢五老,几时白酒再熟来相从。

37 庐山
解 缙

扁舟过彭蠡,远远见匡山。巨石危将堕,阴云去复还。
平铺三百里,高出九霄间。久在风尘际,览观心自闲。

38 庐山
李时勉

匡庐高起郁嶙岣,翠拥连峰倚断云。
天阔秋阴千里合,风清林籁半空闻。
松岩雨过泉声出,仙掌飞霞树色分。
终古名山留胜概,几回临眺到斜曛。

39 庐山高
沈 周

庐山高,高乎哉!郁然二百五十里之盘距。
发乎二千三百丈之龙挻,谓即敷浅原。
培嵝何敢争其雄?西来天堑濯其足,云霞旦夕吞吐乎其胸。
回崖沓嶂鬼手擘,涧道千丈开鸿蒙。
瀑流淙淙泻不极,雷霆殷地闻者耳欲聋。
时有落叶于其间,直下彭蠡流霜虹。
金膏水碧不可觅,石林幽黑号绿熊。
其阳诸峰五老人,或疑纬星之精隳自空。
陈夫子,今仲弓,世家庐之下,有元厕祖迁江东。
尚知庐灵有默契,不远千里钏于公。
公亦西望怀故都,便欲往依五老巢云松。
昔闻紫阳祀六老,不妨添公相与成七翁。

我常游公门,仰公弥高庐。
不崇丘园肥遁七十泾,著作白发如秋蓬。
文能合坟诗合雅。
自得乐地于其中。
荣名利禄云过眼,上不作书自荐,下不公相通。
公乎!浩荡在物表,黄鹄高举凌天风。

40　登庐山
唐　寅

匡庐山高高几重,山雨山烟浓复浓。
移家欲往屏风叠,骑驴来看香炉峰。
江上乌帽谁渡水,岩际白衣人采松。
古句摩崖留岁月,读之漫灭为修容。

41　访仙亭
朱多颎

客访遗基岁月华,仙人何处弄烟霞。
山中甲子无春夏,四月才开二月花。

42　夜宿天池,月下闻雷,次早知山下大雨
王守仁

昨夜月明峰顶宿,隐隐雷声翻山麓。
晓来却问册下人,风雨三更卷茅屋。

43　瀑布泉
陈　沂

云间瀑布三千尺,天外回峰十二重。
满耳怒雷飞急雨,转头红日在青松。

44　庐山雪
王世懋

朝日照积雪,庐山如白云。
始知灵境杳,不与众山群。
树色空中断,泉声天半闻。
千崖冰玉里,何处着匡君?

45　仰天坪
王思任

仙人闻说好楼居，此地梯天尺几余。
小看人间波浪里，不知是水是游鱼。
冷到心灰始沉闲，当眉一下莫生悭。
凡胎热软多淫地，始信修行要雪山。

46　佛手岩分韵
林云程

洞杳琼浆冷，秋深林叶纷。
霜钟流夜壑，雨刹挂青云。

47　由大林寺寻讲经台，循香炉峰侧下山
王慎中

千尺飞萝手自援，鸣泉处处弄潺。
半峰栖雾逢僧湿，绝径穿云见虎闲。
岸帻正宜岩石上，褰衣时傍竹林间。
夕阳翠看尤好，去路心知是下山。

48　铁船峰
吴国伦

天风吹席挂庐峰，棹鼓无声云汉重。
一自铁船飞不去，至今山泽吼双龙。

49　五老峰
吴国伦

诸峰历历挡青霄，五老云深不可招。
欲跨峰前五色鹿，直从天上坐吹箫。

50　庐山行
张时彻

庐山高，高与天齐。
西峰悬落日，东峰走长霓。
下有赤豹穴，上有丹凤池。
池中白云长吐吞，二仪日月杳难分。

缘岩绿竹大如斗,洞边珠落何纷纷。
昔闻周颠仙,怪语惊圣神,天眼尊者知其尊。
赤脚小僧会传语,奎章灿烂垂星辰。
千年蒲草映绝壁,朵朵青莲照孤石。
虹梁下瞰万丈壑,激涧崩腾喧霹雾。
九叠屏风五色开,朱幡绛节四时来。
翡翠长穿锦绣涧,银河夜阁文殊台。
五老岩峣青可攀,香炉顶上百花斑。
山童骑鹤海边去,野客吹箫天上还。
碧草鲜霞二月春,风光况复秦使君。
他年曾访丹砂客,今日还随麋鹿群。
探月窟,排天门。
坐倚芙巅,矻矻龙虎蹲。
五更雷鸣雨洒地,隔岭哀猿啼不住。
疾风长吹溢浦云,飞来倒挂青松村。
赤坂苍苔路转昏,淹留相对倒芳尊。
醉卧东林歌白雪,那知身外有乾坤。

52　看岳庐
张时彻

巨岳嶙峋薄上台,新春登眺紫芝开。
穿林细看娟娟竹,度涧偏怜点点苔。
松岭盘云飞鸟隔,石门衔日暮猿哀。
一身放浪江湖小,极目东机天汉回。

53　文殊台
袁宏道

芙蓉万尺花如铁,秋窗尽洒红霞屑。
螺顶仙人骑杖来,天衣晓带雪山雪。
帝遣神丁量海洗,绣锷斑被生增砥。
一萍吹作浔阳城,半匕疏为九江水。
高青直上一万重,绿瞳失启金泥封。

54　登狮子峰
罗大纮

徒倚狮峰最上头,仙宫缥缈接浮邱。
云开孤嶂连天起,虹入长江带壑流。

枫叶有情能醉晚,黄花无语自成秋。
高情别有阳春调,不拟人间说壮游。

55 壬戌春将赴洪都登天池宿凌虚阁
万 农

平生生长匡山麓,翻飞欲向天池浴。
更向凌虚一俯观,池中湛湛澄冰玉。
须臾香雾生紫烟,身入云霄露沾沃。
来从绝巘一振衣,山下群山眇于粟。
夜深忽见佛灯来,钟磬声声隔梵俗。
翩翩跨鹤游天庭,松风为奏霓裳曲。
晓来山霁彩霞生,起听黄鸟当窗鸣。

56 九奇峰
阎尔梅

峰余山外压空烟,上视曾无北半天。
绝顶石头风欲坠,老僧庵在树梢悬。
峭壁倾崖杖履艰,石纹花似豹皮斑。
老僧移得林泉动,一览南山到北山。

57 望庐山瀑布
蔡道宪

远观瀑布是耶非,织用山云石作机。
好借麻姑长指甲,秋来制与蔡经衣。

58 三叠泉
方以智

三峡巴江似直流,叠溪屏障几曾收。
冰绡翦破裁云幔,银汉倾斜作玉沟。
画角鼓声催急雨,阳关笛曲送深秋。
谁将折笔图成后,可挂松风最上楼。

59 黄龙寺
闵麟嗣

万木乱参天,孤峰对铁船。
客因看画至,寺以伏龙传。

宝笈悲前代,薄团坐小年。
松花吹不定,半落讲堂边。

60　含鄱岭至太乙峰
方　文

侵晨独出含鄱口,千里鄱湖一岭函。
但使短藤穷碧巘,何妨细雨湿青衫。
林中黯淡高低树,雾里微茫上下帆。
不是探奇索隐者,谁能踏雪履巉岩。

61　雨过三峡桥上作
屈大均

二十四潭争一桥,惊泉喷薄几时消。
一山瀑布归三峡,小小天风作海潮。

62　望五老峰
屈大均

飞翠如烟雨,秋来山色浓。
夕阳一返照,明灭金芙蓉。
独啸此亭月,将寻何处钟。
石门精舍近,蚤晚巢云松。

63　秋日庐山作寄缪天自
屈大均

一啸霜林叶尽飞,白云终古独无依。
山中五老长相待,何事秋深尚不归。

64　欢喜亭同玉明上人观云海
汪　揖

山与云俱没,凭高安所望?
人初入混沌,天不改青苍。
俯槛衣裳湿,鸣钟虎豹藏。
松风响何处?涧水下鄱阳。

65 木瓜洞
蒋国祥

匡山最绝处,厂屋托幽遐。
面面赡争起,时时日照斜。
石冲泉啸虎,树逼路惊蛇。
道士今何在?烟萝老木瓜。

66 大林寺上人茅斋
查慎行

盘烟下层霄,山骨微负土。
阴阴日光淡,漠漠风气古。
宝树压桥低,一溪环菜圃。
香山旧吟地,花径兼宿莽。
废寺亦荒凉,半间用茅补。
孤清耐久坐,客至何必主。
林静无匿声,虚檐应樵斧。

67 庐山遇雨
施闰章

山下自晴山上雨,林深苔滑流石乳。
杖藜拨云云不开,洞口老猿作人语。
忽闻天际一钟鸣,隔水苍茫寻涧户。

68 留别九峰山水
唐 英

游到九峰寺,匡庐面目新。
云封山拒客,花拥路迎人。
老衲清如鹤,秋林色拟春。
留连尘世外,悔现宰官身。

69 汉阳峰
曹龙树

东南屏翰笋崔巍,一柄芙蓉顶上栽。
四面水光随地绕,万层峰色倚天开。
当头红日迟迟转,俯首青云得得来。
到此乾坤无障碍,遥从瀛海看蓬莱。

70　望庐山
姚鼐

我行昨出庐山西,藤竹苍苍阴虎溪。
东林钟声晚出寺,高崖木叶秋平溪。
白云万叠倏然合,窈眇回听清猿啼。
洪州三月忆惝惚,径驾归艇轻于鷖。
宫亭湖东日初出,岚彩欲见一片青。
烟迷沧州森漭万余里,岩风忽落闻天鸡。
屏风叠开张,浸入颇黎。
沧海贯石梁,白日挂丹梯。
松杉上接瀑布落,藤萝下拂云光低。
须臾湖波兴,日晦风凄凄。
香炉峰,摇曳同菰稗。
舟行望远势还出,矫如踏云浮动之苍霓。
山摇海荡不知处,想见枕石醉卧人如泥。
晚泊湖心照南斗,仰视正与石门齐。
莫言灵境近咫尺,帆樯倏过难攀跻。
将游天地之一气,庐山从我到处如提携。

71　登黄岩绝顶
张维屏

姊妹石娟娟,回看锁碧烟。
云深僧梦稳,壁峭客身悬。
舄下走飞瀑,杖头开洞开。
文殊峰上立,孤塔共巍然。

72　白鹿升仙台
舒天香

野人似我真如鹿,六月披裘受清福。
兴来枕石学云眠,瑶草琪花相伴宿。
飞蝶时时上我身,但见香云不见人。
早知世外容疏懒,悔往尘寰四十春。

73 凌虚台看云戏柬内子
舒天香

残月依依傍檐坠,沙弥雅识山人意。
林端唤起濂溪云,石貌泉声愈清媚。
海门日上天镜开,罡风吹至凌虚台。
莲花庵前白鹿卧,芙蓉万朵姗姗来。
云来我与僧相失,心知我向西峰立。
云行山住我依然,回头但见僧衣湿。
人间见云不见天,山头弄云如白绵。
有心携得云归去,把与山妻作被眠。

74 游匡庐晓行太阳山白鹤峰道中,次李少荃韵
彭玉麟

月破松梢晓,诗吟马上秋。
凉风侵帽角,曙色淡鞭头。
树影连村合,泉声咽石流。
山花红夹道,揽辔任勾留。
遥峰飞白鹤,野趣逼天真。
境僻风尘壑,山高月近人。
炊烟横鸟道,晓雾暗车尘。
莫动悲秋感,丹枫别有春。

75 牯岭
谭 延

苏黄朱陆不到处,涌现楼台忽此山。
无数峰尖去海里,岂知培楼在人间。

76 乙亥中伏遁暑牯岭
郁 华

人世炎威苦未休,此间萧爽已如秋。
时贤几辈同忧乐,小住随缘任去留。
白日寒生阴壑雨,青林云断隔山楼。
勒移那计嘲尘俗,且作偷闲十日游。

77 冒雪登眺

欧阳恭

半天风雪半天晴,含翠千山矗玉屏。
沸沸松涛潺曲涧,珊珊竹韵夏新亭。
虽无瘦骨梅花白,却有凌云宝树青。
远挹匡庐分偷色,芙蓉削出两峰明。

78 庐山草堂记

白居易

匡庐奇秀,甲天下山。山北峰曰香炉,峰北寺曰遗爱寺,介峰寺间,其境胜绝,又甲庐山。元和十一年秋,太原人白乐天见而爱之,若远行客过故乡,恋恋不能去。因面峰腋寺,作为草堂。

明年春,草堂成。三间两柱,二室四牖,广袤丰杀,一称心力。洞北户,来阴风,防徂暑也;敞南甍,纳阳日,虞祁寒也。木斫而已,不加丹;墙圬而已,不加白。砌阶用石,幂窗用纸,竹帘纻帏,率称是焉。堂中设木榻四,素屏二,漆琴一张,儒、道、佛书各两三卷。

乐天既来为主,仰观山,俯听泉,傍睨竹树云石,自辰至酉,应接不暇。俄而物诱气随,外适内和。一宿体宁,再宿心恬,三宿后颓然嗒然,不知其然而然。

自问其故,答曰:是居也,前有平地,轮广十丈,中有平台,半平地;台南有方池,倍平台。环池多山竹野卉,池中生白莲、白鱼。又南抵石涧,夹涧有古松老杉,大仅十人围,高不知几百尺。修柯戛云,低枝拂潭,如幢竖,如盖张,如龙蛇走。松下多灌丛,萝茑叶蔓,骈织承翳,日月光不到地。盛夏风气如八、九月时。下铺白石,为出入道。堂北五步,据层崖积石,嵌空垤块,杂木异草,盖覆其上。绿阴蒙蒙,朱实离离,不识其名,四时一色。又有飞泉、植茗,就以烹燀,好事者见,可以销永日。堂东有瀑布,水悬三尺,泻阶隅,落石渠,昏晓如练色,夜中如环佩琴筑声。堂西倚北崖右趾,以剖竹架空,引崖上泉,脉分线悬,自檐注砌,累累如贯珠,霏微如雨露,滴沥飘洒,随风远去。其四傍耳目杖屦可及者,春有锦绣谷花,夏有石门涧云,秋有虎溪月,冬有炉峰雪。阴晴显晦,昏旦含吐,千变万状,不可殚纪。覶缕而言,故云甲庐山者。噫!凡人丰一屋,华一箦,而起居其间,尚不免有骄矜之态;今我为是物主,物至致知,各以类至,又安得不外适内和,体宁心恬哉?昔永、远、宗、雷辈十八人,同入此山,老死不返;去我千载,我知其心以是哉!

矧予自思:从幼迨老,若白屋,若朱门,凡所止,虽一日、二日,辄覆篑土为台,聚拳石为山,环斗水为池,其喜山水病癖如此!一旦蹇剥,来佐江郡,郡守以优容抚我,庐山以灵胜待我,是天与我时,地与我所,卒获所好,又何以求焉?尚以冗员所羁,馀累未尽,或往或来,未遑宁处。待予异日弟妹婚嫁毕,司马岁秩满,出处行止,得以自遂,则必左手引妻子,右手抱琴书,终老於斯,以成就我平生之志。清泉白石,实闻此言!

时三月二十七日始居新堂;四月九日与河南元集虚、范阳张允中、南阳张深之、东西二林寺长老凑公、朗满、晦、坚等凡二十二人,具斋施茶果以落之,因为《草堂记》。

79　庐山略记
慧　远

　　山在江州浔阳南,南滨宫亭,北对九江。九江之南为小江,山去小江三十里馀。左挟彭蠡,右傍通川,引三江之流而据其会。在匡续先生者,出自殷周之际,遁世隐时,潜居其下。或云:续受道于仙人,而适游其岩,遂托室岩岫,即岩成馆。故时人感其所止为神仙之庐而名焉。

　　其山大岭凡有七重,圆基周回,垂五百里,风云之所摅,江山之所带。高岩仄宇,峭壁万寻;幽岫穷崖,人兽两绝。天将雨,则有白气先抟,而缨络于山岭下;及至触石吐云,则倏忽而集;或大风振岩,逸响动谷,群籁竞奏,其声骇人,此其化不可测者矣。

　　众岭中第三岭极高峻,人之所罕经也。太史公东游,登其峰而遐观,南眺五湖,北望九江,东西肆目,若陟天庭焉。其岭下半里许有重岩,上有悬崖,古仙之所居也。其下有岩,汉董奉复馆于岩下,常为人治病,法多神验,绝于俗医。病愈者令栽杏五株,数年之间,蔚然成林。计奉在人间的近三百年,容状常如三十时。俄而升仙,绝迹于杏林。其北岭西岩之间,常悬流遥霤,激势相趋,百馀仞中,云气映天,望之若山有云雾焉。其南岭临宫亭湖,下有神庙,即以宫亭为号,其神安侯也。七岭同会于东,共成峰崿。其岩穷绝,莫有升之者。昔野夫见人著沙弥服,凌空直上,既至,则踞其峰良久,乃与云气俱灭。此似得道者,当时能文之士,咸为之异。

　　又所止多奇,触象有异。北背重阜,前带双流。所背之山,左有龙形而右塔基焉。下有甘泉涌出,冷暖与寒暑相变,盈减经水旱而不异,寻其源,出自龙首也。南对高岑,上有奇木,独绝于林表数十丈,其下似一层浮图,白鸥之所翔,玄云之所入也。东南有香炉山,孤峰独秀起。游气笼其上,则氤氲若香烟;白云映其外,则炳然与众峰殊别。将雨,其下水气涌出,如车马盖,此龙井之所吐;其左则翠林,青雀白猿之所巘,玄鸟之所蛰;西有石门,其前似双阙,壁立千馀仞而瀑布流焉。其中鸟兽草木之美、灵药万物之奇,略举其异而已耳。

80　记游庐山
苏　轼

　　仆初入庐山,山谷奇秀,平生所未见,殆应接不暇,遂发意不欲作诗。已而见山中僧俗,皆云苏子瞻来矣。不觉作一绝云:"芒鞋青竹杖,自挂百钱游。可怪深山里,人人识故侯。"既自哂前言之谬,又复作两绝云:"青山若无素,偃蹇不相亲。要识庐山面,他年是故人。"又云:"自昔忆清赏,初游杳霭间。如今不是梦,真个是庐山。"是日,有以陈令举《庐山记》见寄者。旦行且读,见其中云徐凝、李白之诗,不觉失笑。旋入开先寺,主僧求诗,因作一绝云:"帝遣银河一派垂,古来惟有谪仙辞。飞流溅沫知多少,不与徐凝洗恶诗。"往来山南地十馀日,以为胜绝,不可胜谈。择其尤者,莫如漱玉亭、三峡桥,故作此二诗。最后总老同游西林,又作一绝云:"横看成岭侧成峰,到处看山了不同。不识庐山真面目,只缘身在此山中。"余庐山诗尽于此矣。

81　游庐山日记
徐霞客

　　戊午,余同兄雷门、白夫,以八月十八日至九江。易小舟,沿江南入龙开河,二十里,泊李裁缝堰。登陆,五里,过西林寺,至东林寺。寺当庐山之阴,南面庐山,北倚东林山。山不甚高,为庐之外廊。中有大溪，自东而西，驿路界其间，为九江之建昌孔道。寺前临溪，入门为虎溪桥，规模甚大，正殿夷毁，右为三笑堂。

十九日出寺，循山麓西南行。五里，越广济桥，始舍官道，沿溪东向行。又二里，溪回山合，雾色霏霏如雨。一人立溪口，问之，由此东上为天池大道，南转登石门，为天池寺之侧径。余稔知石门之奇，路险莫能上，遂倩请、雇其人为导，约二兄径至天池相待。遂南渡小溪二重，过报国寺，从碧条香蔼绿树香雾中攀陟五里，仰见浓雾中双石屼立，即石门也。一路由石隙而入，复有二石峰对峙。路宛转峰罅，下瞰绝涧诸峰，在铁船峰旁，俱从涧底矗耸直上，离立咫尺，争雄竞秀，而层烟叠翠，澄映四外。其下喷雪奔雷。腾空震荡，耳目为之狂喜。门内对峰倚壁，都结层楼危阙。徽人邹昌明、毕贯之新建精庐书斋，僧容成焚修其间。从庵后小径，复出石门一重，俱从石崖上，上攀下蹑，磴穷则挽藤，藤绝置木梯以上。如是二里，至狮子岩。岩下有静室。越岭，路颇平。再上里许，得大道，即自郡城南来者。历级而登，殿已当前，以雾故不辨。逼之走近它，而朱楹彩栋，则天池寺也，盖毁而新建者。由右庑侧登聚仙亭，亭前一崖突出，下临无地，曰文殊台。出寺，由大道左登披霞亭。亭侧岐路东上山脊，行三里。由此再东二里，为大林寺；由此北折而西，曰白鹿升仙台；北折而东，曰佛手岩。升仙台三面壁立，四旁多乔松，高帝御制周颠仙庙碑在其顶，石亭覆之，制甚古指制作工艺和格式都很古雅考究。佛手岩穹然轩峙，深可五六丈，岩靖石岐横出，故称"佛手"。循岩侧庵右行，崖石两层，突出深坞，上平下仄狭窄，访仙台遗址也。台后石上书"竹林寺"三字。竹林为匡庐即庐山幻境，可望不可即；台前风雨中，时时闻钟梵声佛寺敲钟和诵经之音，故以此当之，时方云雾迷漫，即坞中景亦如海上三山即蓬莱、方丈、瀛洲三神山，何论竹林？还出佛手岩，由大路东抵大林寺。寺四面峰环，前抱一溪。溪上树大三人围，非桧非杉，枝头着子累累，传为宝树，来自西域，向原来有二株，为风雨拔去其一矣。

二十日晨雾尽收。出天池，趋文殊台。四壁万仞，俯视铁船峰，正可飞舄。山北诸山，伏如聚蚁。匡湖洋洋山麓鄱阳湖在山下一片汪洋，长江带之，远及天际。因再为石门游，三里，度昨所过险处，至则容成方持贝叶佛经出迎，喜甚，导余历览诸峰。上至神龙宫右，折而下，入神龙宫。奔涧鸣雷，松竹荫映，山峡中奥寂境也。循旧路抵天池下，从岐径东南行十里，升降于层峰幽涧；无径不竹，无阴不松，则金竹坪也。诸峰隐护，幽倍天池，旷则逊之。复南三里，登莲花峰侧，雾复大作。是峰为天池案山，在金竹坪则左翼也。峰顶丛石嶙峋，雾隙中时作窥人态，以雾不及登。

越岭东向二里，至仰天坪，因谋尽汉阳之胜。汉阳为庐山最高顶，此坪则为僧庐之最高者。坪之阴北，水俱北流从九江；其阳南，水俱南下属南康。余疑坪去汉阳当不远，僧言中隔桃花峰，尚有十里遥。出寺，雾渐解。从山坞西南行，循桃花峰东转，过晒谷石，越岭南下，复上则汉阳峰也。先是遇一僧，谓峰顶无可托宿，宜投慧灯僧舍，因指以路。未至峰顶二里，落照盈山，遂如僧言，东向越岭，转而西南，即汉阳峰之阳也。一径循山，重嶂幽寂，非复人世。里许，蓊然竹丛中得一龛，有僧短发覆额，破衲僧衣赤足者，即慧灯也，方挑水磨腐。竹内僧三四人，衣履揖客，皆慕灯远来者。复有赤脚短发僧从崖间下，问之，乃云南鸡足山僧。灯有徒，结茅于内，其僧历悬崖访之，方返耳。余即拉一僧为导，攀援半里，至其所。石壁峭削，悬梯以度，一茅如慧灯龛。僧本山下民家，亦以慕灯居此。至是而上仰汉阳，下俯绝壁，与世复隔矣。暝色已合，归宿灯龛。灯煮腐相饷，前指路僧亦至。灯半一腐，必自己出，必遍及其徒。徒亦自至，来僧其一也。

二十一日别灯，从龛后小径直跻汉阳峰。攀茅拉棘，二里，至峰顶。南瞰鄱湖，水天浩荡。东瞻湖口，西盼建昌，诸山历历，无不俯首失恃指眼见之山都比汉阳峰低，因而无法与之抗衡。惟北面之桃花峰，铮铮比肩，然昂霄逼汉，此其最矣。下山二里，循旧路，向五老峰。汉阳、五老，俱匡庐南面之山，如两角相向，而犁头尖界于中，退于后，故两峰相望甚近。而路必仍至金竹坪，绕犁头尖后，出其左胁，北转始达五老峰，自汉阳计之，且三十里。余始至岭角，望峰顶坦夷，莫详五老面目。及至峰顶，风高水绝，寂无居者。因遍历五老峰，始知是山之阴，一冈连属；阳则山从绝顶平剖，列为五枝，凭空下坠者万仞，外无重冈叠嶂之蔽，际目视野甚宽。然彼此相望，则五峰排列自掩，一览不能兼收；惟登一峰，则两旁无底。峰峰各奇不少稍让，真雄旷之极观也！

仍下二里，至岭角。北行山坞中，里许，入方广寺，为五老新刹。僧知觉甚稔熟悉三叠之胜，言道路极艰，促余速行。北行二里，路穷，渡涧。随涧东西行，鸣流下注乱石，两山夹之，丛竹修枝，郁葱上下，时时仰见飞石，突缀其间，转入转佳。既而涧旁路亦穷，从涧中乱石行，圆者滑足，尖者刺履。如是三里，得绿水潭。一泓深碧，怒流倾泻之上，流者喷雪，停者毓黛又里许，为大绿水潭。水势至此将堕，大倍之，怒亦益甚。潭有峭壁乱耸，回互逼立，下瞰无底，但闻轰雷倒峡之声，心怖目眩，泉不知从何坠去也。于是涧中路亦穷，乃西向登峰。峰前石台鹊起，四瞰层壁，阴森逼侧。泉为所蔽，不得见，必至对面峭壁间，方能全收其胜。乃循山冈，从北东转。二里，出对崖，下瞰，则一级、二级、三级之泉，始依次悉见。其坞中一壁，有洞如门者二，僧辄指为竹林寺门云。顷之，北风自湖口吹上，寒生粟起，急返旧路，至绿水潭。详观之，上有洞翕然敛缩的样子下坠。僧引入其中，曰："此亦竹林寺三门之一。"然洞本石罅夹起，内横通如"十"字，南北通明，西入似无底止。出，溯溪而行，抵方广，已昏黑。

二十二日出寺，南渡溪，抵犁头尖之阳。东转下山，十里，至楞伽院侧。遥望山左胁，一瀑从空飞坠，环映青紫，夭矫屈曲滉漾水势大而飞溅，亦一雄观。五里，过栖贤寺，山势至此始就平。以急于三峡涧，未之入。里许，至三峡涧。涧石夹立成峡，怒流冲激而来，为峡所束，回奔倒涌，轰振山谷。桥悬两岩石上，俯瞰深峡中，迸珠夏玉形如珠溅，声如击玉。过桥，从岐路东向，越岭趋白鹿洞。路皆出五老峰之阳，山田高下，点错民居。横历坡陀不平的山坡，仰望排嶂者三里，直入峰下，为白鹤观。又东北行三里，抵白鹿洞唐代江州刺史李渤曾在此读书，并随身养一白鹿，因此得名，亦五老峰前一山坞也。环山带溪，乔松错落。出洞，由大道行，为开先道。盖庐山形势，犁头尖居中而少逊，栖贤寺实中处焉；五老左突，下即白鹿洞；右峙者，则鹤鸣峰也，开先寺当其前。于是西向循山，横过白鹿、栖贤之大道，十五里，经万松寺，陟一岭而下，山寺巍然南向者，则开先寺也。从殿后登楼眺瀑，一缕垂垂，尚在五里外，半为山树所翳(yì，遮掩)，倾泻之势，不及楞伽道中所见。惟双剑崭崭众峰间，有芙蓉插天之态；香炉一峰，直山头圆阜耳。从楼侧西下壑，涧流铿然泻出峡石，即瀑布下流也。瀑布至此，反隐不复见，而峡水汇为龙潭，澄映心目。坐石久之，四山瞑色，返宿于殿西之鹤峰堂。

二十三日由寺后侧径登山。越涧盘岭，宛转山半。隔峰复见一瀑，并挂瀑布之东，即马尾泉也。五里，攀一尖峰，绝顶为文殊台。孤峰拔起，四望无倚，顶有文殊塔。对崖削立万仞，瀑布轰轰下坠，与台仅隔一涧，自巅至底，一目殆无不尽。不登此台，不悉此瀑之胜。下台，循山冈西北溯溪，即瀑布上流也。一径忽入，山回谷抱，则黄岩寺据双剑峰下。越涧再上，得黄石岩。岩石飞突，平覆如砥。岩侧茅阁方丈，幽雅出尘。阁外修竹数竿，拂群峰而上，与山花霜叶，映配峰际。鄱湖一点，正当窗牖。纵步溪石间，观断崖夹壁之胜。仍饭开先，遂别去。

82　游庐山记
恽　敬

庐山据浔阳彭蠡之会,环三面皆水也。凡大山得水,能敌其大以荡漾之则灵。而江湖之水,吞吐夷旷,与海水异。故并海诸山多壮郁,而庐山有娱逸之观。

嘉庆十有八年三月己卯,敬以事绝宫亭,泊左蠡。庚辰,叔星子,因往游焉。是日往白鹿洞,望五老峰,过小三峡,驻独对亭,振钥顿文会堂。有桃一株,方花,右芭蕉一株,叶方苫。月出后,循贯道溪,历钓台石、眠鹿场,右转达后山。松杉千万为一桁,横五老峰之麓焉。

辛巳,由三峡涧,陟欢喜亭。亭废,道险甚。求李氏出房遗址,不可得。登含鄱岭,大风啸于岭背,由隧来。风止,攀太乙峰。东南望南昌城,迤北望彭泽,皆隔湖,湖光湛湛然。顷之,地如卷席,渐隐;复顷之,至湖之中;复顷之,至湖壖,而山足皆隐矣。始知云之障自远至也。于是四山皆蓬蓬然,而大云千万成阵,起山后,相驰逐布空中,势且雨,遂不至五老峰而下。窥玉渊潭,憩栖贤寺。回望五老峰,乃夕日穿漏,势相倚负。返,宿于文会堂。

壬午,道万杉寺,饮三分池。未抵秀峰寺里所,即见瀑布在天中。既及门,因西瞻青玉峡,详睇香炉峰,盥于龙井。求太白读书堂,不可得。返,宿秀峰寺。

癸未,往瞻云,迁道绕白鹤观。旋至寺,观右军墨池。西行,寻栗里卧醉石。石大于屋,当涧水。途中访简寂观,未往。返,宿秀峰寺,遇一微头陀。

甲申,吴兰雪携廖雪鹭、沙弥朗园来,大笑,排闼入。遂同上黄岩,侧足逾文殊台,俯玩瀑布下注,尽其变。叩黄岩寺,趾乱石寻瀑布源,溯汉阳峰,径绝而止。复返宿秀峰寺。兰雪往瞻云,一微头陀往九江。是夜大雨。在山中五日矣。

乙酉,晓望瀑布,倍未雨时。出山五里所,至神林浦,望瀑布益明。山沈沈苍醋一色,岩谷如削平。顷之,香炉峰下白云一缕起,遂团团相衔出;复顷之,遍山皆团团然;复顷之,则相与为一。山之腰皆弇之,其上下仍苍醋一色:生平所未睹也。夫云者,水之征,山之灵所泄也。敬故于是游所历,皆类记之,而于云独记其诡变足以娱性逸情如是,以诒后之好事者焉。

4.1.3.2　与气象有关的艺术作品

因庐山独特的地理环境和气候特点,自古以来对庐山的艺术描绘形式主要体现在山水画上,庐山山水画在中国山水画史上占有重要的地位。东晋画家顾恺之创作的《庐山图》,成为中国绘画史上第一幅独立存在的山水画,开创了中国山水画的先河,从此历代丹青大师以庐山为载体,以这一艺术形式对庐山赋予美感境界的表述。中国画在理论上的第一次突破,亦是顾恺之的"传神说",这是受到东晋高僧慧远在庐山阐发的"形尽神不灭论"哲学思想影响的结果。庐山东林寺莲社"十八高贤"之一的宗炳,他所撰的《画山水序》,成为真正意义上的第一篇中国山水画论,他所阐述的山水"畅神说",打破了"君子此德"的美学观,代表了一个新的美学思潮的兴起。文人墨客对庐山抒情写意,浓墨重彩,使庐山积淀了丰富的文化内涵。据考证,比较有名的有五代梁时荆浩的《匡庐图》、南宋马远的《庐山雪霁图》、明朝沈周的《庐山高图》、吴振的《匡庐秋瀑图》、清朝石涛的《庐山浏览图》。特别值得一提的是现代国画大师张大千,一生喜好游山历水,遗憾的是没能亲临目睹过庐山的风采,但庐山却一直萦绕在他头脑中,一直矗立在他心中,终于在他晚年,历经三年时间完成了巨幅山水画《庐山图》,成为他的艺术巅峰,同时也将有关庐山山水的画作推向了高峰。所有这些庐山画作中,庐山奇秀苍润的山体,飞流湍泻的瀑布,扑朔迷离的云雾,不仅成为历代画家的描绘对象,也构成了庐山画作的灵魂。

历史时空的《庐山图》——丹青大师情注匡庐。人类与自然,朝夕相对,休戚与共。人在与自然相互作用的漫长岁月中,不但创造了丰富的物质财富,同时积淀了与自然山水息息相关的精神财富,从而构成了"山水文化"的丰富内涵。中国山水画,正是"山水文化"的独特表现形式之一,并折射永恒的魅力。庐山,奇秀苍润的山体,飞流湍泻的瀑布、扑朔迷离的云雾,无疑成为审美趣味的载体,又是滋养文化和荟萃文化的载体,展示出以艺术美深化自然美的典型。自然山水在秦汉绘画艺术中,只是人物画的背景和陪衬。从从属的地位挣脱出来,进而形成独立的山水画作,则是在魏晋南北朝。山水画的形成和确立,是魏晋风度的渗透,崇尚自然的必然,典型代表人物是东晋的顾恺之。

顾恺之是魏晋南北朝唯一有画作传世的画家,又是中国绘画史上第一个著有画论的理论家,因而被推至"苍生以来,未之有也"的极高地位。代表顾恺之绘画最高成就的是《洛神赋图》,这是一幅人物与山水合一的梦幻题材。尽管有人将《洛神赋图》视作中国最早的一幅山水画,但严格地说,它不能算作完全独立的山水画,而顾恺之所创作的《庐山图》,则是真正意义上的中国第一幅山水画。顾恺之出身于江南显族,生长于山水秀丽的无锡,曾在大司马桓温的幕下做过参军,后官至散骑常侍,他常悠游于长江沿岸山水名胜。夹江湖而飞峙,蕴灵性而奇崛的庐山,吸引着顾恺之,他漫游奇峰秀水之中,对山水之美有格外的体味,将自我对山水审美经验转化、升华为山水画——《庐山图》。

据郭若虚《图画见闻志》和张彦远《历代名画记》记载,顾恺之有6幅山水画作,其中有一幅《雪霁望五老峰图》,亦是以庐山为创作对象,表现庐山五老峰雪中的雄姿和意味。但真迹泯灭,而今无法品鉴,《庐山图》《雪霁望五老峰图》作为山水画独立存在,并为中国山水画的发展与繁荣,起到了继往开来的作用,而庐山也随之在人们的心目中矗立起特有的地位。顾恺之去世后享有"山水画祖"之誉,这是对他为中国山水画的确立而作出卓越贡献的评定,但从某种意义上说,是庐山造就了顾恺之。

山水画繁衍至五代,产生了一次大变革。山水画一洗隋唐以来的"空勾无皴"的单调画法,创造了皴、擦、点、染的复杂而先进技法,将中国山水画向前推进了一大步。这次大变革的领袖,当推五代后梁时期的荆浩。荆浩,字浩然,山西沁水人。生于晚唐,主要活动在朱梁时代,博通经史,因避动乱而隐居于太行山洪谷,自号洪谷子。以专画山水而自恃的荆浩,自谓"吴道子画山水,有笔而无墨,项容有墨无笔,吾当采二子之所长,成一家之体"。荆浩创作的山水画卷,据《宣和画谱》记载,有22幅,今仅存两幅,《寻山行旅图》现藏于美国堪萨斯城纳尔逊美术馆;《匡庐图》现藏于台北故宫博物院。以《匡庐图》最为著名,显露出以文采自然的笔墨抒写对自然生趣的体验,客观的描绘中渗透着作者淡泊的主观情思。整个画面笼罩着一片雄伟壮丽的"光环",同时交织着空旷幽寂的意蕴,标志着水墨山水画的真正成熟。《匡庐图》,典型地代表了五代山水画的创作成就。《匡庐图》山水章法,为全景布局,全景构图,图中山峰充溢着欲升之势,既挺耸又深远,既飘逸又俊秀,气势浩然,空间感强,"大山堂堂"的伟岸气概,撼人心魄。在整幅竖轴空间中,峰峦叠嶂,悬瀑萦纡,岚气缭绕,小桥横架,意态生动,意味盎然。山形以线框勾示,石纹以短笔直皴,笔触细碎多变,笔墨功力跃然图中。荆浩生于北方,隐居于太行山中,有人论述《匡庐图》并非是身临其境的感受,而是以北方的深山大岭加以丰富想象的产物。荆浩是否真正登上庐山,《匡庐图》是否是直观的审美观照,无关宏旨。可以肯定地说,庐山在荆浩的心目中具有崇高地位,他钦慕着这座被称为"神仙之庐"的名山,他向往着这座瀑泉飞流的大山,这一点是毫无疑问的。荆浩避居山林,躬耕自给。陶渊明归隐庐山,"采菊东篱下,悠然见南山";李白筑读书堂于庐山;"吾将此地巢云松",则是荆浩的心往神之。《匡庐图》中上款题诗,亦是丹青大师的心迹:翠微深处墨轩楹,绝磴悬崖瀑分明,借我扁舟荡空碧,一壶春酒看云生。

宋代,是一个崇文抑武的时代,一方面总是处于被动挨打的屈辱,一方面却是营造文化盛世的氛围。山水画艺术在南宋时期再创辉煌,山水画新风竞吹,被称为又一次大变革。领导南宋山水新画风的是"南宋画院体山水画派"四大家:刘松年、李唐、马远、夏珪。其中,被称为"马一角"的马远,是较为特殊的一位。马远,字遥父,号钦山,山西永济人,南渡后居杭州,是光宗和宁宗两朝的画院待诏。用焦笔作树石,以大斧劈带水墨皴,风格鲜明;画面布局别有新意。《南宋院画录》说他的山水"水墨西湖,画不满幅",置景一角,余皆留下大片空白,"马一角"称谓由此而来。马远创作的《四景山水图》,图分四轴,其中之一为《庐山雪霁图》(现藏北京故宫博物院)。画法具有淡墨轻岚的水墨特征,构图特征在于打破传统的鸟瞰式成规,从远视取景,笔墨寥寥,却形象生动,既突出了主题又显示出广阔的空间。画面取景简洁,寒意萧然。

山水画发展到明代,画派林立。明代中期,崛起了一个文人画派——吴门派,并成为明代中后期画坛主流。吴门画家以沈周、文徵明、唐寅、仇英为代表,合称"明四家"。"明四家"中,有"绘事为当代第一"的沈周和被称为"风流才子"的唐寅,他俩曾以庐山为描绘对象,分别创作了《庐山高图》《庐山图》。沈周是一位优裕的文人画家,而唐寅却是一位落魄的士人画家,虽然都是以庐山作为审美载体,却表现出不同的意韵。沈周的作品,多是描绘江南山水胜景,反映文人淡泊生活的情趣,寄托着高雅闲适的生活理想。真迹现藏于台北故宫博物院的《庐山高图》,是其代表作,并极受后人推崇。《庐山高图》为浅绛山水,纸本,纵 2 米、横 1.02 米,图中峰峦叠嶂,气势奇伟,飞瀑之下有一老叟伫立静观。画面布局疏朗,厚重凝练,宾主和谐团聚,浑然一体。此图创作于明成化丁亥年(1467 年),是沈周为老师祝寿而作。吴门画家,大都是诗书画的全才,沈周无疑也体现出这一特色,他在《庐山高图》的题诗气势恢宏,豪迈雄健:庐山高,高乎哉!郁然二百五十里之盘踞,岌乎二千三百丈之巃嵸,谓即敷浅原。培塿何敢争其雄?西来天堑濯其足,云霞旦夕吞吐乎其胸。回崖沓峰鬼手擘,涧道千丈开鸿蒙,瀑流淙淙泻不极,雷霆殷地闻者耳欲聋。

我国台湾于 1986 年发行了"庐山高"一套 4 枚的邮票,使此文化瑰宝再现光彩,再展魅力。

唐寅,早年以科场案被黜,遂颓废潦倒,而中年的一段幕僚生涯,亦使得他魂魄不定。明正德九年(1514 年),唐寅应宁王朱宸濠之聘,从苏州来到南昌,不久他窥探出宁王的谋反企图,深恐卷入严酷的政治旋涡,为摆脱困境而装疯,在大庭广众面前赤身裸体,宁王信以为真,放他而去。惊魂未定的唐寅,乘船经鄱阳湖返回故里,在途中登上了庐山。逃脱出"鸟笼"的唐寅,纵情于庐山的山水中,有感有悟,作诗作画。他写了一首七律《登庐山》,"匡庐山高高几重,山雨山烟浓复浓",诗中流露出的心境却是迷惑、郁闷。他又画了一幅画——《庐山图》。真迹现藏于安徽省博物馆,为全景山水,表现的是庐山三峡桥(又称观音桥)一带的景观,画面峰岩嵯峨,古木惨淡,瀑泉湍泻,画风清刚俊逸,而意境却萧索苍冷。诗言志,画寓情,画中的题诗令人品味:匡庐山前三峡桥悬流溅扑鱼龙跳。羸骖强策不肯度,古木惨淡风萧萧。

清代山水画称得上繁荣,但成就主要集中在前期,尤以"四高僧"的创新派把山水画又推进了一个大变革。"四高僧"之一的石涛,为明宗室后裔,原名朱若极。明朝灭亡时石涛仅 8 岁,随兄长投寺为僧,年轻时漫游江南,曾在庐山客住多年。庐山的秀美、清幽,在石涛的心里烙下了深深的印痕,乃至离别庐山40年后仍然难以忘怀,曾在一幅《庐山图》上题跋:"秋日与文野公谈四十年前客坐匡庐,观世舟,湖头如一叶,有似虎头者,今忽忆拈出,断烟中也。"石涛创作有多幅《庐山图》,其中最值得称道的是《庐山游览图》,是石涛的代表作之一。他主张体察自然,强调真实感受,提出"搜尽奇峰打草稿"的著名主张,《庐山游览图》正是这一主旨的重要体现,他将在大自然中激发的情感蕴含于奔放恣肆的笔墨之中。《庐山游览图》亦表现出画家着意求新、刻意求奇的创新风格。逆笔画山石,古拙盎然;湿笔渗为烟云,涂染以现幽郁,用墨出神入化,构思布局新颖多变。《庐山游览图》是石涛对庐山爱慕的倾注、艺术的升华。有美术史评论家说,石涛一派的作品和理论深入人心,为近代和现代文人画开创了新风貌,也使近代画坛出现了一批艺术大师,如黄宾虹、齐白石、徐悲鸿、张大千,为中国山水画创作出了不朽的作品。张大千的泼墨山水,博得了世人的喝彩。张大千的《庐山图》,为他的艺术成就打了一个惊叹号,亦为他的艺术生涯画了一个句号。张大千的《庐山图》是幅巨构,长12米、高2米,绢本。画面气势雄伟,浩瀚万千,并将庐山诸多名胜融为一体,从而又展露出意蕴无穷的艺术魅力。一生喜好游历山水的张大千,遗憾的是没亲临目睹过庐山的风采。但庐山却一直萦绕在他的头脑中,一直矗立在他的心目中,他要弥补遗憾,他将遗憾以艺术来弥补,终于在他生命的晚霞、艺术的巅峰时,以巨笔泼墨出巨幅山水——《庐山图》。《庐山图》,正如张大千自己所说:"这幅画,画的是我心中的庐山。"《庐山图》是张大千的深情寄托,是理想艺术化的结晶。正如他在画中所题的三首七绝之一所吟咏的那样:不师董巨不荆关,泼墨飞盆自笑顽。欲起坡翁横侧看,信知胸次有庐山。张大千的《庐山图》,没有沿袭董源、巨然、荆浩、关同等古代山水大师的表现手法,而是借助苏东坡的"横看成岭侧成峰,远近高低各不同"的理趣感悟,采以泼墨、泼彩并呈的艺术手段,创造出了气度恢宏,幻变万千的庐山,同时创造出了山水画的又一艺术峰巅。庐山的奇秀、庐山的峻美,受到历代丹青大师们的青睐,他们以笔倾心,抒情寄托,阐发出美的共性和个性,使庐山光耀永存于文化的史册!庐山,正是在艺术的天国中滋养,在文化的光灿中蓄势,从而孕育得更加刚健、丰华,佳构得以更加博大、恢宏。

4.1.3.3 与气象有关的历史典故

有一个传说,早在周初,有一位匡俗先生,在庐山学道求仙。据说匡俗字君孝,有的书称匡裕,字子孝,也有称为匡续的。俗字是误传,俗、续二字罔音,也是传闻之误。但现在普遍流传的名字是称他匡俗,匡裕很少有人知道了。为了方便,这里依照人们熟悉的称呼。此外,还有称匡俗为庐俗的。据说,匡俗在庐山寻道求仙的事迹为朝廷所获悉。于是,周天子屡次请他出山相助,匡俗也屡次回避,潜入深山之中。后来,匡俗其人无影无踪。有人说他成仙去了。后来人们美化这件事把匡俗求仙的地方称为"神仙之庐"。并说庐山这一名称就是这样出现的。因为"成仙"的人姓匡,所以又称匡山,或称为匡庐。到了宋朝,为了避宋太祖赵匡胤匡字的讳,而改称康山。另一个传说,在周武王时,有一位方辅先生。同老子李耳一道,骑着白色驴子入山炼丹,二人也都"得道成仙",山上只留下一座空庐。人们把这座"人去庐存"的山,称为庐山。"成仙"的先生名辅,所以又称为辅山。第三种传说,说是匡俗的父亲东野王,曾经同鄱阳令吴芮一道辅佐刘邦平定天下,东野王不幸中途牺牲。朝廷为了表彰他的功勋,封东野王的儿子匡俗于鄡阳,号越庐君。越庐君匡俗有兄弟七人,爱好道术,都到鄱阳湖边大山里学道求仙。这座越庐君兄弟们学道求仙的山,被人们称为庐山。

八仙中有个吕洞宾,据说他是在庐山的仙人洞成仙的。吕洞宾是唐朝的金兆人,因没有考取功名,就流浪在江湖上。后来黄巢带兵造反,到处打仗,吕洞宾就上庐山来避难,住在佛手岩。有一天,天气很好,吕洞宾从佛手岩走出来,刚一抬头,就见天上有一朵云彩飘过来。吕洞宾正感到奇怪,忽然见从云彩上落下一个人来,稳稳当当地站在洞前。这个人又矮又胖,整个肚子都露在外面。他的头发打着两个娃娃髻,手上握着一把大芭蕉扇。吕洞宾一看就知道这不是凡人,一定是哪位仙家,便赶忙上前施礼,问:"请问仙师尊姓大名?"那人看了吕洞宾一眼,说:"我乃汉钟离是也!"吕洞宾一听,心里就别提多高兴了。他早就听说,钟离是一位剑仙,有很高的道术,能飞剑斩龙,点石成金。他手上的那把芭蕉扇,也是仙家的宝物,能遮云赶月,呼风唤雨。今天真是福星高照,遇上了这个神仙,我何不拜他为师,请他传授剑术呢?吕洞宾主意一定,便客客气气地说:"不知仙翁驾到,请多原谅。来来来,这儿坐,我给你备一杯薄酒,请不要见笑。"两个人就在树荫下面对面坐着,几碗酒下肚,吕洞宾见钟离喝得高兴,便趁机说:"仙师,现在到处都在打仗,兵荒马乱的,我也不想去求什么功名,只想求拜仙翁为师,恳请仙翁教我剑术,将来也好得道成仙,弟子就感激不尽了。"钟离接连灌了几碗酒,抹抹嘴唇,说:"嘿嘿!成仙可不是一件容易的事呀!首先是志要坚,不能中途打退堂鼓;第二是练要勤,不能偷懒怕苦;第三是心要专,不能有任何的邪念。这些,你都能做到吗?"吕洞宾听钟离的口气,有收下自己的意思,便连忙拜倒在地,说:"弟子一定听从师父的教导,志要坚,练要勤,心要专,立志修仙炼道!徒弟这就拜见师父!"钟离见他蛮诚心,便双手把他扶起来,说:"好好好,为师就收下你这个徒弟了!"钟离"咣"的一声抽出两把宝剑。真是好剑啊!吕洞宾只觉得两道寒光一闪,连眼睛都照花了。钟离把两把宝剑交给吕洞宾,说:"为师把这两把宝剑送给你,你要勤学苦练,将来定能登上仙界。"吕洞宾接过宝剑,拜了又拜。从此,就在佛手岩学习剑法。吕洞宾练了一年又一年,也不知练了多少年,终于学到了一手好剑法。双剑舞动起来,"呼呼呼"地响,像一阵风刮过,只见到刀光,见不到人影。有一天,钟离对吕洞宾说:"你的剑法已经学到手了,要想成仙,还要得到一根长生木才行。这根长生木,也不知道长在哪里。你要继续修炼,到时候就自然能够得到。"说罢,就把那两把宝剑亲自插在他的背上。然后化作一阵清风,腾云驾雾走了。吕洞宾赶紧跪在地上,朝天拜了拜。长生木是什么样子,到哪里去找呢?师父没有说。但他想,像这样的无价之宝,一般的地方肯定找不到,一定是长在哪座仙山上。师父已经有嘱咐,不管在天边,我也要找到它。吕洞宾施展法术,飞崖走壁,去拜访名山,寻找长生木。有一天,吕洞宾经过一个大山,突然听到一声老虎叫,好吓人啊!但吕洞宾没有向后退,还是往前走。没走多远,就听到芭茅林里"呼啦啦"一声响,跳出来一只斑斓猛虎,张开嘴有脸盆那么大,向吕洞宾猛扑过来。老虎虽然很凶,但吕洞宾却一点也不怕,心里在说:"好,你这只畜牲送死来啦!他往旁边一闪,伸手就去拔背上的那两把宝剑,哪晓得那两把宝剑却是插在肉里面的,怎么拔也拔不出来。吕洞宾这个时候还真有点慌了,想到那两把宝剑是师父替他插在背上的,莫非是师父要试试我的胆量,故意不让我用那两把宝剑?好吧,那我就用双拳来对付它。那只老虎刚才扑空了,就更加发起威来,尾巴一扫,"哗啦啦",把几棵小树都打断了,又张开脸盆一样大的嘴,吼叫一声,第二次扑向吕洞宾。吕洞宾是学过剑术的人,有功夫,身子一纵,便跳到老虎的后面,一手揪住了老虎尾巴,使出神力,把老虎掀翻在地,一个膝盖顶着老虎头,挥起拳头,"咚咚咚"像打鼓一样,一连在老虎头上打了十几拳,把老虎打死了。吕洞宾又一手提着老虎尾巴,一手提着老虎头,大叫一声,把老虎丢到悬崖下去了。吕洞宾打死了老虎,又继续向前走。他翻过了一座山峰,眼前出现了一个深涧,涧水"哗哗"响着,见不到底。两山之间架着一座独木桥,非常惊险。吕洞宾要到对面的山上去,继续寻找长生木,便走上了独木桥。他还没走到桥中间,不想对面却走过来一个年轻漂亮的女子,在桥上摇摇摆摆,好像随时都有可能掉下桥去。吕洞宾很担心,赶紧走了几步,迎上去扶住她,说:"小姐,请小心。"不料那个女子却趁机靠在吕洞宾的身上,娇里娇气地说:"谢谢公子帮助我。小女子因受公婆的打骂,不得已逃上山来,现无家可归,今天有幸遇到公子,也是天意。如公子不嫌弃,小女子愿意给公子铺床叠被,终生服侍公子。"吕洞宾慌忙把她推开,板着脸孔说:"你这女子怎么这么不顾廉耻!我是正人君子,不是好色之徒。请你赶紧让开!"那女子不肯让,还对吕洞宾眉来眼去,说:"现在我反正无家可归,如果公子不收留我,我只好跳下桥去,死了算了。"吕洞宾听了,心里有些厌恶,再也不理她,转身就走。还没走出几步,就听后面"扑通"一声响,那个女子还真的跳下桥去了。吕洞宾心里还骂道:"这样的女人,死了也没什么可惜。"吕洞宾过了独木桥,又爬上了对面那座大山。这座山更高,树多草也多。突然草丛里"呼"地窜出来一条大蟒蛇,头竖得很高,劲鼓得好大,舌头吐出来有一两尺长,发出呼呼的叫声。吕洞宾感到很奇怪,这几个月他爬了多少山,过了多少岭,什么事也没有,今天怎么尽出怪事呀?吕洞宾两只眼睛紧紧盯着那条大蟒蛇。大蟒蛇身子一纵,有好几丈高,好像一口就要把吕洞宾吃掉。吕洞宾左一躲,右一闪,那条大蟒蛇怎么也咬他不到。吕洞宾心里有些着急。他又想起了背上插的两把宝剑,伸手就去拔剑。咦?奇怪!"刷!刷!"两把宝剑竟被拔出来了。吕洞宾心里一阵高兴,便使出了钟离教他的剑法,只见寒光一闪,那条大蟒蛇便被斩成了两段,吕洞宾才算松了一口气。这时候,忽然听到一阵"哈哈"大笑,吕洞宾回头一看,哟!原来是师父钟离站在他旁边。其实,山上的老虎、木桥上的漂亮女子和草丛里的大蟒蛇,都是钟离使的法术变的,有意设下了"三道关"。直到吕洞宾过了前两关,才让他拔下了背上的宝剑。吕洞宾一见是钟离,连忙跪下,说:"弟子拜见师傅!"钟离咧开大嘴,点着头,说:"好,好!你要找的长生木就在这里,好好修炼,一定能得道成仙。"钟离说完,又化作一阵清风走了。吕洞宾低头一看,又一桩怪事:那条大蟒蛇竟变成了一根长生木。吕洞宾高兴得连忙捡起来,紧紧握在手上,说:"长生木呀,长生木,我终于找到你了!"吕洞宾带着长生木回到庐山的佛手岩,继续修炼,后来终于成了仙。庐山佛手岩也因为是吕洞宾得道成仙的地方,后来人们便叫它"仙人洞"。直到现在,仙人洞还塑有吕洞宾的神像哩!

庐山云雾茶是一种庐山旅游商品,具有"形如雀舌,紧结网直。绿润多毫,水色碧亮,香味醇厚,鲜甘耐泡。叶底嫩黄,从容舒展"等特点。庐山云雾茶之所以具有这些特点,是由庐山的地理、气候决定的,庐山海拔一千多米,又地处江南北部,襟江带湖,终年不绝的云雾使得光照弱、湿度大,加之庐山空气洁净,昼夜温差大,又富于紫外线照射等因素,使决定茶叶品质的各类物质容易形成,因而使庐山云雾茶具有芽叶肥壮、白毫显露、富含水浸出物,加之采制工艺精细,历来成为茶中精品,深受人们珍爱。史载茶叶"发乎神农氏,闻于鲁周公",深厚的文化内涵,是一个产品的价值和生命力所在。庐山云雾茶也有着自己的文化渊源。相传孙悟空在花果山当猴王的时候,常吃仙桃、瓜果、美酒,有一天忽然想起要尝尝玉皇大帝和王母娘娘喝过的仙茶,于是一个跟头上了天,驾着祥云向下一望,见九洲南国一片碧绿,仔细看时,竟是一片茶树。此时正值金秋,茶树已结籽,可是孙悟空却不知如何采种。这时,天边飞来一群多情鸟,见到猴王后便问他要干什么,孙悟空说:"我那花果山虽好但没茶树,想采一些茶籽去,但不知如何采得。"众鸟听后说:"我们来帮你采种吧。"于是展开双翅,来到南国茶园里,一个个衔了茶籽,往花果山飞去。多情鸟嘴里衔着茶籽,穿云层,越高山,过大河,一直往前飞。谁知飞过庐山上空时,巍巍庐山胜景把它们深深吸引住了,领头鸟竟情不自禁地唱起歌来。领头鸟一唱,其他鸟跟着唱和。茶籽便从它们嘴里掉了下来,直掉进庐山群峰的岩隙之中。从此云雾缭绕的庐山便长出一棵棵茶树,出产清香袭人的云雾茶。美好的传说只不过告诉人们庐山茶原是一种野生植物,庐山茶叶在历史上多为僧侣所栽种,伴随佛教的兴衰,茶叶生产随之增降。到了清朝,这一千古名茶已濒临绝迹。当地解放前夕,仅有茶园三十余亩,绝大部分茶树已钻入林中了,所产少量茶叶仅作贡品及僧侣饮用。据说在古代汉阳峰、五老峰的毛尖茶是作为上贡朝廷的贡品,如今则是来山游客必购庐山特产之一,也是云雾文化大众化最直接的表现。

庐山奇峻雄伟,景色秀丽,素为文人墨客游玩流连之地。有一年,苏东坡和佛印和尚到庐山游览。苏东坡知道唐朝大诗人李白等先贤大哲在山中多有题咏,心想这次上庐山要多读前辈们的诗作,多体会庐山绮丽的风光,少写或最好不写诗。谁知苏东坡到了庐山的消息不胫而走,山上山下的游客、僧侣都知道苏学士来了,莫不争睹为快。苏东坡所到之处,大家都恭候迎送,令苏东坡十分感动。兴之所至,苏东坡忘了自己的誓言,不知不觉写下了游庐山的第一首诗:"芒鞋青竹杖,自挂百钱游。可怪深山里,人人识故侯。"一开了头,就一发不可收拾。苏东坡接连又写出了:"青山若无素,偃蹇不相亲。要识庐山面,他年是故人。""自昔忆清赏,初将杳霭间。如今不是梦,真个是庐山。"山上有个和尚叫可遵,平日爱写几句诗,听说苏东坡来了,便带着诗稿来拜见苏东坡。苏东坡翻阅诗稿,其中有一首是这样写的:"禅庭谁立石龙头,龙口汤泉沸不休。直待众生尘垢尽,我方清冷混常流。"苏东坡觉得"直待众生尘垢尽"一句还有些意思,就戏作了一绝:"石龙有口却无根,自在流泉谁吐吞。若信众生本无垢,此泉何处觅寒温。"受到苏东坡的赞扬,可遵和尚头脑开始发昏,人也有些飘飘然起来,自视已成为当代大诗人。第二天,又来缠住苏东坡,要和苏东坡吟诗作赋。刚好他前几天读了苏东坡的《三峡桥》诗,便对苏东坡高声朗诵了一首头天晚上写的诗:"君能识我汤泉句,我却爱君三峡诗。道得可咽不可嗽,几多诗将竖降旗。"苏东坡正要说话,可遵却大呼小叫要栖贤寺的住持把他的诗拿去刻碑,还大言不惭地说:"把碑空一半出来,等苏学士和了我的诗再刻上去!"坐在一旁的佛印和尚早就耐不住性子了,呵斥道:"大胆头陀,无知和尚,些须雕虫小技,焉敢在大学士面前卖弄,还不快给我滚出去!"说罢,也吟诗一首:"打睡祥和万万千,梦中趋利走如烟。戏君打快修禅定,老境如蚕已再眠。"众人一听,都拍手称快,可遵和尚觉得再待下去实在无趣,只好悄悄溜走了。庐山总住持照觉大师和佛印和尚是老朋友,又听说苏东坡来了,便急忙赶上山来,陪着苏东坡游览了漱玉亭、汤泉等地。当他们游完西林寺后,照觉大师要苏东坡题诗。苏东坡略一沉思,便在西林寺的墙壁上挥毫写下了一首千古绝唱——《题西林壁》:"横看成岭侧成峰,远近高低各不同。不识庐山真面目,只缘身在此山中。"

4.1.3.4 与气象有关的饮食文化

庐山最有特色的美食有"三石一茶",即庐山石鸡、庐山石鱼、庐山石耳、庐山云雾茶。庐山石鸡一般隐居在海拔500米以上的山涧溪流石下,500米以下山溪也少有分布。庐山地处亚热带,气候湿润温和,雨量充沛,谷幽峰翠,宁静、郁闭、潮湿的生态环境,正是石鸡生长发育的良好条件。庐山石鱼体色透明,无鳞,体长一般在30~40毫米,常年栖附在飞瀑深潭、高峡山崖石缝之间,其吸盘能吸附峭壁逆水前进,同绣花针长短差不多,即使长上七八年,长短也不会超过一寸,故又名绣花针,多在4—5月产卵于小溪中,其生存环境对水质要求较高。其肉细嫩鲜美,滋补去火,味道香醇,因而遐迩闻名。石鱼不论炒、烩、炖、泡都可以,营养成分丰富,尤为产妇难得之滋补品。石鱼除庐山有外,在九江、宜春、赣州、吉安等地的山区都有发现,但以庐山石鱼质佳。"石鱼炒蛋"为庐山特产名菜之一。庐山石耳与黑木耳同科,是一种野生在人迹罕至的悬崖峭壁上的肢菌植物,每年的春夏间,在庐山阴湿的石头上生长着一丛丛黛青色的菌类植物,呈叶状,体扁平,呈不规则圆形,通常背面灰色或绿色,腹面黑褐色或黄褐色,背面披黑色绒毛,由于它形状扁平如人耳,又附着在岩上生长,因此称之为"石耳"。石耳营养价值极高,内含很多的肝糖、胶质、铁、磷、钙及多种维生素,营养十分丰富,是一种高蛋白滋阴润肺之补品。明代著名药物学家李时珍在《本草纲目》中记载:"石耳,庐山亦多,状如地耳,山僧采曝馈远,洗去沙土,作茹胜于木耳,佳品也",并详尽记载了"石耳气味甘、平、无毒,久食益色,至老不改,令人不饥,大小便少,明目益精"的药用功能。

庐山云雾茶是汉族传统名茶,是中国名茶系列之一,属于绿茶中的一种。最早是一种野生茶,后东林寺名僧慧远将野生茶改造为家生茶。始于汉朝,宋代列为"贡茶"。因产自中国江西省九江市的庐山而得名。茶芽肥绿润多毫,条索紧凑秀丽,香气鲜爽持久,滋味醇厚甘甜,汤色清澈明亮,叶底嫩绿匀齐。通常用"六绝"来形容庐山云雾茶,即条索粗壮、青翠多毫、汤色明亮、叶嫩匀齐、香凛持久、醇厚味甘。

庐山云雾茶从20世纪50年代以来,在庐山植物园科学工作者的试验和当地政府大力推广下,经过60余年的迅速发展,庐山云雾茶遍布从南北山麓到半山腰再到山顶的山山岭岭。如今,庐山云雾茶不仅是来山游客旅游购物首选对象,也成为当地旅游支柱产业之一。对庐山云雾茶的品性,朱德同志有诗赞曰:"庐山云雾茶,味浓性泼辣。若得长时饮,延年益寿法。"以形象化的语言概括了庐山云雾茶叶厚毫多、醇香甘润、富含营养、延年益寿的独特品质。庐山云雾茶形成这些独特的品质,与茶树的生长环境和庐山的地理气候有关。

大家知道,茶树为常绿灌木,适应力极强,一般亚热带及热带地区的气候为宜。但欲求产量高、品质好,除具有优良的品种、精湛的采制技术外,还要具备优越的气候环境。茶树的分布,主要受雨量、温度、海拔、风力与日光等自然环境的支配,也与海拔高低有一定关系。一般年降雨量1500~2500毫米均适合。最适宜其生长的温度是日平均温度在10~20 ℃,低于10 ℃不利于其生长,而高于25 ℃则容易结籽影响产量。

首先从地理位置、海拔高度来说,庐山是一座位于我国长江中下游中纬度地区、平均海拔1000米、主峰汉阳峰海拔1473.8米、面积约300平方千米的中尺度山体,具备了高山优质茶的基本条件。再从气候方面看,庐山属亚热带季风湿润气候,同时又具有明显的山地气候特征。气压较低,年平均气压只有885.6百帕,比山下平原地区低约120百帕;气温较温和,年平均气温11.6 ℃,其中4—10月平均气温在10~25 ℃,适合茶树的生长;降水较为充沛,年降水量为2068.1毫米;光照也较充足,年日照时数为1715.3小时。这说明在气压、降水、温度、光照等基本气候条件上具备了高山优质茶的条件。庐山还是一座云雾之山,云雾十分丰富,年平均雾日达200天,最多的达223天,最少的也有158天,其中3—6月雾最多,每月基本接近20天,也就是说有三分之二的日子都会有雾的记录。这就满足了高山优质茶最重要的自然条件,正是具备这种得天独厚的条件,因此庐山的茶叶才被冠以"云雾茶"之称。

庐山云雾茶最适宜生长的温度是日平均温度在10~20 ℃。根据气候统计资料,庐山漫长的冬季一直要持续到4月第1候,从第2候日平均温度稳定通过10 ℃进入春季,至5月第1候稳定通过15 ℃,6月第6候稳定通过20 ℃进入初夏,7月第2候稳定通过22 ℃进入盛夏季节;从云雾情况看,3—6月每月有雾日数都在18~20天,占全月的60%~70%。因此,庐山云雾茶生产的主要时期为4—6月,而4月中旬至5月上旬即清明至谷雨前后是庐山云雾茶生长的关键期,也是春茶首次采摘最佳期,称为毛尖茶,质量最上。5月中旬后随着气温上升,茶叶生长加快,至6月中下旬可陆续进行采摘,茶质虽不及毛尖茶好,但味更浓,也更经泡,因此深受本地人青睐。

并不是所有的庐山云雾茶品质都一样,还有一定的地域性差异。因茶叶生长对气温、云雾条件很敏感,从星子、通远、赛阳、海会、高垄到威家一带海拔约在100米以下的南北山麓,气候基本上属于山下亚热带气候,升温较早,云雾不多,且空气有一定污染,这里的茶叶生长较早,清明前就有茶叶上市,茶质跟山上的云雾茶不可同日而语,故不能称为严格意义上的庐山云雾茶;真正山上的庐山云雾茶主要产区在海拔800米的含鄱口、小天池、仙人洞等地,这里山地气候明显,升温迟缓,云雾很多,且空气清新,没有污染,尤其是五老峰与汉阳峰之间,升温最晚,云雾不散,因此产茶期要到4月下旬至5月初;所产之茶最佳,常称为贡品,但产量很少,价格昂贵。而处于两者之间从海拔100米到800米之间的修静庵、捉马岭、马尾水等地的茶叶称为半山茶,当然也属于云雾茶,其产茶期一般在清明到谷雨之间,茶质也介于山下茶与山上茶之间,但产量较山上茶高,也可说是庐山云雾茶的主体部分,故深受来山游客的欢迎。

4.1.4 庐山历次气象灾害事件

庐山地理特殊,地形复杂,气象灾害种类多、频率高。主要灾害种类包括暴雨、雷电及强对流、大风、大雪、冰冻、寒潮、干旱和高森林火险。根据庐山的特点,有的在山下常出现的灾害性天气,如高温、霾等,在庐山出现少、影响小;有的在山下较少出现影响严重的灾害性天气,如大雾、小雪、雨凇等,在庐山则出现太多,成为常规性天气,均不作为灾害性天气处理。庐山有冰雹出现但很少,年平均1次,基本未造成明显的灾害;庐山没有出现龙卷的记录,也不作为主要的气象灾害。

1955年9月中旬至12月中旬秋冬大旱,山上吃水困难,山下无水冬种。

1959年4月10—11日大暴雨,山下冲毁小水库3座,民房40间,百多亩农田受灾。

1960年3月31日大风刮倒房屋3栋,厨房1间。

1960年11月27日积冰压断电线6根,冻坏蔬菜数万斤。

1962年2月9—10日大风刮倒煤球厂机球房1间,以及他处的一些木栅栏。

1962年11月中下旬积冰压倒一些树木,很多电线被压断。

1963年冬旱连春旱,山下早稻无水育秧春耕,山上吃水困难。

1963年7月2—3日大暴雨,路面塌方1万立方米,冲走小木桥1座,交通中断,16亩*菜地受灾,死1人。

1964年严重冬旱,山下冬种困难,山上供水紧缺。

1964年6月24日连续大到暴雨,山下金桥、汤桥一带山洪使沿河农田受灾。

1965年2月21—26日积冰,交通中断3天,小天池电话线压断3根。

1965年12月15—17日寒潮、大雪、积冰,降温达20 ℃,最低气温−14 ℃,使全山停电,交通中断,部分树木压断。

1966年夏旱连秋旱,二季稻受灾严重,年最高气温32.0 ℃,为历史最高纪录。

1967年6月19日特大暴雨,公路塌方,交通中断,冲毁通远小水库1座,威家沿河农田受灾。

1968年夏旱连秋旱,二季稻受灾严重。

---

* 1亩=1/15公顷。

1969年1月28日至2月4日大雪,雪深36厘米,交通中断,小天池高压电杆折断,全山停电。

1970年1月2日至4月13日严重冬春寒,其中1月3—5日强寒潮暴发南下,降温达24℃,最低气温−16.8℃,为历史之最;春季比往年迟到半个月,早稻严重烂秧。

1971年7月2日红旗公社新联大队雷击死2人。

1971年6月9日连续大到暴雨,公路塌方3600立方米,交通中断2天。

1972年8月18—19日连续大暴雨,山洞处护坡墙倒塌,山南公路塌方250多立方米,西湖曲桥冲坏,花径花房水深1米。

1973年2月26日向阳公社南城大队雷击死1人,三级站变压器击坏。

1973年7月5日大暴雨,东林一石桥被冲毁。

1973年秋旱连冬旱,山下无水冬种,山上供水困难。

1974年2月22—24日大风吹倒通远一栋民房和粮库的一面墙,庐山六所有几间房子的石棉瓦被揭掉。

1974年7月10日大暴雨,汤桥、金桥沿河山洪暴发,农田受灾。

1975年8月13—20日受4号台风影响,持续一周暴雨或大暴雨,累计降水1100毫米,暴雨持续时间之长、累计雨量之大为历史之最。冲毁河堰372条,房屋24栋,农田4000多亩,损失粮食20万千克,公路塌方7000多立方米,交通中断一星期,死3人,伤3人。

1975年12月6—16日大雪严重积冰,使交通中断半月,多处电杆、电线压断,全山停电五天,局部停电23天,30多亩树木,5000多棵树被毁。

1977年1月26—30日大雪使交通中断。

1978年,严重的夏旱连秋旱,二季稻有三分之一无水栽插,已插的减产5~6成。山上供水困难。

1979年3月29日半夜,大风从登庐山至海会吹倒房屋21栋,揭屋顶236栋,死2人,伤6人,不少树木折断。以上个别屋铁皮瓦被揭,损失近60万元。

1979年8月12日、13日连续雷灾,登庐一民房顶遭雷击,瓦砸死1人,高垅击晕2人,贝云庵一男孩遭雷击身亡。

1979年秋旱连冬旱,冬种困难,山上供水紧缺。

1980年6月6日大暴雨,山洪冲走威家九星小学2名学生。

1980年7月13日大暴雨,护坡塌方,冲坏粮食局屋墙,1人受伤。

1981年1月24—26日积冰使交通中断11天,部分树木压断。

1981年6月30日至7月1日连续大暴雨,护坡塌方冲坏百货公司一宿舍,300米柏油路面被冲坏。

1982年3月24—27日严重积冰使交通中断,小天池处一水泥高压电线杆和电话线杆被压断,部分树木压折。

1982年12月5日大风揭掉庐建公司四间屋瓦。

1983年4月26日大风使11处房屋受损,吹倒大小树木数百棵。

1984年1月19日至2月20日长达一个月连续大雪积冰,雪深33厘米,使交通中断40多天,压断水泥5根、高压线3根,多处水管冻裂,供电供水困难,不少树木被压断,部分经济作物冻死。

1984年8月两次受到台风暴雨袭击,先是8日大暴雨,造成南山公路塌方万余立方米,交通中断,泥石流冲坏酒厂楼房 1 栋,变电机房 1 座,损失近百万元。8 月 31 日至 9 月 2 日再次连续大暴雨,累计雨量 454.4 毫米,致环山公路十多数塌方,路面破坏严重,交通中断,冲倒木楼房 1 栋。

1984—1985 年冬季大雪不断,其中 12 月 18—28 日、1985 年 1 月 7—11 日、2 月 18—28 日、3 月 10—15 日多次连续大雪积冰,使交通中断,部分树木压断,局部停电。

1986 年 1 月 31 日至 2 月 7 日连续大雪积冰,使交通中断。

1986 年夏、秋旱,山上供水紧缺。

1987 年 5 月 12 日小天池飑线大风,揭去变电站及公路段停车场等大部分建筑物的屋顶。

1987 年 11 月 28 日至 12 月 6 日强寒潮降温使多处水管冻裂,供水困难。

1988 年 2 月 17—22 日、3 月 16—18 日两次连续大雪积冰使交通中断,很多树木和一些电杆压断,供电、供水、通信困难。

1988 年秋旱连冬旱,山上供水紧张,山下无水冬种。

1990 年 6 月 30 日至 7 月 2 日,受梅雨锋和台风低压共同影响连续降暴雨到大暴雨,累计雨量 427.5 毫米,造成滑坡、泥石流 6700 立方米,冲垮小水库一座,冲坏房屋 30 栋,死 6 人、伤 1 人,损失近 500 万元。

1991 年 12 月底严寒,受强寒潮影响,最低气温降到了 -16.7 ℃,为历史次低值,致使交通中断 3 天,水管冻裂,大树压断不计其数。

1992 年 3 月短时严重冰冻,18 日雨凇将小天池高压线压断 2 对,造成全山停电 1 天,东谷停电 10 天,由于连续低温降水,23 日北山公路 8 千米处塌方 1000 余立方米,交通中断至月底,南山贝云庵处塌方共 2000 余立方米,全山有少量树木被雨凇压断。

1994 年 8 月受台风低压影响,6 日和 22 日出现大暴雨,累计雨量达 400 毫米,造成庐山较大范围的泥石流灾害,河南路公路 2 处塌方,花径房进水围墙倒塌,观景台入口坡路倒塌等,总计损失 100 万元。

1995 年 8 月 15 日台风低压大暴雨,降水量 189.1 毫米,山上多处泥石流滑坡致使交通受阻,各游览景点、居民房屋等均受到不同程度的损害,无人员伤亡。山上直接损失达 545 万元。

1996 年 3 月 16 日偏南大风灾害,八级以上大风从前一天 23 时开始,持续到当天 17 时,前后达 18 小时,其中 11—12 时阵风风力达十二级,瞬时风速最大达到 37 米/秒。50 栋房屋顶被吹掉约 3500 平方米,吹倒吹断大树 26 棵,压断高低压电线约 40 米,造成 24 小时停电,共损失约 40 万元。

1998 年 1 月 22—23 日出现罕见的暴雪灾害,最大平均雪深达 66 厘米,为历史最高纪录。1 月 22 日晚有大批车辆开至半山被阻,乘客 200 来人只能步行至次日晨才上山。交通中断 2 天,用推土机铲雪疏导交通。暴雪使人步行十分困难,蔬菜市场出现短期波动。

1998 年 9 月 15 日受冷暖空气交汇及在山地强烈抬升作用,庐山北部遭受强对流灾害。小时雨量达 132.5 毫米,为历史最强,伴有长达一个多小时的天顶强雷暴。街道严重积水,短时阻塞交通,有 30 名游客被滞留三叠泉。大小塌方有 30 多处,其中较大的塌方 5 处,北山公路关闭 2 天,道路塌方损失约 15 万元。通信线路遭受重大损失,北山好汉坡光缆线路以及设在气象台的"大哥大"和无线导呼系统均被打坏,15 日 17 时至 16 日 16 时庐山与外界所有通信联系均告中断,直接经济损失约 60 万元。大量居民及单位电视、电话及电器受损,保险公司接到报案 46 件,气象电接风等仪器亦受损严重。

2002年7月17日9时03分,五老峰"待晴亭"发生重大雷击灾害,4人死亡、13人受伤,直接损失数百万元。

2002年8月7日受12号台风影响出现大暴雨,雨量168毫米,小天池公路出现塌方,冲毁1幢民房并造成1人重伤。

2003年8月9日、10日,锦绣谷和五老峰发生雷击灾害,4人死亡,20人受伤,直接经济损失数百万元。

2004年8月13—14日,受台风"云娜"影响,出现特大暴雨,雨量260毫米,香山路562号"远洋宾馆"内院山体塌方,面积约300平方米。泥石流将停靠在院内的4辆轿车冲埋,损失超过100万。2处公路塌方短时影响交通。

2005年2月16—20日受较强冷空气和暖湿气流的影响,庐山出现了罕见的冰冻灾害天气,积冰直径62厘米,重量达704克/米。大批树木被压断;南山公路两侧成片竹林被压断;高压线路受损严重,河南路、天主教堂路供电中断数十小时,高压水泥杆折断十几根,烧坏变压器2台。供电部门直接损失近70万元,对交通、通信线路也有一定影响。

2005年9月1—4日,受"泰利"台风低压影响,降特大暴雨,过程降水量940毫米,列历史第二位,造成历史罕见的重大灾害。8人死亡,1人失踪,伤3人,紧急转移1360户共4800人,2000名游客疏散下山。冲毁房屋56间,受损35栋,多处房屋进水受损严重。2950人受灾,直接经济损失8000万元。市政设施大小塌方共126处,其中特大塌方造成泥石流的有5处,滑坡46处,滑坡隐患11处,崩塌13处,山洪24处。被毁花卉、苗木无数,数百棵大树被折断或倒下,道路、桥梁、挡土墙、路灯被毁多处。芦林湖水库坝体出现多处渗漏,坝基脚已冲刷裸露,泄洪管已损毁。莲花台水库大坝基脚冲刷严重。仰天坪水库坝体、坝脚多处渗漏,坝体外基脚冲刷严重。大月山水库护坡多处损坏,溢洪道损坏。植物园水库引水渠损毁,山体滑坡,造成水库淤塞。莲花谷水库坝体、护坡多处受损,溢洪道损毁。花径湖水库坝体渗漏,有空洞。公路交通全线中断2天,北山公路中断达两个月整,直至11月1日才恢复通车。南、北山公路全线受损极为严重,共计塌方76处,冲毁挡土墙112处,护栏71个,直接经济损失8000万元。供电、供水、供气及通信部门损失2000万元,供电故障53处,对电力设施造成破坏的17处,其中损坏变压器3台,高低压线路8.15千米,倒杆或倾倒高低压杆18根,主要线路停电2天。全山主、支供水管线被毁,2000户居民和宾馆停水。液化气站4个储存罐被淹,充气枪被毁,供气中断。通信光缆断裂8处,倒杆23根,5个机站被迫停止使用。经统计,总的直接经济损失达2亿元。

2007年7—8月春夏连旱,受气候异常影响,降水持续偏少,1—7月降水总量807.2毫米,比气候值少近4成,列历史最少的第二位,遭遇了40年一遇的干旱灾害。山下"两场(厂)两所"地区农作物受灾面积112.78公顷,饮水困难22262人·次,直接经济损失在25.6万元以上;山上各水库蓄水明显不足,出现部分供水困难,自来水公司每天需从备用的莲花台水库调水1万余吨,每吨水生产成本增加约1元,累计直接经济损失约30万元。

2008年初庐山出现历史罕见的低温、雨雪、冰冻灾害天气过程,自1月12日寒潮入侵开始,到2月5日雨雪天气基本结束,低温、积雪、冰冻的后续影响一直持续到2月22日。造成了前所未有的损失,主要灾情如下:

(1)林业、农业方面:全山林业受灾面积17万亩,灌木林7.9万亩,损毁树木7.8万多立方米(其中包括一些名木古树),冻坏毛竹41万棵,花卉4万盆;损毁茶园4600亩、果园2000亩、果苗

5万株;损坏苗圃848亩、蔬菜150亩,倒塌蔬菜花卉大棚17个;总的直接损失7080万元。

(2)供电方面:两条输变电站主线共中断9次,其中最为严重的有1月29日4时,两条输电线路同时中断,造成全山停电停水;2月3日因融冰造成13条供电线路断线、断杆、横担扭曲变形,江西省701电视转播台线路中断,电视台专用供电线路多处被压坏,机房停电;压断线路150余处,直接经济损失达500万元。

(3)供水方面:初期冻坏一些水表和供水管道,后期因全面停电造成全面停水,供水主管支管、供水设备、蓄水设施、水质监测及水处理设施普遍冻坏,大部分引水沟渠被毁,绝大多数单位、居民供水管道和水表被冻裂;100多家宾馆饭店和各餐饮网点因此停业,原定投入冬季接待的20余家宾馆饭店几乎全部关门。因居民用水量大增,需从莲花台备用水库调水日供水需求量达1.2~1.5万立方米,供水成本大增。居民生活用水和旅游接待工作陷入困境,造成直接经济损失2650万元。

(4)公路、市政方面:从12日开始实行交通管制,实行南下北上单线行车,北山公路19—20日全线封闭,2月1—5日因大雪再次关闭。南、北山两条主干道积雪深厚,道路两旁出现多处塌方,护坡遭到一定程度的破坏;山上交通路面冰冻严重,居民区人行道、路灯、桥梁等不同程度受损,行人行走困难,直接经济损失2200万元。

(5)景区、景点方面:景区游步道、护栏、公厕和其他基础设施受损较重,一些主要景区景点难以通行,索道、缆车、滑道全部停运,经济损失2400万元。

(6)居民住房和公共服务设施方面:山上房屋受损近200栋,山下有近100栋民房及附属构筑物被压塌;街心公园、教育、卫生机构、文化娱乐活动场所等公共服务设施均有不同程度毁坏,直接损失达1350万元。

(7)通信方面:移动公司仰天坪基站、北山园门基本无法正常工作,南山公路光缆传输线路几乎全部损毁,南、北山多处树木倾压在传输杆线上,铁塔和发电设备等多处被损坏,直接损失100万元。

(8)市场供应方面:物价上涨,其中以蔬菜和副食品价格涨幅较大,旅游购物点因游客稀少大部分停业。

(9)旅游经济:寒潮初期前三天壮观雪景引来3000多人客流,后期随着冰冻灾害的持续加重和区域性扩大,各旅行社纷纷退团,总数达800余批次,考虑到游客安全,主动劝阻游客来山,至1月27日后所有景区、景点停止接待。后期对春节客流影响巨大,至春节黄金周结束,预计游客人数比常年减少在5万人次以上,损失5800万元。

(10)损失评估:截至2月底,此次灾害造成庐山直接经济损失3亿元,为历次气象灾害损失之最。

2008年7月9日热带低压大暴雨:受华南季风槽中热带低压扰动及庐山特殊地形共同影响,7月8日晚庐山出现突发性大暴雨,过程雨量187毫米,以育种站254毫米为最大。山上共出现致灾点52处,其中100立方米以上的较大塌方14处,500立方米以上的大塌方1处,以中十路泥石流和"河山不二"景区大塌方最为严重;明庐别墅、甲秀宾馆及部分居民家中进水严重;连夜紧急转移近百人,临时关闭了大口瀑布等景区;损失379.23万元。星子、九江县等周边地区山洪暴发;九江县码头水库因水位快速上涨超过警戒水位,该县在对水库采取紧急泄洪时由于水流太急,导致当日6时30分许在下游洗衣服的8名妇女被洪水冲走,2人死亡,6人获救。

2009年2月15日至3月5日,受稳定的西南暖湿气流和不断南下的冷空气共同影响,庐山出现了近20天的连续低温阴雨和冰冻天气,累计降水量200毫米,过程电线积冰累积直径64毫米,重量832克/米。主要灾情:(1)地质灾害:3月2日18时,正街至小天池方向约100米处公路上方山体岩石发生大面积塌方,宽约30米,高10余米,塌方量1850立方米。另外,全山有30余处大小塌方,以南北山公路为主。(2)供电、供水影响:3月1日夜开始,出现断杆15基,断线36起,6条10 kV配网线均因覆冰倒树造成线路故障停电17起,低压区故障30起,造成全山性大面积断续停电3天。部分供水管道和1处供水泵站电缆被毁。(3)交通、通信影响:从3月1日开始,实行交通管制,3月2日晚上开始北山公路全线封闭,有多辆车辆因冰冻被阻南山、北山公路;部分路面、路肩和护栏墩损毁。通信电缆、光缆断裂30余处。(4)园林林业:约13900余棵树木被压断,其中包括不少名贵树木,如植物园倒树中就有一棵直径约1米的百年冷杉。(5)房屋及居民生活:因倒树压损房屋180余间,转移居民300余人。3月2日、3日小学停课。(6)直接经济损失2000多万元。

2009年8月6日短时强对流灾害:受"莫拉克"台风外围、西风带系统与庐山地形抬升共同作用,8月6日16时30分至18时30分许,出现了突发性的大暴雨并伴有约半个小时的强雷电,约2小时雨量就达140毫米;灾情如下:(1)人员状况:全山受灾人口约2万,紧急转移2035人,解救被困游客302人。(2)房屋损毁:倒塌房屋2栋,损坏房屋13栋,房屋进水20处,17处出险。(3)地质灾害:共出现山体滑坡、塌方、驳坎倒塌和中小型泥石流46处,其中道路塌方23处。(4)交通市政:北山公路受损主路1057米、路肩墙563米、挡土墙132米。市政道路路面严重受损3处3042平方米、绿化带3处、草坪绿地700平方米、倒树7株、木栅栏46米。(5)供电供水:损坏供电线路2处、供水管网45米、引水渠10米,各饮用水水库引水渠道淤塞泥沙800米^3。(6)雷击损失:强雷电造成大量的电器受损,保险公司接到报案21起,观光车公司监控设备损失约6万元;移动通信基站损坏2台;供电变压器损坏2个,供水抽水泵损坏3个,景区厕所感应器、烘手机损坏各6个。(7)直接经济损失278.76万元。

2011年冬春连旱,1—5月降水偏少6成,出现明显冬春连旱,山下"两场两所"农作物受灾面积500亩,绝收240亩,人员饮水困难1948人,水电厂无水发电;山上6座饮用水库水位降至历史最低,居民及旅游接待用水困难;经济损失约300万元。

2012年8月9—11日,受第11号台风"海葵"影响,连降大暴雨、局部特大暴雨,过程累计雨量490.3毫米,以植物园666.3毫米为最大,造成塌方33处、损毁公路及道路5处、水利设施7处、房屋受损1处,直接经济损失1000万元。

2015年8月8—11日,受"苏迪罗"台风低压影响,连降大暴雨、局部特大暴雨,过程累计雨量444.3毫米,以大月山588.3毫米为最大。造成塌方、泥石流共55处,其中有3处泥石流量达1000立方米以上;南北山公路受损9处、短时影响交通;水利设施受损9处,汉口峡、将军河水库溢满泄洪;房屋受损4幢,转移安置646人,直接经济损失2862万元。

4.2 人造设施与建筑

4.2.1 全国气象科普教育基地

江西省庐山气象局建于1954年,自建站后从未迁移过,具有50多年完整的气象观测资料,现为国家基本气象观测站,是具备独立开展气象科普活动的法人单位,2005年被九江市科协命名为全市科普教育基地。2006年12月被中国气象局授予"全国气象科普教育基地"称号,并保持至今。

庐山气象局地面观测场为高山站16米×16米的规格,2005年又建设了一个400平方米的扩展观测场用作科普宣传专用场所,有室内宣传室一间,多媒体教学设备一套,科普展板数十块(件),可以同时接纳400人左右参观,展教资产达60万元。庐山气象局各类气象设备齐全,探测种类之多列江西省之首。除常规的地面气象观测外,还有大气成分、酸雨、太阳辐射、雨滴谱、负离子、紫外线、大气电场等观测业务,九江新一代多普勒天气雷达也坐落在庐山,另有11个自动气象观测站,站点间距已小于3千米。庐山气象局是江西省保留独立预报科的唯一的基层台站,多年来致力于旅游天气预报的研究,提供旅游气象景观预报,并在该领域取得很好的成绩,屡次获得地方政府的表彰。庐山气象局建设了"庐山旅游气象网",对外宣传气象知识,发布当地气象信息,每年的访问量突破1万人次。

庐山气象局自成立以来,陆续接待各级党政领导、人大政协委员等的参观考察,庐山会议期间,朱德、刘少奇等领导同志曾到站看望气象工作人员,询问天气情况,现在年平均接待行政领导、外省考察组20多批次,年平均接待人数约300人。每年组织对外专题科普活动3次以上,均为主动到机关事业单位、中小学校、居民聚集区进行防灾减灾、气象知识、防雷安全知识、气象预警信号及防御指南的宣传,受众约1000人次。科普基地常年对外开放,年接待公众参观10余批次,主要是大中专院校、中小学校的老师学生及少量的社会群众,受众约2000人次。科普宣传的主要内容有:①介绍气象探测种类、目的、意义和原理;②介绍大气成分观测业务;③介绍气象预报制作过程;④讲解雷电的形成原理,宣传防雷避险知识;⑤介绍台风、雷电等灾害性天气预警信号和防御指南;⑥介绍本地天气气候特征;⑦介绍与人们生活相关的气象知识;⑧介绍人工影响天气业务;⑨介绍本站发展历史。科普活动的主要形式有:①现场讲解;②举办讲座;③放映科普影视片;④发放宣传材料;⑤实地参观体验;⑥互动问答。内容丰富、形式多样,深受参观学习者好评。

4.2.2 研究与学习场馆

庐山图书馆,即现在的庐山抗战博物馆。"庐山图书馆"是庐山第一座由中国人设计并建造的大型建筑。1934年8月开工,1935年4月完工,于8月5日举行落成典礼,并取名庐山图书馆,也叫庐山藏书阁。庐山图书馆在蔡元培、吴宗慈以及陈布雷等人支持之下,藏书非常多。"七七事变"后,蒋介石曾在这里发表"牺牲不到最后关头,决不轻言牺牲;和平非到完全绝望,决不放弃和平"以及"一经抗战,便牺牲到底,决不再求妥协"等话语。1937年7月17日上午9时,蒋介石在检阅台对参加庐山谈话会的人士发表对日宣战的讲话:"地无分南北,年无分老幼,无论何人,皆有守土抗战之责任,皆应抱定牺牲一切之决心。"1938年底,由于日寇进逼,当时庐山这惟一的文化事业不得不停办。新中国成立后,这里改名叫庐山民国图书馆。现在庐山已建设新的图书馆,这个地方已辟为庐山抗战博物馆。庐山抗战博物馆以"国共合作在庐山""庐山孤军战""国民政府夏都"等为主要展出内容,着重介绍了庐山在第二次国共合作和中国抗日战争史上的历史地位。

庐山书院教育文化,在海内外享有盛誉,其中最著名、最有代表性的,当然属濂溪书院和白鹿洞书院。濂溪书院位于庐山北麓的莲花峰下,由北宋理学家周敦颐所创办。周敦颐(1017—

1073),字茂叔,号濂溪,道州营道县(今湖南道县)人,理学的开山之祖。从 24 岁开始,他就在江西任官,每到一处,乐于开办书院以讲学。书院讲学是一种变化了的隐居方式。教学的微薄收入可以满足生活的基本需求,而在儒学理论的探究中享受思想的乐趣、心灵放闲的快感。周敦颐晚年在南康军卸任之后,便居住在庐山莲花峰下,将这里的溪水命名为濂溪,史称他"爱庐山之盛,有卜居之志,因筑书堂于其麓。作为理学的开山祖师,周敦颐以他的理学思想影响了整个宋明理学的发展史,也影响了全国的书院教育。而与睢阳、岳麓、石鼓等几个书院齐名的白鹿洞书院,从唐朝李渤隐居白鹿洞到清末废除书院,白鹿洞延续了千年之久,被胡适在《庐山游记》中称作是"书院的四个祖宗""因为朱子重建白鹿洞书院,明定学规,遂成后世几百年讲学式的书院的规模""代表中国近世七百年的宋学大趋势"。1988 年,白鹿洞书院被列为国家级文物保护单位,书院文化得到切实的保护。

　　庐山书院文化,有自己的独特起因。东晋之时,浔阳地区通江达海,达官贵人来往不断,庐山风景秀美,环境宜人,吸引高僧慧远在此驻足,开创了东林寺。慧远组织了一个学术团体(后世通称为莲社),这个团体由僧俗(包括隐士、文人、退职官员)100 多人组成,它表面上以弘扬佛教为宗旨,但实际上兼容庄老思想,亦进行文学艺术的讨论交流,其最主要的活动就是以佛教为依托的"佛隐式清谈"。同时期隐居于庐山脚下安于农耕的陶渊明,也与这个团体交流碰撞,创作了大量诗歌。到唐朝,尤其是安史之乱后,萧存、魏弘、李渤等人来到庐山,或依托东林寺谈佛,或依托道观论道。李渤在白鹿洞隐居,建栖真堂,养白鹿以自随,人称白鹿先生,白鹿洞由此得名。李渤后来出任江州刺史,在这一带建书堂,其意并不在于大规模教学授徒,还是在于半仕半隐,与文章道友谈玄论道,人称李渤书堂。可以说,从东晋到唐朝,庐山就已经出现了一种"充满隐逸色彩的、由学者组织的精英文化论坛"。南唐之时,迫于北方政权的压力,中主李璟准备迁都南昌,九江的战略地位显得更加重要,因此南唐政权依托白鹿洞开辟了庐山国学,亦称白鹿国庠、白鹿洞国学、庐山国子监、庐山堂等,是南唐重要的文化学术中心之一。正是在晚唐、五代,随着儒人士子群体的增多,儒学地位的上升,在这种"论坛"基础上的书院出现了。堂前有溪,发源于莲花峰下,洁清绀寒,下合于湓江,先生濯缨而乐之,遂寓名以濂溪。"周敦颐在这里隐居著述,陶然自乐,作《濂溪书堂》曰:"田间有流水,清沁出山心。山心无尘土,白石磷磷沈。潺漫来数里,到此始沉深……芋蔬可卒岁,绢布足衣衾。饱暖大富贵,康宁无价金。吾乐盖易足,名濂朝暮箴。"周敦颐病逝之后,葬于庐山北麓的栗树岭,距濂溪书堂约五六里,此后濂溪墓成为庐山北面的一大胜迹。在历史上,濂溪书院多次荒废,但后人出于对周敦颐的景仰,又不断地把它重建起来,几易其址,延续到清末。濂溪书院不以教学规模取胜,而是以其"濂溪精神"取胜,这种淡泊名利、胸怀洒脱的精神,被黄庭坚称为"光风霁月":而周敦颐在《爱莲说》中提出的"出淤泥而不染",也成为濂溪精神的写照。这种精神,染上了鲜明的理学色彩,但又与庐山文化"绿色精神生态"的特征融为一体,同样是一种充满隐逸色彩的精英文化,可称为"儒隐式的清谈"。周敦颐这种融讲学、隐居、伦理为一体的生活方式,伴随着宋代儒学地位的上升,很快地流行开来。

　　南宋淳熙六年(1179 年)三月,著名的理学家朱熹在出任知南康军州事时,访寻白鹿洞旧址,恢复白鹿洞书院。朱兴复书院的目的在于振兴儒学、发展教育,用他自己的话讲,庐山一带"老佛之居以百十计,其废坏无不兴。至于儒者旧馆只此一处,……而一废累年,不复振起,吾道之衰,既可悼惧。而太宗皇帝敦化育才之意亦不著于此邦,以传于后世,尤长民之吏所不得任其责者。"(《中修白鹿书院状》)但是,为什么要在这么一个远离政治文化中心的山野之地振兴儒学、发展教育,朱熹还有自己的动机:此地山水清秀,幽雅清静,"无市井之喧,有泉石之胜",他打算卸任之后,就在这里隐居读书,讲学著述,以书院讲学为依托,追求隐逸放闲、与志同道合之士谈道论理("儒隐式的清谈")。引发朱熹这动机的,是庐山由来已久的、依托佛道的谈玄论理活动,周敦颐开办濂溪书院,则为朱熹创造了先例。朱熹为白鹿洞书院建起了屋宇20余间,购置了700多亩学田,"建礼圣并两庑,塑孔子十哲像"以供儒学祭祀,发文各地征求图书,延请教师,制定了《白鹿洞书院揭示》,提出了"五教""为学""修身""处事""接物"等信条。这一学规,综合了理学著作中的名言警句和经典论述,后世流传天下,对书院教育的影响极为深远。白鹿洞书院修复后,朱熹亲自升堂讲学,乐于把这里当作隐居、论理、放闲的好地方。他不但聚集了好友如刘清之,弟子如林泽之、黄干、王阮等在书院开展讲学活动,还邀请自己的论敌著名理学家陆九渊在白鹿洞书院升堂讲学,朱熹认为其讲述"切中学者隐微深痼之病",特请陆九渊将讲稿书写下来,并请人镌刻入石,成为著名的《白鹿洞书堂讲义》。朱熹之后,南宋中后期,白鹿洞书院继续发展。嘉定初,朱的高足弟子李燔被聘为白鹿洞书院堂长。《宋史》记载:"郡守聘为白鹿书院堂长,学者之盛,他郡无比。"而朱熹弟子黄干率人"俯仰其师旧迹"。白鹿洞书院明显地成为一种学术流派或集团的高层论坛,它与功利、世俗的距离较远,具有很强的隐逸、放闲色彩。元朝的白鹿洞书院得以进一步延续。崔翼之在做南康太守时关心教育,为白鹿洞书院增置洞田百亩;熊升任星子知县,学优政平,以兴教善俗为务,经常到白鹿洞书院与诸生讲论,成为白鹿洞书院的良师益友。元朝的书院成为著名文人的悠游之地,并不全是官学。元朝末年,白鹿洞书院毁于兵火。明朝建立以后,至明英宗正统年间,南康郡守翟溥福重建书院,延师授徒,自此书院重新兴盛,形成了热闹的场面。其中值得注意的是三种现象:

(1)白鹿洞书院是各种学术流派讲学聚会的场所,当时一些代表性的文学思潮、儒学思潮,正学派人物如李龄、胡居仁、张元祯等人,心学派人物如王阳明、邹守益、罗洪先、王畿等人,茶陵派的邵宝,前七子的李梦阳,后七子的吴国伦,唐宋派的王镇中,东林党李应升及其开风气之先的薛应旂等,都在白鹿洞书院登台讲学。其中最典型者如王阳明。正德十三年,王守仁巡抚赣南,特意书写了《大学古本》《中庸古本》的全文,不远千里,派人送到白鹿洞中,欲"求正"于朱熹。正德十五年五月,南昌知府吴嘉聪请王阳明主修《南昌府志》,此时适逢王阳明的弟子蔡宗兖到白鹿洞任职,于是王守仁令弟子夏良胜、舒芬、万潮、陈九川、邹守益等赶到白鹿洞相聚,在白鹿洞讲学、唱和,成为一时盛会。他这次聚讲的中心内容是对朱熹的《白鹿洞学规》进行重新解释以传播阳明心学,对他的学生产生很大影响。

(2)白鹿洞书院始终努力置身于科举之外。明清时期科举制度对读书人的影响很大,但白鹿洞书院却坚持精英教育,而不是一般的科举教育。如著名学者胡居仁(1434—1484年)既不甘心把白鹿洞变成纯粹应付科举考试的场所,也无力与科举制度发生正面冲突,因此主张选拔举业已通者入洞读书,可以让师生获得著时的超脱,专心于"穷理居敬"之学。到明朝晚期,李应升为书院增加了推荐应试学生名额。但实质上因为这里的教学规模非常有限,科举与讲学之间的矛盾并不突出,因此,书院与社会功利的关系,始终在若即若离之间。

(3)白鹿洞书院具有浓厚的隐逸色彩。明朝胡俨《重建书院记》云:"白鹿洞在南康庐山之阳,五老峰之下,山川环合,林谷幽邃,远人事而绝尘氛,足以怡情适兴,养性读书,宜乎君子之所栖托,士大夫之所讲学焉。"当时许多官员以视察工作为借口,到这里讲学,讲学之余,放松心情,悠游山水。典型者如明代复古派首领、前七子之首李梦阳(1473—1530年),他性格狂傲,在朝时与张鹤龄、刘瑾等国戚权臣斗争,到江西后,又与地方官员发生了激烈冲突,以至于身陷囹圄,落职闲居。但他在白鹿洞却找到了心灵的归宿,在先贤的思想境界与优美的自然风光里,感到了莫大的欣慰。这正印证了白鹿洞是一个极其适合放闲、隐逸的地方。因此,明代的白鹿洞集休闲与文化于一身,是对庐山文化传统的继承,也是一种发展,形成了书院教育文化的又一个高潮。

清朝的书院,也屡有兴复。康熙朝的 61 年间,是清代白鹿洞书院建设的高潮。康熙年,南康知府廖文英亲自兼掌书院事务,修建院舍,增置垸田,清理田租,组织开垦荒田、荒地、荒塘,装修圣贤像设,并重修书院志,还先后聘请明朝遗民张自烈主讲,开展会文讲学活动。张自烈去世后,廖文英作挽诗说"英容知道大,守正缓天真。留骨匡庐麓,陶潜前后身"(见《芑山文集》)。康熙二十二年,江西巡抚安世鼎等人委托南康知府周灿重修书院,后又礼聘南丰汤来贺主洞务,汤来贺订《白鹿洞书院学规》,主题为"七心":专心立品,潜心读书,澄心烛理,虚心求益,实心任事,平心论人,公心共学。这一学规非常有名。学者闻知汤来贺入洞主讲,竞相入洞拜师。康熙二十六年,康熙皇帝亲书匾额"学达性天"赐予白鹿洞书院。康熙五十四年,星子知县毛德琦来白鹿洞书院,课士评文,修葺房舍,清理田亩,整复规制,重修书院志。

雍正、乾隆年间,书院仍然屡有修复但官学化的倾向加强,书院趋于衰败。嘉庆以后,书院进一步衰落,少有修复的记载。太平天国时期,书院被毁。延续到光绪二十七年(1901 年),清廷下令废除书院,全部改为学堂,白鹿洞书院停办。宣统二年(1910 年),在书院旧址建江西高等林业学堂。民国期间,书院屡遭破坏,旧址渐渐湮没。书院虽然日趋衰落,但白鹿洞作为一个凝固的古迹,仍然备受推崇,历来参观、凭吊的人纷至沓来。如黄宗羲《匡庐游录》、查慎行《匡庐游记》、恽敬《游庐山记》等,都对白鹿洞充满了缅怀的情感。嘉庆十年,大诗人洪亮吉游庐山,讲学白鹿洞,生徒私语甚至把他和大文豪苏东坡并论。道光十六年,知府张维屏亲主洞事,并讲学,作有《白鹿洞书院讲书记》传世。当代仍有不少学者和学术团体到书院来讲学、凭吊。这些都是古代书院延续的象征。20 世纪 80 年代中期,政府拨款重修礼圣殿、礼圣门、伦堂(明伦堂)、御书阁、紫阳祠(朱子祠)、先贤祠(报功祠)等,成立了白鹿洞文物管理所,负责书院遗址的修复管理工作;周围有近 3000 亩自然保护林区,与白鹿洞书院遗址融为一体。1988 年,白鹿洞书院被列为国家级文物保护单位,书院文化得到切实的保护。

4.2.3 气象地标

庐山以雄、奇、险、秀闻名于世,素有"匡庐奇秀甲天下"之美誉。景区内有多个与气象密切相关的景点,成为气象地标性景点。三叠泉,"飘如雪、断如雾、缀如流、挂如帘"!它随着季节和雨水多寡的变化而不同,暮春初夏季节,飞瀑如发怒的玉龙,轰然疾下,震天动地;仲夏严冬,雨水较少,则水帘如丝,轻盈柔美,春夏秋冬,各有千秋。仰看与俯视各蔚壮观,自成美趣,故有"不到三叠泉,不算庐山客"之说。五老峰,因山的绝顶被垭口所断,分成并列的五个山峰,仰望俨若席地而坐的五位老翁,故人们便把这原出一山的五个山峰统称为"五老峰"。它根连鄱阳湖,峰尖触天,海拔 1436 米,虽高度略低于大汉阳峰,但其雄奇却有过之而无不及,为全山形势最雄伟奇险之胜景,天气晴朗之时,远看五老峰山姿不一,有像诗人吟咏,有像武士高歌,有像渔翁垂钓,有像老僧盘坐。在庐山区海会镇海会寺上看五老峰最为真切。五峰中以第三峰最险,奇岩怪石千姿百态,雄奇秀丽蔚为大观;第四峰最高,峰顶云松弯曲如虹,下有五小峰,即狮子峰、金印峰、石舰峰、凌云峰和旗杆峰,往下为观音崖、狮子崖,背后山谷有青莲寺。龙首崖位于庐山大天池西南侧,循石阶下行数百米,便可见一崖拔地千尺,下临绝壑,孤悬空中宛如苍龙昂首，飞舞天外，这就是龙首崖。龙首崖是观云雾的好地方。每当大雾袭来，深涧峡谷中云雾升腾，龙首崖如遨游在茫茫云海之中。仙人洞风景区是由于大自然的不断风化和山水长期冲刷，慢慢形成的天然洞窟。因其形似佛手，故名佛手岩。这里的飞岩可栖身，清泉可以洗心，俯视山外，白云茫茫，江流苍苍，颇有远离尘世的感觉，林云程在《佛手岩分韵》诗中写道："洞杳琼浆冷，秋深林叶纷。霜钟流夜壑，雨刹挂青云。"他诗中写的是草木摇落，白露为霜的深秋季节。在这种季节里置身仙人洞，更宜作飘飘欲仙的神仙梦。

庐山上的秀丽风光多与气象条件息息相关，而气象又与气象台站紧密相连，庐山气象台不仅为公众提供了旅游气象服务，让大家可以在出行时观赏到迷人的风光，同时也保障着大家的出行安全。因此，庐山气象台作为庐山上气象地标性建筑，本身就是一道亮丽的风景，有着其独到的游览价值。

1954年2月，根据江西省政府气象科批文，建立庐山气象站，选定站址为庐山牯牛背山顶，即北纬29°35′、东经115°59′，观测场海拔高度1161.6米。受高山地形影响，观测场面积为10米×10米，1970年6月在原地扩建为15米×16米，高度增加2.4米。1978年12月加高0.5米，海拔高度变为1164.5米。1986年7月维修观测场护坡使观测场面积缩小为15.7米×14.2米，海拔高度不变，为国家基本气象站。1954年12月1日0时起开始试观测，观测时制为地方平均太阳时，绘图观测报告用北京时，定为三等气象站。1955年1月1日零时起转为正式气象观测。

4.2.3.1 历史变革

1954年建站时称庐山气象站，1960年1月更名为庐山水文气象服务站。1962年8月更名为江西省九江水文气象总站庐山气象服务站。1964年2月更名为江西省水利电力厅水文气象局九江分局庐山气象站。1964年6月水文气象分开，更名为江西省庐山气象服务站。1968年10月成立江西省庐山气象站抓革命促生产领导小组。1971年6月更名为江西省庐山气象站。1979年8月经庐山区政府批准，在原气象站基础上，扩建为江西省庐山气象台。1983年3月成立庐山气象局，实行局、台合一，1984年撤销庐山气象局保留庐山气象台，1990年6月又恢复局、台合一建制。

庐山气象站始建时只有平房100平方米，围绕民国时期的建筑钟亭而建，石墙木地板。20世纪60年代末筹建1幢两层宿舍楼，面积200平方米；70年代又建成1幢两层楼房，面积220平方米，其中一楼为职工宿舍，二楼为办公室。1989年再建2幢宿舍约400平方米。1980年建成两层小型招待所（面积150平方米），1992年扩建150平方米；2006—2008年投资约130万元进行综合改造，改建成新办公楼（面积540平方米）。多年来，庐山气象局改善周边环境、改造值班室、修缮职工宿舍、美化外墙、修缮下山道路、安装路灯，台站面貌逐年发生变化，但住房紧张和不通公路一直是制约台站发展的两大难题。

1993年地方政府在台站西边建成六层楼的旋转观景台，该公司修建了一条通往正街的麻石台阶路，2003年初因与自然景观不协调观景台被炸毁，剩下一堆建筑垃圾。2006年9月，庐山气象局参加中国气象局气象探测中心组织的观测仪器考核项目，在原炸毁的台站西边旋转观景台上建成1个近400平方米的观测场。现已加设不锈钢围栏，作为全国气象科普教育基地。

1990年曾配备1辆中巴车但很快被处理，2004年配备公务用车1辆，2007年11月至2008年，增配1辆气象保障越野车、1辆人工增雨作业车。2020年，因车辆年限原因更换人工增雨作业车。

4.2.3.2 管理体制

1954年2月始建时庐山气象站属江西省政府气象科管理。1959年3月改归庐山管理局管理。1962年5月归江西省水利电力厅水文气象局管理。1968年10月归庐山革命委员会管理。1971年6月实行军队与地方双重管理、以军队管理为主的体制。1973年7月又划归庐山革命委员会管理。1979年8月扩建为江西省庐山气象台。1980年7月开始实行气象部门与地方政府双重领导、以气象部门管理为主的体制。

4.2.3.3 机构设置

1964年以前,没有下设机构。1964年底增配站长1名。1971年7月测站下设预报、测报两组。1979年8月成立气象台。1984年10月气象台下设测报、预报、行政3个股。1986年12月改为测报、预报、后勤服务3个股。1992年庐山气象局仍为科级单位,但干部按副处级高半格配置,设局长1人(副处级)、副局长2人(正科级),下设预报科、测报科、产业科,均设科长1名(副科级)。2002年成立庐山雷电防护管理局、庐山人工影响天气领导小组办公室,2003年成立减灾委,办公室设在气象局。以上机构均无独立编制,与气象局合署办公。

4.2.3.4 人员状况

庐山气象站成立时只有4人。1956年增加到7人,1964年有10人,1982年增加到26人。截至2022年,累计在庐山气象站工作过的人员达88人。庐山气象站2022年有人员22人,其中离、退休11人,在职11人,均为汉族;在职人员平均年龄45岁;中共党员10人(含离、退休党员5人);在职人员中高级工程师1人,工程师6人,助理工程师3人;硕士学历1人,本科学历8人。

表4.1 庐山气象局(站)主要领导一览

单位	职务	姓名	任职时间
庐山气象站	站长	黄青云	1954.11—1955.12
庐山气象站	站长	张俊英	1955.12—1957.12
庐山气象站	站长	张光年	1957.12—1960
庐山水文气象服务站	站长	顾如发	1961—1962.01
九江水文气象总站庐山气象服务站	站长	顾如发	1962.01—1964.12
庐山气象站	站长	孔庆瑚	1964.12—1981.03
庐山气象台	台长	孔庆瑚	1981.03—1984.09
庐山气象台	台长	顾如发	1984.09—1986.12
庐山气象台	台长	陈忠凤	1986.12—1990.06
庐山气象局	局长	陈忠凤	1990.06—1998.12
庐山气象局	局长	刘发根	1998.12—2002.02
庐山气象局	局长	马晓琳	2007.05—2019.03
庐山气象局	局长	朱志成	2019.03—

4.2.3.5 地面气象观测

庐山气象站于1954年12月1日正式开展地面气象观测,观测项目有气压、气温、湿度、风向、风速、降水量、蒸发、日照、地面状态、云量云状、能见度和天气现象等。1955—1959年增加云向云速的观测。1956年10月增加电线积冰观测。1957年3月1日增加地面温度观测,同年10月增加积雪密度(1980年改为雪压)观测。1960年1月至1990年12月31日增加天空辐射(乙种)观测。1962年1月1日起全部观测项目按《地面气象观测规范》进行观测记录。1975年开始对指示性云、地方性云、系统性云进行观测。1980年1月1日按修订后的《地面气象观测规范》进行观测记录。2003年1月1日执行《地面气象观测规范》(2003年版)。2007年1月1日增加草(雪)温观测。

1989年7月开始酸雨观测,仪器设备为pH计和电导率仪。观测项目有pH值(酸碱度)和K值(电导率)。2008年参加"973"项目"中国酸雨沉降机制、输送态势和调控原理"第2课题的合作观测。

2004年1月1日开始紫外线观测,仪器设备为LF2000型太阳辐射仪。

2006年1月1日开始大气成分观测。观测项目有黑碳(质量浓度)和环境颗粒物(质量浓度、数浓度)。

2007年1月20日开始负离子观测。观测项目为空气负离子浓度。

2007年10月24日开始雨滴谱观测。观测项目为雨的滴谱分布(速度、数量、粒径等),用于人工增雨效果检验和对降水性质的深入研究(胡子浩 等,2013;张欢 等,2014)。

建站初期已有福丁式气压表、空盒气压表、气压计、干(湿)球温度表、最高温度表、最低温度表、毛发湿度表、温度计、湿度计、维尔德风压器、乔唐日照计、雨量器、蒸发皿等;1956年增设虹吸雨量计,同年10月增设电线积冰观测架和称雪器;1957年3月增设地面温度表;1960年1月1日增设天空辐射表微安表;1968年10月1日撤换维尔德风压器,改用EL型电接风向、风速计。以上仪器均为人工观测方式。

2002年4—8月建设自动气象观测站,9月开始进行试观测,2003年1月1日开始人工与自动并行观测,2005年1月1日起自动站正式单轨运行。自动观测项目有气压、温度、湿度、风向、风速、降水、地温和浅层地温(5厘米、10厘米、15厘米、20厘米)。2007年1月1日增加草(雪)温观测项目。

2005年12月开始建立加密自动气象站,到2008年底已建成四要素(温度、雨量、风向、风速)站1个(仰天坪),二要素(温度、雨量)站4个(微波站、植物园、石门涧、九里),单雨量(雨量)站3个(育种站、大月山、小天池)。

2019年增加酸雨自动化观测仪器,实现酸雨的自动化观测。同年,在庐山开展了为期一个月的气溶胶-云(雾)-降水综合观测试验,此次试验由中国气象科学研究院人工影响天气中心依托中国气象科学研究院庐山云雾试验站,同时联合中国科学院大气物理研究所、庐山市气象局等单位共同实施。除地面固定站点的直接观测外,试验期间还基于庐山交通索道开展了气溶胶梯度观测试验。

2019年顺利完成雷达大修及双偏振升级,并投入使用。

依托国家遗产地气象监测系统项目,2020年升级改造7套六要素自动气象站,2021年又新增6套六要素自动气象站。

2020年新增人工增雨作业装置2套,分别建于小天池北部和石门涧西部催化区,结合仰天坪南部催化区,形成围绕庐山景区的立体、梯度作业系统。

2021年原来安装在柴桑区气象局的臭氧、甲烷等温室气体观测项目移入本站。

4.2.3.6 天气报告和天气预报

天气报告从1954年12月1日开始,每天4次(02时、08时、14时、20时)编发绘图天气报告;1955年1月1日增加4次(05时、11时、17时、23时)辅助天气报告。1966年12月1日停止23时辅助绘图天气报告,2006年12月31日又恢复23时辅助绘图天气报告。

1958年以后开始为军队、民航拍发预约航空危险天气报告,1960年以后每天固定向10多个军队、民航单位拍发航空危险天气报告;2000年后只向南京空军拍发航空危险天气报告。

1984年以前采用电话传报方式,1984年12月增添PC-1500计算机用于编发气象报告,1998年后改为电话传报至电信报房,2007年7月2日后实行网络传输。

建站时气象月报表、年报表用手工抄写方式编制。1987年1月使用PC-1500计算机制作气象报表,并报送磁盘,同时仍保留手工抄录方式。1998年后使用计算机制作报表。2004年1月1日起使用地面测报业务软件OSSMO制作报表,上报数据文件。

1958年10月1日开始发布庐山地区天气预报。到2008年底,发布的天气预报种类有长期(年度气候预测、汛期气候预测等)、中期(旬报)、短期(1~3天)、短时临近(0~6小时)天气预报等。

20世纪50年代末到60年代,从收听上级气象台预报起步,逐步过渡到图、资、群结合,以"群"为主。70年代由以"群"为主逐步过渡到以"资"为主,每天抄收、点绘高空与地面形势分析图,在单站资料方面建立一套较正规、实用的综合要素曲线图。80年代开始应用传真机,接收中央气象台和日本、欧洲气象中心的天气预告图。1982年引进MOS预报方法。1985年采用PC-1500计算机进行统计预报。90年代中期,建成PC-VSAT地面卫星接收小站天气预报人机交互处理系统(MICAPS 1.0),接收中央气象台下发的各种预报分析资料。2000年以后,应用网络和DVBS技术,丰富预报资料的利用,主要是分析、比较数值预报的结果并结合应用本地气象要素为主的经验预报。2006年九江气象雷达在庐山仰天坪建成、2009年省-市-县高清可视会商系统的开通,使得预报服务进一步向现代化、精细化方向发展。以数值天气预报产品解释应用为基础,综合应用各种资料信息的业务技术路线和业务流程基本建立;新一代天气预报人机交互处理系统(MICAPS 4.0)和数值预报产品的广泛应用,使气象预测预报业务实现由传统的人工分析为主的定性分析预报方式,向以数值预报产品为基础、以人机交互处理系统为平台、综合应用多种技术方法的自动化、客观化和定量化分析预报方向的转变。但仍然保持了单站预报方法和技术,逐步提高天气预报水平。

4.2.3.7 气象服务

(1)公众气象服务

1988年以前以广播和电话为主,重大气象服务由专人报送书面材料或电话通知有关单位和部门。1988年安装气象警报接收机。1997年7月开通"121"气象信息电话自动答询系统,开始制作电视天气预报并在庐山有线电视台播出。至2008年,公众气象服务的方式以电视、广播、网络、手机短信为主。

(2)决策气象服务

2000年以后,决策气象服务采用《气象呈阅件》《气象情况反映》等书面材料,以电话、传真和专人汇报方式为主。2003年发布雷电、暴雨预警信息。2004年按照统一的《突发气象灾害预警信号与防御指南》发布预警信息。2006年,制订《庐山气象灾害应急预案》,同年5月由庐山管理局颁布实施。

1970年8月下旬至9月上旬,为在庐山召开的中共中央九届二中全会提供气象预报、情报。9月9日,成功预报中午以后小雨停,雾开始减薄,为毛泽东主席接见庐山部分军民干部和离开庐山提供了准确的气象预报和情报,受到中央办公厅主任汪东兴的称赞。

1975年8月12—20日,受当年第4号台风及其环流影响,出现持续特大暴雨降水过程,24小时最大降水量477.5毫米,过程降水量1051.0毫米,相当于年平均降水量的55%,致使山洪暴发、河水横溢,严重威胁人民生命财产安全。气象预报服务及时准确,为抗灾抢险提供了保障。

2005年9月受第13号台风"泰利"影响,9月2—4日连续出现特大暴雨,过程总降水量900.6毫米,24小时雨量529.4毫米。台风造成多处塌方及滑坡,致使8人死亡、1人失踪、3人受伤,基础设施遭受严重破坏,直接经济损失达2亿多元。期间,庐山气象局发布台风警报等气象呈阅件8份,同地质部门联合发布地质灾害预测2份,预警短信5次,有线电视滚动字幕3天;2日17时至4日13时每小时向庐山区政府报告雨量,并通过手机短信发布雨情报告;参加庐山区政府紧急会议5次,电话汇报10余次;庐山区政府专门发布紧急文件4份,其中有2份以政府令形式发布。及时有效的气象服务,使得灾情损失降到最低。

2008年1月10日至2月20日,受来自贝加尔湖中路南下强冷空气与高空较强暖湿气流共同影响,我国中东部20个省(区、市)出现了历史罕见的持续低温雨雪冰冻灾害,庐山的灾情也以持续时间最长和受灾损失最重、冰冻强度和积雪深度名列历史第二位而载入史册,直接经济损失高达3亿元,超过了2005年"泰利"台风。庐山气象台以过程的起报和结束预报质量高、服务超常规而得到社会广泛好评,共发布决策服务15期,气象灾害预警信号10次,先后进行灾情调查5次,上报灾情5次,发布影响评估1次。因这次过程的预报服务,庐山气象台获得2008年度江西省重大气象服务奖、全山抗冰冻灾害先进集体、驻山单位特殊贡献奖等荣誉。

2009年2月底到3月初冰冻灾害:2009年2月15日至3月5日,受稳定的西南暖湿气流和不断南下的冷空气共同影响,庐山出现了近20天的连续低温阴雨和冰冻天气,累积降水量200毫米,过程电线积冰累积直径64毫米,重量832克/米。3月2日18时,正街至小天池方向约100米处公路上方山体岩石发生大面积塌方,宽约30米,高10余米,塌方量1850立方米;全山有30余处大、小塌方,以南山、北山公路为主。3月1日夜开始,供电线路出现断杆15基、断线36起,6条10千伏配网线均因覆冰倒树造成线路故障,停电17起、低压区故障30起,造成全山性大面积断续停电3天,部分供水管道和1处供水泵站电缆被毁。从3月1日开始实行交通管制,3月2日晚上开始北山公路全线封闭,有多辆车辆因冰冻被阻南山、北山公路;部分路面、路肩和护栏墩损毁;通信电缆、光缆断裂30余处。有约13900余棵树木被压断,其中包括不少名贵树木,如植物园倒树中就有一棵直径约1米的百年冷杉。因倒树压损房屋180余间,转移居民300余人;3月2日、3日小学停课。直接经济损失2000多万元。

2009年8月6日短时强对流灾害:受"莫拉克"台风外围、西风带系统与庐山地形抬升共同作用,8月6日16时30分至18时30分许,出现了突发性大暴雨并伴有约半小时的强雷电,约两小时雨量就达140毫米。共出现山体滑坡、塌方、驳坎倒塌和中小型泥石流46处,其中道路塌方23处。全山受灾人口约2万人,紧急转移2035人,解救被困游客302人。倒塌房屋2栋,损坏房屋13栋,房屋进水20处,17处出险。北山公路受损主路1057米、路肩墙563米、挡土墙132米;市政道路路面严重受损3处3042平方米、绿化带3处、草坪绿地700平方米、倒树7株、木栅栏46米。损坏供电线路2处、供水管网45米、引水渠10米,各饮用水水库引水渠道淤塞泥沙800立方米。另外,强雷电造成大量电器受损,保险公司接到报案21起,观光车公司监控设备损失约6万元;移动通信基站损坏2台;供电变压器损坏2个,供水抽水泵损坏3个,景区厕所感应器、烘手机损坏各6个。灾害造成直接经济损失278.76万元。

2011年1—5月降水偏少6成,出现明显冬春连旱,山下"两场两所"农作物受灾面积500亩、绝收240亩,人员饮水困难1948人,水电厂无水发电;山上六座饮用水库水位降至历史最低,居民及旅游接待用水困难;经济损失约300万元。

2012年8月9—11日,受第11号台风"海葵"低压影响,连降大暴雨、局部特大暴雨,过程累积雨量490.3毫米,以植物园666.3毫米为最大,造成塌方33处、损毁公路及道路5处、水利设施7处、房屋受损1处,直接经济损失1000万元。

2015年8月8—11日,受台风"苏迪罗"低压影响,连降大暴雨、局部特大暴雨,过程累积雨量444.3毫米,以大月山588.3毫米为最大。造成塌方、泥石流共55处,其中有3处泥石流量达1000立方米以上;南山、北山公路受损9处,短时影响交通;水利设施受损9处,汉口峡、将军河水库溢满泄洪;房屋受损4幢,转移安置人员646人,直接经济损失2862万元。

(3)专业与专项气象服务

1958年12月21日,中央气象局、江西省水文气象局合作人工降雨试验小组在九江气象台、庐山气象站协助下于庐山普林路一处平坦高地对空燃烧樟脑、酒精溶液、铝粉、紫云英等化学试剂进行人工降雨试验,开创庐山人工影响天气之先河。1978年庐山大旱,采用"三七"高炮进行8次作业。2002年庐山人工影响天气领导小组办公室成立。2007年出现40年来大旱,庐山管理局共拨人工影响天气专款18万元,用于购置专门的火箭发射车辆及装置,组建标准化作业分队,庐山气象局先后共作业10余次,有效降低庐山森林火险气象等级和增加水库蓄水。

2000年成立庐山气象科技服务公司,在庐山风景区范围内开展防雷设计、施工和验收,防雷装置检测。2002年7月五老峰发生待晴亭重大雷击灾害,造成4人死亡、13人受伤。2003年8月,锦绣谷和五老峰遭受雷击,造成4人死亡、20人受伤。2003年10月,庐山管理局发布两个关于气象管理的规范性文件,加强景区防雷工作。2003年11月,庐山管理局投资100万元,由庐山气象科技服务公司承建,对五老峰、仙人洞主要景区安装防雷装置。2019年联合庐山管理局及其他雷电灾害责任单位召开了全山防雷安全工作会议,提出了防范措施,并邀请九江蓝天公司技术人员前往庐山各景区进行了防雷监测。

(4)气象科技服务

1983年试行气象资料、预报服务等部分有偿服务。1985年起,气象服务由无偿转为有偿和无偿相结合。1985年开始制作逐旬旅游天气预报,在日常预报中增加日出、雪景、云海等气象景观预报。2008年开通庐山旅游气象网,直接为公众提供旅游气象服务。

(5)气象科普宣传

每年世界气象日、科技周、国际减灾日,庐山气象局部举行专题气象科普活动,接待来自全国各地的大中学生,安排专人宣讲、宣教,普及气象知识。2005年庐山气象局被九江市科协命名为全市科普教育基地。2007年12月被中国气象局授予"全国气象科普教育基地"称号。2019年与安徽大学开展局校合作,在庐山气象局科普基地建立安徽大学大学生实践教育基地。2020年南京大学与庐山气象局合作研学,授予"国家基础科学人才培养基地——南京大学地理学庐山野外实践教学基地",聘请张小鹏副局长为南京大学"庐山野外实践教学基地"指导老师。

4.2.4 工程与文化

4.2.4.1 宜居世外桃源

清政府在第一次鸦片战争失败后,与英国签订《南京条约》,标志着以英国为首的外国人在中国开设租借地的开始。庐山别墅建筑群主要建设于2个时期,一是19世纪末至抗日战争爆发前。1895年英国传教士李德立来到江西传教,看中了庐山得天独厚的凉爽自然条件,即使最炎热的夏天,山上气温也保持在22℃左右,云雾缭绕的庐山简直就是一副大自然空调兼氧吧,在长江一带的炎热夏天,庐山"众地皆热唯我独凉",气候优势得天独厚。李德立遂与清政府签订了租借地合约,开始在牯岭兴建别墅。九江租界乃至汉口等地的各国传教士、商人纷至沓来,在此建设别墅。到1935年共建成322栋别墅,前期主要以传教士、商人建设为主,后期主要以国民政府党政军要人建设为主。目前保护级别较高的别墅大多建设于这一阶段。二是20世纪50年代末到70年代初,中共中央在庐山召开了三次大会,此阶段又建设了大量的别墅。庐山上现有别墅636幢,分属16个国家建筑风格(中式259幢,美式185幢,英式125幢,德式12幢,日式11幢,法式7幢,芬兰式3幢,挪威式3幢,其他还有丹麦、加拿大、俄罗斯、葡萄牙、澳大利亚、瑞士等国建筑风格)。曾有名人入住的别墅约300幢。别墅形态各异,美、德、法别墅多作厚实的石砌墙体,如乱石墙;瑞典、挪威别墅为轻巧的木外廊;日本别墅是小构雨淋板建筑。但是都设有基层,拾级而上,在主入口附以外廊、阳台或者敞厅,又归于统一,尤其是与庐山大自然环境和谐协调,形成庐山别墅的独特风格。胡先骕1934年创建中国第一个亚热带山地植物园——庐山植物园,现已成为国内外著名的亚高山植物园和长江中下游植物种迁地保护的重要基地。庐山还是我国生物模式标本集产地之一。由于庐山得天独厚的地理位置和丰沛的云水资源,中国气象科学研究院于20世纪60年代到2002年期间在庐山进行了长达数十年的云雾观测和试验研究,获得了大量珍贵的云滴、雾滴、雨滴粒径谱观测资料,并取得了一批南方云雾微观结构和形成机理方面的重要学术成果,是人工影响天气的基础性工作。

庐山自古以来就是隐居修性之地和疗养身心之所。之所以吸引远近旅人到庐山来休假疗是因为这里的宜人的环境,既有风光旖旎、气候适宜的自然环境,也包括积淀深厚的人文环境。风光、气候宜人是庐山成为历史文化胜迹的自然基础。首先,庐山地处亚热带北缘我国东部季风区,属亚热带季风湿润性气候,具山地气候特色,夏季牯岭早晚气温只有20℃,很少超过25℃,极端最高气温32℃,比山下同纬度平原地区低7℃;加上云雾多,植被茂盛,清幽的环境更使庐山显得凉爽宜人,适宜于避暑、疗养。其次,庐山的地理区位滨江靠湖,上接重庆、武汉,下引南京、上海,辐射半径几乎覆盖整个长江流域,这些沿江城市多数是"火炉城市",夏季炎热,城市人口可以通过方便的水陆交通,季节性转移到庐山来避暑度假。第三,庐山的旖旎风光赏心悦目,十分适宜于疗养。从康王谷进入庐山地域,抬眼四望,从高到低,峰顶层峦叠翠,山腰白云缭绕,沿着山间小路,苍松翠竹、芳草鲜美,一路前行,土地平旷,屋舍伊然,美景不绝,是所谓"基压江潮,峰与辰汉相连,上常积云霞,雕锦缛。若华夕曜,岩泽气通,传明散彩,赫似绛天。左右青霭,表里紫霄。从岭而上,气尽金光,半山以下,纯为黛色。信可以神居帝郊,镇控湘汉者也。"(南朝·鲍照《登大雷岸与妹书》)庐山的美,不仅在于秀美的自然山川和怡人的自然条件,还在于更多地呈现出秀色江南的含蓄、包蕴、神秘的阴柔之美,苏轼说的"横看成岭侧成峰,远近高低各不同。不识庐山真面目,只缘身在此山中",描绘的就是这个意境,因此千百年来吸引无数的文人墨客商贾游僧到庐山来颐养心志、去除俗尘,寻归隐之所,追求"身心双修"和"天人合一"的人与自然、人与社会、人与心灵相守相望、和谐相处的至高境界。

庐山作为颐养心志、疗养身心的胜地,不是自今日始。到最美的大自然中去,让精神无往不至,超脱自我,是中国历代文人的最高境界追求。庐山有以长江、鄱阳湖、险峰、幽谷、奇石、奇松、古树、山上湖泊等组合成的空间自然美,有以四季、朝夕、月色、朦胧为形态的时间自然美,有以瀑布、云海、烟雨、飞雪、雾凇、禽鸟等为具象的运动自然美,有以雄、奇、险、秀为主要特征的自然美景,历来被公认为人们养身修性、修养道德的"神山"。历代重要文化名人几乎没有不来庐山的。东晋的陶渊明就是一位对庐山情有独钟的大诗人,他不仅是一个生于斯、长于斯的九江本地人,而且一生中大部分时间在庐山脚下方圆百里的范围内寄情山水,恰如"云无心以出岫,鸟倦飞而知还",最终保持其"率性"的本性。他在宁静的田园生活中发现和讴歌自然之美、亲情之美和生活之美,创作了大量反映乡居生活和田园风光的诗文作品,将审美理想和人生理想合二为一。他这样表露自己在庐山的闲居生活:"蔼蔼堂前林,中夏贮清阴。凯风因时来,回飙开我襟。息交游闲业,卧起弄书琴。园蔬有余滋,旧谷犹储今。营己良有极,过足非所饮。春秫作美酒,酒熟吾自斟。弱子戏我侧,学语未成音。此事真复乐,聊用忘华簪。遥遥望白云,怀古一何深。"(《和郭主薄》)闲适自足的生活,怡然自得的心情,凝聚了他自然的禀性、超然的气质,跃然纸上。东晋另一位著名诗人谢灵运,一生喜好山泽之游,曾经踏遍了中国的东南山水,但最后还是对庐山情有独钟,流连庐山达数年之久,与庐山结下不解之缘。他在庐山筑下精舍颐养心志,写下许多吟咏庐山山水风光的诗歌,奠定了庐山中国山水诗歌发源地的地位。史上唐宋明清,历朝历代的名人雅士都好到庐山来小住,他们的诗文记下了归隐、休闲、自由、守望、宁静、超然的体验和经历。

唐代大诗人李白好入名山游,一生中至少五上庐山,他说,"予行天下,所览山水富,俊伟诡特,鲜有能过之者,真天下之壮观也。"他感叹"庐山东南五老峰,青天削出金芙蓉。九江秀色可揽结,吾将此地巢云松。"已经达到乐而忘返的境界。

白居易任江州司马三年,踏遍九江山山水水。他自称在庐山"仰观山,俯听泉,旁睨竹树云石,自辰及酉,应接不暇"(《庐山草堂记》)。宋代理学大师朱熹在庐山"结庐倚苍峭,举觞酹潺湲",情不自禁的感念陶渊明,"予生千载后,尚友千载前。每寻高士传,独叹渊明贤。及此逢醉石,谓言公所眠。况复岩壑古,飘沙藏风烟。仰看乔木阴,俯听横飞泉。景物自清绝,优游可忘年"(《陶公醉石归去来馆》)。明代文学家李梦阳(1472—1531年)避暑庐山,感悟山水:"亭高山尽入,回首见鄱阳。天地开吴楚,弦歌有宋唐。峰云低栋白,湖日倒碑黄。六月吾来此,凉风不可当。"(《回流山亭》)。

近代,随着九江成为开放城市,开埠通商,庐山开发成为商业化的避暑体闲胜地,庐山休憩疗养的设施也渐趋完备。到1911年,在牯岭,花园、球场、浴池已经无一不备。1917年已有西方人的别墅560座。1933年有3所学校、12座教堂、数家医院和诊疗所、1个图书馆、2家游泳池、18个网球场、1座影戏院、2家旅馆、2家商场、1家浴池。与此同时,为接待没有别墅而又携全家到庐山来避暑的中外人士,牯岭镇开始出现一批中西式旅馆,供旅人就地租赁。庐山作为现代疗养胜地已经颇具规模。国民政府把庐山定为"夏都",加快对庐山的建设投入,1937年庐山已经实现了水电设施的现代化。到卢沟桥事变爆发前,庐山的医疗卫生、文化娱乐、电讯事业以及治安管理都有相当的发展,别墅、道路、公共建筑、基础设施等各项市政建设都有长足发展,到庐山来避暑休养的人士,也由初期的西人占主导、国人较少,逐步转变到国人占主导、西人相对稳定,游客也由西人传教士及其家人为主逐渐转变到以本国的政要、军阀、商贾、富豪和文人为主。庐山成为一个现代化的避暑、疗养、度假中心和胜地。日本侵华战争的爆发,使国民政府被迫中止对庐山的建设,抗战胜利后,紧接着内战爆发,国民政府已经无力进行新的建设。新中国成立后,庐山被军管,长期作为中共中央机关、国家各大部委的办公和疗养之地。1953 年在山南环山公路沿线发现了水质极佳的温泉,中央卫生部和苏联疗养专家提出,庐山不仅是著名的避暑胜地,而且是极其理想的高山气候天然疗养区。当时到庐山来疗养避暑的,主要是国家领导人、社会各界上层人士,以及全国劳动模范。与此同时,中共中央机关及国家各大部委机关纷纷到庐山建设供本部门使用的疗养和短期办公基地,形成诸多自成一体、大小不一的"避暑大院"。这些"基地"都属部门所有,建设自成一体,虽然投入巨大,但完全不考虑庐山的总体规划,也不受当地管理部门的控制。因此在这一阶段,庐山已有的旅游产业受到制约,原有的旅游公共服务娱乐设施被削弱。改革开放以后,长期以来作为庐山旅游活动主要内容的政治接待、会议和部门疗养活动的规模和级别都有所降低,庐山逐步对普通民众开放。1982 年,庐山被批准为国家级风景名胜区;1982—1996 年,庐山完成了由领导机关休疗养区向旅游观光区的跨越,成为中外游客以观光旅游为主体的休闲度假胜地。

庐山近代的变化,是和英国人李德立的名字分不开的。1886 年(清光绪十二年),李德立由汉口到九江想寻找一片清凉之地。尽管当时他看到的庐山已经完全没有当年的繁盛气派,"山巅原为一片荒郊,豹虎野兽出没的地方,间有一二烧野山者寄居其间。古庙遗迹,隐约可见。在这寂寞荒凉之中,只有古刹一所,傲然独立。孤寥景象,更添上一点隐遁之风"(李德立《牯岭开辟记》)。但是,隐没在绿树丛中的九十九盘山路,美不胜收的庐山山水风光,以及牯牛岭下长冲谷平坦而美丽的土地,都让李德立怦然心动。李德立连蒙带骗,以"租借"的名义,通过英国政府迫使清朝地方政府将长冲这一片风景绝佳之地给他用于建屋避暑。李德立把土地弄到了手,按照"牯牛岭"的汉名和"Cooling(清凉)"的英意,结合起来取名 Kuling,汉名就称作为"牯岭";他请了英国和德国的工程师一起,对庐山进行了全面的规划和开发建设。他们顺着山势以石径铺就社区内的各条通道,形成道路网格;沿着长冲河中轴线自然展开英国式自然园林,开辟步行的游览路线;在平坦的河滩上种植草坪和树林,让人们居住在风景之中;有章有法地修建了路灯,让山上的夜晚灯火通明……仅仅用了 33 年的时间,李德立就把庐山牯岭变成了一个花园城市。与此同时,他成立了牯岭公司,通过公司来管理和运作,将地皮划成片,然后将之编号面向世界出售。李德立的成功,紧接着法国人、俄国人、美国人也都接踵而至,一时间,山上尽是黄发碧眼的洋人。到 1927 年,山上已有别墅 560 幢,来自世界十多个国家的居民好几千人。在牯岭这个深深地隐匿在河谷浓密的树荫之下的自成体系的世界里,那些带着鲜明的全然与中国风格不同的异域情调,使用着与中国建筑全然不同的语言符号的别墅,与自然的峰峦和粗砺的岩石、清澈的溪流和青葱的草地融成一体。它们与大自然那么和谐的共存着并互相映衬着,闪动着人世的活力和快乐,给人以世外桃源的感受。

4.2.4.2 庐山滑雪场

江西九江庐山滑雪场位于江西省九江市庐山市庐山风景区内,目前是九江高山滑雪场,也是九江唯一一家高山滑雪场。自然降雪加上人工造雪,填补了江西省内无室外滑雪场的空白,成为华东地区冬季滑雪度假旅游的目的地。

庐山滑雪场一期总面积达 38000 平方米,建有滑雪初级道 1 条、学习道 1 条、中级道 1 条以及加拿大雪上飞雪圈道 1 条,能够满足不同层次滑雪爱好者的需求。滑雪道依照山势自然分布,呈弧形,跌宕起伏,极富挑战力。再加上庐山风景区天然植被保存完好,松杉成林,环境优美,空气中负氧离子浓度高,滑雪者在感受风驰电掣般滑行的快感中深呼吸,体验天然氧吧的畅快。

初级滑雪道坡度控制在 10°以下,雪道开阔,速度较缓。中级滑雪道坡度 15°以下,速度较快,游客能够感受到风驰电掣般滑行的快感。同时,滑雪场引入多台国际的造雪设备,利用雪花降落的原理形成的人工雪花,更能有效抵抗升华及来自光源热量的影响,且更容易塑形,能够显著地增加游客的滑雪体验。庐山滑雪场设施配套完善,配备专业滑雪雪具 2700 套、滑雪服 900 套、滑雪圈 300 个,进口造雪机 15 台,专业压雪车 1 辆,雪地电梯 2 条。同时还建有 2290 平方米的超大停车场和 2000 平方米的雪具出租大厅,厅内设有医务室、商店、滑雪培训学校、免费饮用的开水箱;中式快餐厅可容纳 1000 人同时就餐,可为游客提供超值的雪上运动体验和优质的服务。距离滑雪场几十千米附近有个大型天然温泉度假村(庐山星子温泉度假村),滑玩雪可以泡温泉享受冰火两重天的感受。

4.2.4.3 八大文化

(1)书院文化

位于江西庐山五老峰下的白鹿洞书院,因朱熹和学界名流陆九渊等曾在此讲学或辩论,与湖南长沙的岳麓书院、河南商丘的应天书院、河南登封的嵩阳书院,合称为"中国四大书院"。这里成为理学传播的中心,庐山的白鹿洞书院《学规》成为后世书院准绳。2000 年开始,白鹿洞书院每年出版一本《中国书院论坛》,每年召开一次学术研讨会。白鹿洞书院以其悠久的办学历史,深远的文化影响而被誉为"天下书院之首",在中国教育和文化发展史上具有极为重要的地位。

(2)隐逸文化

庐山是陶渊明故里,是古代隐逸文化的典型区域。《桃花源记并序》是陶渊明借助想象希冀改变现实的艺术结晶,是中国隐逸文化的奇葩。《桃花源记》的创作原型就在庐山市温泉镇隘口村庐山垄。在陶渊明笔下,康王谷和商山一样,都是贤人避世隐居之所。他的写作题材与汉末以来士大夫避乱隐居的事迹有着密切的联系,寄托着陶渊明的生活理想。《桃花源记并序》是现实主义与浪漫主义完美结合,是陶渊明对中国古代文化的卓越贡献,是陶渊明隐逸文化的魅力所在。

(3)宗教文化

在中国宗教史上,庐山居于独特的地位。庐山集佛教、道教、基督教及伊斯兰教于一山。中世纪的庐山,佛寺道观最多达到 361 处。庐山的道教,起于三国时的董奉,南朝的陆修静一度被人称作是"中国道藏"之始。庐山是南天师道的发祥地,也是道教理论与实践结合得较为完美的地方。东晋时期,庐山就成了中国佛教的中心。其代表人物慧远在庐山兴建东林寺,创建净土宗;马祖传法禅宗,使庐山成为禅宗的重要佛场,自此打开了南方佛教的新局面。随后,东晋的帝室、权贵、名僧等都纷纷到庐山建筑佛寺,进行潜心修炼,于是就有了庐山历史上著名的"三大名寺"(西林寺、东林寺、大林寺)和"五大丛林"(归宗寺、栖贤寺、秀峰寺、万杉寺、海会寺)。庐山最著名的宗教文化是佛教和道教,但与其他宗教如基督教、天主教、东正教、伊斯兰教数教同山,是世界各个宗教和平相处的典范。

(4) 杏林文化

"杏林"是祖国传统医学的代名词。杏林文化的开山鼻祖董奉,与南阳的张仲景、谯郡的华佗齐名,并称为东汉末年"建安三神医"。经过众多专家学者考证,杏林源自庐山,始创人正是福建长乐人董奉。约公元 243 年,董奉离家云游行医,到庐山隐居后,发现许多山民患有哮喘、便秘等疾病。董奉便以杏仁为主要成分的方剂,治愈了许多患者。董奉分文不取,只是要求重病愈者种五棵杏树,轻病愈者种一棵杏树,不久百亩杏林园自然形成,代表我国传统医学的杏林由此得名。2009 年 9 月 16 日,来自我国 200 多位中医专家学者相聚在庐山寻根问祖。中华中医药学会向星子县授牌,最终确定星子县为我国中医杏林文化发源地。

(5) 碑刻文化

一段凝固的历史,记载着兴衰更替,铭刻着荣辱得失,在血与火中熔铸成永恒的话题;一片石,一首主体的诗歌,礼赞着文治武功,流溢着奇情异彩,在山与水中升华成不朽的绝唱。那折射出历史光辉的数十万计的摩崖石刻和石碑,蔚为壮观,楷、草、隶、篆俱全,堪称一部书法字典。庐山拥有石刻 1400 余帧,石刻数秀峰最多,达 180 余通,碑刻仅在白鹿洞书院就有 225 通。大部分是颜真卿、米芾、苏轼、黄庭坚、康有为等名人的墨迹,近代还有蒋介石、宋美龄、冯玉祥、于右任、李烈钧等的手笔,以及国家领导人毛泽东、刘少奇、董必武等的题词。

(6) 戏曲文化

清道光年间,著名艺人汤大乐(今德安县高塘人)先后在南昌的乱弹班和汉口的汉剧班唱戏,后载誉归乡,与其兄汤大荣一起,在老家汤家坂组织汤家戏班,排演黄皮戏。道光末年至同治初年(1850—1862)来星子教戏,建立了星子县第一个弹腔戏班,演出剧目 30 余出。1874 年,星子艺人周自秀出任班头,戏班定名为"青阳公主星邑义和班",简称"义和班"。所演剧目包括《打龙袍》《清官册》《过昭关》《三关调将》《白虎关》《二进宫》等 50 余出大本、30 余出小本。唱腔以二黄、西皮为主,演出多沿高腔旧习。角色分为十大行,即一末、二净、三生、四旦、五老、六外、七丑、八贴、九小、十杂。戏班除在星子本地演出外,常往来于永修、德安、九江、都昌等地(旧时多属南康府、府治星子县城)。因此,星子西河戏便简称为西河戏了。

(7) 别墅文化

庐山别墅建筑群位于庐山牯岭上。19 世纪末 20 世纪初,这里出现了一种独特的文化现象。1895 年,英国传教士李德立发现这里气候清凉,便决定在这里兴建别墅,把它辟为避暑胜地。1996 年"庐山会议"旧址及庐山别墅建筑群,包括美庐别墅、刘少奇住所(原俄罗斯亚洲银行别墅)、中八路 359 号别墅(原称美国威廉姆斯别墅)等已被列为全国重点文物保护单位,供人们游览。庐山共拥有 660 多座风格不同的别墅,包括荷兰、意大利、英国、法国、西班牙等各国建筑风格,因此庐山又被国外称为"万国村",另外还有蒋介石、宋美龄的行宫别墅以及原国民党军政要员的别墅近百座。

(8) 茶文化

庐山云雾茶已有 1400 年的栽种历史,素来以"味醇、色秀、香馨、汤清"而著称,早在宋代就被列为"贡茶"。庐山云雾茶由于长年受到流泉飞瀑的滋润、行云走雾的熏陶,"雾芽吸尽香龙脂",促使芽叶中芳香油成分的积聚,形成了"条索粗壮、青翠多毫、汤色明亮、叶嫩匀齐、香凛持久、醇厚味甘"的"六绝"特色。庐山云雾茶在历届茶叶评比中获得多次殊荣:1959 年被评为"中国十大名茶";1971 年被列为中国绿茶之"特种名茶";1982 年在江西 21 种茶叶评比中,名列江西八大名茶之冠,同年,全国名茶评比又被定为中国名茶;1985 年庐山云雾茶获国家质量银奖（当时未设立金奖）；2010年10月，在北京举行的第三届中国国际茶业博览会上，庐山云雾茶再次被评为金奖；2015年在意大利米兰世博会"百年世博中国名茶"评鉴会上，庐山云雾茶以公共品牌身份荣获中国名茶金奖，"七尖幽兰"牌庐山云雾茶以企业品牌身份获金骆驼奖，这是庐山云雾茶第一次荣获国际大奖，是继1959年被评为中国十大名茶以来荣获的最高奖项。2010年3月31日，国家工商行政管理总局商标局正式颁发"庐山云雾茶"证明商标。2016年，由浙江大学农业品牌研究中心等机构发布的中国茶叶区域公用品牌价值榜单上，庐山云雾茶品牌价值达17.86亿元，比2010年增加近7亿元，位居全国茶叶品牌前列、江西茶叶品牌之首。

4.2.4.4 特色美食

独特的生态造就了庐山市独特的美食，舌尖上的庐山妙不可言。庐山市主要特色美食有如下几种。

【庐山石鸡】

庐山石鸡是一种生长在阴涧岩壁洞穴中的麻皮青蛙，又名赤蛙、棘脑蛙，体呈赭色，前肢小，后肢强壮。因其肉质鲜嫩，肥美如鸡而得名。庐山石鸡昼藏石窟，夜出觅食。形体与一般青蛙相似，但体大，肉肥，一般体重三四两，大的重约一斤。

【庐山石鱼】

庐山石鱼体色透明，无鳞，体长一般为30~40毫米，就是长上七八年，长短也不超过一寸，故又名绣花针。庐山石鱼因长年生活在庐山泉与瀑布中，把巢筑在泉瀑流经的岩石缝里，故称石鱼。石鱼体小，长而略扁，其肉细嫩鲜美，味道香醇，因而闻名遐迩。石鱼不论炒、烩、炖、泡都可以，营养成分丰富，尤为产妇难得之滋补品。

【庐山石耳】

庐山石耳与黑木耳同科，是一种野生在人迹罕至的悬崖峭壁上的肢菌植物，由于它形状扁平如人耳，又附着在岩上生长，所以称之为"石耳"。石耳营养价值极高，内含很多的肝糖、胶质、铁、磷、钙及多种维生素，营养十分丰富，是一种高蛋白滋阴润肺之补品。

【桂花酥糖】

与桂花茶饼同称"桂花双璧"。桂花酥糖采用白芝麻仁、食油、富强粉、白砂糖、饴糖和桂花等精制而成。此传统名产呈乳白色，质地细嫩酥脆绵软，具有润肺、健胃、止咳等功效。

桂花茶饼以优质茶油、芝麻、桂花和面粉为主要原料，采用传统工艺精制。有"小而精、薄而脆、酥而甜、香而美"等特点，制作历史悠久。苏东坡有"小饼如嚼月，中有酥和饴"之说。

【庐山鲜笋】

产自江西省庐山生态保护区的食用鲜笋，以其独特的自然环境被公认为是无污染的保健美容食品，深受广大消费者的青睐。选择绿色食品，首当庐山鲜笋。鲜笋是一种高蛋白、低脂肪、低糖分、多纤维的保健食品，在其蛋白质中，含有17种氨基酸，其中人体必需的氨基酸有8种。此外还含有大量的胡萝卜素，维生素B1、B2、C，以及钙、磷、锌、镁等微量元素人体的新陈代谢过程中占有重要的地位营养元素。

【脆皮石鱼卷】

脆皮石鱼卷是以庐山石鱼为原料精心烹饪而成，鲜味浓厚，颜色金黄，外脆里嫩，是佐酒佳肴。它富含蛋白质、脂肪、碳水化合物、无机盐、维生素等，有宽中健胃、益肺补虚之功效。脾胃虚弱、食欲不振、肺虚咳嗽、浮肿等患者食之尤佳。

4.3 人文气象资源综合评价

4.3.1 观赏价值

庐山人文气象景观具有形制与意境之美、历史古老悠久与辉煌之美、科学与智慧之美、文化艺术形象与内涵之美以及参与、体验与实用之美等多种美学特征,具有特殊的美学价值和较高的美感质量,体现了中国古典美学的最高境界,是中华民族美学理想的载体,观赏价值极高。庐山素以"雄、奇、险、秀"的自然风光闻名于世,自古即有"匡庐奇秀甲天下"的美誉。它地理位置优越,面江临湖,山高谷深,具有河流、湖泊、坡地、山峰等多种地貌,险峻与秀丽刚柔相济,兼以丰富的生物资源和良好的气候条件,形成了独特的天景地景、水景和生景景观,使得庐山形成了优美的山水自然环境,成为中华山水文化的最佳载体,具有极高的科学价值、美学价值和旅游观赏价值,吸引了众多游客来游览观光。庐山的名胜古迹,承载了秦汉以来中国田园山水文化、佛道文化、理学文化等深厚的底蕴,传承了中国几千年的人文历史传统,1928年4月,当时在光华大学任教授的胡适和儿子及东南大学校长、光华大学教授等人一起结伴游庐山,提出了著名的庐山文化代表三大趋势的论断。庐山这些具有极高科学价值、美学价值和旅游观赏价值的人文古迹同样吸引了众多游客来遍游山南山北,寻踪问古。因此,庐山在古代就被公认为是人们修养道德与精神得到艺术性的自由解放的神山,"往来尽仙灵",中国历代重要的文化名人,几乎没有不来庐山的,其原因就在于此。

4.3.2 稀有程度

庐山有独一无二的人文气象资源,稀有程度全球罕见。庐山具有独特的第四纪冰川遗迹,是中国第四纪冰川学说的诞生地,也是保存中国第四纪冰川遗迹最集中的一个山体。庐山第四纪冰川的研究,对地球物理学、人类生存的环境演变规律的研究,都有重要的意义,所遗存的冰川地貌,如角峰、刃脊、悬谷、U形谷,也是庐山自然美的一部分。庐山山峦叠嶂、群峰竞秀,遍布峡谷岩洞,玉树琼花为中国一绝。鄱阳湖区越冬的候鸟多达百万只,世界上最大的鹤群在水天之间形成鹤飞千点的世界奇观。"庐山之奇莫若云",庐山地势高耸,襟江带湖,湿润的气流受山地阻挡上升,降水丰沛,相对湿度大,气流遇山地抬升而温度降低,极利于水汽凝结,常常云雾弥漫。同时,庐山以政治名山著称,承载着厚重的社会政治历史文化,尤以近现代历史为最,无论是历史名人或是政治人物,乃至重大的政治事件,都与庐山息息相关,紧紧缠绕在一起。同时,庐山在中国文化史、宗教史和政治史上占据极其重要的独特地位,在中国的名山中,最早有中外学者共同从事学术活动的也是庐山,因而在中国众多名山中显得非常特别,自古以来受众多文学家、艺术家的青睐,被认为是中国山水文化的历史缩影。

4.3.3 典型程度

庐山山水气象文化是中国山水文化的精彩折射,是中国山水文化的历史缩影,在全球范围都具有代表性。庐山的自然,是诗化的自然,亦是"人化"的自然。自东晋以来,诗人们以其豪迈激情、生花妙笔,歌咏庐山,共留下的诗词歌赋4000余首。庐山成为中国山水诗的策源地之一。诗人陶渊明一生以庐山为背景进行创作,他所开创的田园诗风,影响了他以后的整个中国诗坛。唐代诗人李白，五次游历庐山，为庐山留下了《庐山遥寄卢侍御虚舟》等14首诗歌，他的《望庐山瀑布》同庐山瀑布（三叠泉）千古长流，在中华大地及海外华人社会中家喻户晓，成为中国古代诗歌的极品。宋代诗人苏轼的《题西林壁》，流传广泛，影响深远，"不识庐山真面目，只缘身在此山中"成为充满辩证哲理的名句。

4.3.4 知名度与影响力

庐山人文气象资源在世界范围内具有较高知名度，巍巍庐山，挟江湖而飞峙，蕴灵秀而奇崛，奇秀甲天下山。庐山不仅是著名的全国风景名胜区，更以"世界文化景观""世界地质公园"雄峙于世界名山之林。庐山是中华十大名山之一、全国风景名胜区、世界遗产地——我国目前唯一的世界文化景观、我国首批世界地质公园，是世界级名山。"匡庐瀑布天下奇"，由于山体的断裂发育和多次抬升，这些水系所流经之处，形成了十余处、形态各有特色的瀑布，扬名天下。庐山文化是一种具有很高价值的地域文化。庐山是北方文明进入赣鄱大地的第一站，对江西省行政区域及文化区域的形成起着关键的作用；庐山文化的众多优秀代表，其影响远远超出了这一地域，扩散到中国，乃至于在全世界都产生了重大影响。

4.3.5 历史价值

庐山人文气象资源的历史价值高，在气象史乃至整个人类历史中影响大。庐山是一座千古文化名山，是中国名山中最早以文化群体的杰出创造载入中国历史的。庐山有中国田园诗的开创者、大思想家陶渊明，中国化的佛教思想的开创者慧远，中国道教第一部大型典籍的创始人陆修静，中国山水诗的开创者谢灵运，中国第一个山水画家顾恺之，中国第一个山水画理论家宗炳，有"书圣"之称的书法家王羲之，都曾在庐山进行过学术研究或艺术创作。

庐山风景，是以山水景观为依托，渗透着人文景观的综合体。"苍润高逸，秀出东南"的庐山，自古以来深受众多文学家、艺术家的青睐，并成为隐逸之士、高僧名道的依托，政客、名流的活动舞台，从而为庐山带来了浓浓的文化色彩，并使庐山深藏文化的底蕴。庐山，通过诗人、书画家、文学家、哲学家们的心灵审视，创造出众多散发着特别浓郁人文气息的历史遗迹。1996年12月江西庐山风景名胜区作为自然文化遗产被列入《世界遗产名录》，对庐山的世界性价值给予了充分的评价："庐山的历史遗迹以其独特的方式，融汇在具有突出价值的自然美之中，形成了具有极高的美学价值、与中华民族精神与文化生活紧密相连的文化景观"。

4.3.6 文化价值

庐山人文气象资源被人类赋予了很高的文化寓意与内涵，庐山，这座世界名山，最鲜明的特征是她的文化价值。庐山是一座集风景、文化、宗教、教育、政治为一体的千古名山，文化，是庐山的精髓所在。庐山文化的内涵极为丰富。庐山是六教同山，佛教、道教、天主教、基督教、东正教、伊斯兰教并存于此；书院文化辉煌，有周敦颐的濂溪书院、朱熹兴复的白鹿洞书院；山水田园文化发达，自陶渊明开创田园诗之后，山水佳作纷繁迭出；政治文化令人瞩目，东吴、东晋、南朝、南宋、太平天国等时期，在这里发生过重大的政治、军事事件，周瑜、岳飞、朱元璋等帝王将相及近现代政治风云人物，皆曾在这里叱咤风云，摆布乾坤。这些左右中国文化史的厚重内容，与庐山的美丽风光交织在一起，使之既有一份清新隽永的神韵，又有一份恢宏与大气的景象，令无数的人们为之倾倒。

参考文献

曹伯勋,1995.地貌学及第四纪地质学[M].北京:中国地质地学出版社:150-167.
邓养鑫,邓晓峰,徐齐治,1985.庐山1984年灾害性泥石流及其特征[J].水土保持通报,5(1):63-72.
董晓峰,2006.旅游资源学[M].北京:中国商业出版社.
何培元,段万倜,邢历生,等,1992.庐山第四纪冰期与环境[M].北京:地震出版社:58-62.
胡子浩,濮江平,张欢,等,2013.庐山地区层状云和对流云降水特征对比分析[J].气象与环境科学,36(4):43-49.
黄培华,1982.中国第四纪气候演变与庐山"冰川遗迹"问题[J].冰川冻土,4(3):1-14.
黄水林,杨晓兰,汪晓滨,等,2007.庐山冬季雪景旅游气象景观预报[J].气象,33(11):34-40.
黄尧,云锟,2013.极端气候造成庐山"冰川"在短时间内形成[J].四川地质学报(4):473-478.
黄志强,1996.论庐山之山谷地形[J].江苏师范大学学报:自然科学版(2):45-51.
江西省庐山风景名胜区管理局,2011.庐山历代诗词全集[M].上海:上海古籍出版社.
赖比星,2004.对乐僔"忽见金光,状有千佛"的考证[J].敦煌研究(4):80-84.
雷晓琴,2013.再论旅游资源[J].旅游纵览月刊(9):40.
李吉均,舒强,周尚哲,等,2004.中国第四纪冰川研究的回顾与展望[J].冰川冻土,26(3):235-241.
李四光,1975.中国第四纪冰川[M].北京:科学出版社:150-152.
刘信中,樊三宝,胡斌华,2006.江西南矶山湿地自然保护区综合科学考察[M].北京:中国林业出版社:65-68.
马晓琳,马中元,黄水林,等,2011.庐山夏季强降水与台风活动关系分析[J].暴雨灾害,30(2):177-181.
欧阳庆,刘南庆,钟江明,2010.庐山温泉地热水的成因解析[J].科学时代(5):104-106.
钱方,凌小惠,2007.庐山世界地质公园冰川地貌与可持续发展[C]//中国地质学会旅游地学与地质公园研究分会第22届学术年会暨泰宁旅游发展战略研讨会.北京:中国地质学会.
钱方,凌小惠,赵志中,2012.庐山第四纪冰川地质研究与国内外对比[C]//中国地质学会旅游地学与地质公园研究分会第27届年会暨张掖丹霞国家地质公园建设与旅游发展研讨会.北京:中国地质学会.
任美锷,1953.庐山地形的初步研究[J].地理学报,19(1):61-73.
唐邦兴,杜榕桓,康志成,等,1980.我国泥石流研究[J].地理学报,35(3):259-264.
唐芳,张秋钤,2011.江西庐山风景区旅游气候学透视[J].云南地理环境研究,23(6):96-101.
汪石林,项新葵,马长信,1999.庐山第四纪冰川遗迹的新发现及初步研究[J].华东地质学院学报,22(3):226-233.
维利康诺夫,等,1963.泥石流及其防止法[M].张继业,译.北京:科学出版社.
希辛柯,1957.泥浆水力学[M].北京:石油工业出版社.
许爱华,马中元,郭艳,2004."7·17"庐山雷击事件分析[J].气象,30(6):152-156.
杨尚英,2007.旅游气象气候学[M].咸阳:西北农林科技大学出版社.
叶小峰,马中元,马晓琳,等,2012.庐山台风暴雨天气系统配置与云型分析[J].气象科学,32(5):580-586.
叶正伟,吴威,2011.庐山旅游区气候变化特征及其影响因素分析[J].地理科学,31(10):1221-1227.
于书明,姜中民,管勇,等,2006.旅游景区的雷电防范[J].安全,27(3):26-27.
岳旭,张小鹏,2018.庐山申报国家气象公园的可行性分析[J].气象与减灾研究,41(1):77-80.
曾南京,朱奇,俞长好,等,2016.江西省鸟类种类的最新统计与分析[J].野生动物学报,37(1):39-45.
张海虹,2011.庐山与九江的降水对比分析[J].产业与科技论坛,10(19):87-88.

张欢,濮江平,胡子浩,等,2014.庐山层状云和对流云雨滴谱比较分析[J].气象科学,34(5):483-490.
张伟,2011.第四纪冰川地质遗迹评价及地质遗迹资源可持续发展研究[D].北京:中国地质科学院.
赵良政,1985.庐山东南麓冰川作用表皮构造特征及其意义[J].地球科学—武汉地质学院学报,10(4):71-75.
赵志中,何培元,钱方,等,2005.庐山第四纪冰川研究的有关问题[M].北京:地质出版社:30-42.
郑霖,2000.论气景旅游资源的组成和功能[J].云南地理环境研究,12(1):59-64.

庐山云海

庐山雨淞

庐山烟雨

庐山雪景

庐山日出

庐山晚霞

庐山红叶